Java 程序员面试笔试宝典

[美] Noel Markham 著

郑明智 译

清华大学出版社

北 京

产品编号：060463-01

Noel Markham
Java Programming Interviews Exposed
EISBN: 978-1-118-72286-2

本书中文简体字版由 Wiley Publishing, Inc. 授权清华大学出版社出版。未经出版者书面许可，不得以任何方式
复制或抄袭本书内容。

北京市版权局著作权合同登记号　图字：01-2014-3655

本书封面贴有 Wiley 公司的防伪标签，无标签者不得销售。

版权所有，侵权必究。侵权举报电话：010-62782989　13701121933

图书在版编目(CIP)数据

Java 程序员面试揭秘 / (英) 马卡姆(Markham, N.) 著；郑晶晶 译. —北京：清华大学出版社，2015
书名原文：Java Programming Interviews Exposed
ISBN 978-7-302-39063-3

Ⅰ. ①J… Ⅱ. ①马… ②郑… Ⅲ. ①Java 语言—程序设计 Ⅳ. ①TP312

中国版本图书馆 CIP 数据核字(2015)第 017216 号

责任编辑：王 军　刘伟考
装帧设计：牛艳敏
责任校对：成凤进
责任印制：宋 林

出版发行：清华大学出版社
网　　址：http://www.tup.com.cn, http://www.wqbook.com
地　　址：北京清华大学学研大厦 A 座　　　　邮　编：100084
社 总 机：010-62770175　　　　　　　邮　购：010-62786544
投稿与读者服务：010-62776969，c-service@tup.tsinghua.edu.cn
质 量 反 馈：010-62772015，zhiliang@tup.tsinghua.edu.cn
印 装 者：三河市春园印务有限公司
装 订 者：三河市新茂装订有限公司
经　　销：全国新华书店
开　　本：185mm×260mm　　印　张：23　　　字　数：560 千字
版　　次：2015 年 3 月第 1 版　　　印　次：2015 年 3 月第 1 次印刷
印　　数：1~4000
定　　价：59.80 元

译 者 序

与其说本书是一本面试书，不如说是一本 Java 大全。这本书介绍了 Java 开发所涉及的各个方面的知识，从最基础的语言特性，到设计模式以及 Spring 和 Hibernate 这样的框架；从基本的算法和数据结构，到大型 Java 项目的构建流程；从 Java 虚拟机的基本原理和 Java 并发，到 Android 开发和 Scala 语言的基本思想，无所不包。

如果你是要参加技术面试的候选人，那么可以通过本书对 Java 相关知识查漏补缺，还可以利用本书给出的题目进行演练；如果你是刚接触 Java 的新手，那么可以通过本书迅速了解专业 Java 开发者所需要的知识和素养；如果你是 Java 老手，那么在这本书中一定还能找到自己欠缺的方面。

此外，本书还试图帮助读者建立起测试驱动开发的习惯，在如今大规模使用 Java 开发线上服务的时代，充分的测试能保证你睡个好觉。

当然，我们不能把这本书当成 Java 知识大全，本书以面试题的形式将 Java 相关的很多重要知识点串起来，但如果想要了解更多的细节，还需要参阅相关的文档和涉及相关主题的更深入的书籍。

在本书的翻译过程中，要特别感谢清华大学出版社的编辑们对我的指导和督促，感谢他们对本书翻译稿的修正和润色。还要感谢我的妻子和襁褓中的孩子对我因为翻译本书而对他们关注减少的理解和支持。

本书全部章节由郑思遥翻译，由于时间和水平的限制，翻译稿中难免存在疏漏和错误，敬请广大读者批评指正。

郑思遥
2014 年 12 月

作 者 简 介

Noel Markham 是一名有着将近 15 年 Java 经验的开发者，他涉足的领域包括金融、技术和游戏。最近，他在一家主营社交游戏和数码娱乐的初创公司工作。他面试过从应届毕业生到技术管理者各种层次的开发者。他在英国和海外设立了测评中心以组建完整的开发团队。

贡献者简介

Greg Milette 是一名程序员、作家、咨询师和喜欢实现伟大想法的创业家。从 2009 年他发布了一款名为 Digital Recipe Sidekick 的语音控制菜谱应用以来，他就一直在开发 Android 应用。除了在厨房与他的 Android 设备聊天外，他在 2012 年还与他人合著了图书《Android 传感器高级编程》(清华大学出版社引进并出版)。目前，他是 Gradison Technologies 公司的创始人，他依然在开发伟大的应用。

技术编辑简介

Ivar Abrahamsen 是一名有着 15 年工作经验的软件工程师/架构师，他主要使用 Java 语言，最近在使用 Scala 语言。他在不同国家的大大小小的银行、电信公司和咨询公司工作过。Ivar 目前是伦敦肖尔迪奇区一家初创公司的充满激情的和执着的技术领导者。更多介绍请参见 flurdy.com。

Rheese Burgess 是一名技术领导者，他的工作内容和招兵买马紧密相关。他使用过很多种语言和技术，在社交应用、游戏和金融产品方面有着丰富的经验，横跨初创公司到投资银行的各行各业。

致　　谢

感谢 James Summerfield 让我接触到 Wiley 出版公司，从而使这本书有机会出版。

在整个写作过程中，Wiley 的团队给予我很多鼓励和支持：感谢编辑 Ed Connor 和 Robert Elliott，还有很多其他幕后的工作人员。

感谢 Greg Milette 编写了关于 Android 的那一章。

感谢我的同事 Rheese Burgess 和 Ivar Abrahamsen 花时间审读这本书。

感谢我在 Mind Candy 的同事 Sean Parsons、Olivia Goodman 和 Amanda Cowie 给予我的帮助，也感谢我的好朋友 Luca Cannas。

感谢我的家人，谢谢我的父母对我所做的一切事情提供了无尽的帮助和支持。

最后感谢我的妻子 Rebecca，谢谢你在过去几个月能容忍我全身心投入在这本书上，谢谢你给我带来的茶和小点心，谢谢你一直的笑容。没有你就不会有这本书。

前　　言

有人会认为面试很难对付，因为面试是一个一对一的考察技术能力的过程。

这本书是准备找工作的 Java 面试者的必备指南。本书提供了足够多的练习材料，让你有足够的信心面对可能会被问到的问题，因此可以帮助你克服 Java 编程面试过程中的恐惧和担忧。

本书介绍的技术

本书是基于 Java SE 7 编写的。如果你是一位有经验的 Java 开发者，但是还没有跟上 Java 7 的步伐，那么可以在本书中学习以下新的语言特性和 API 库。

钻石操作符

编译器会尽可能地推导出泛型实例的类型。因此，我们可以编写 List<Integer> numbers = new ArrayList<>()这样的语句，而不用编写 List<Integer> numbers = new ArrayList<Integer>() 这样的语句。这样在使用集合时，特别是在集合嵌套集合时，可以大大减少样板化代码的量。

在 switch 语句中使用 String

最初的 Java switch 语句只能处理数值类型。随着 Java 5 引入了枚举类型，在 switch 语句中还可以使用枚举类型。现在从 Java 7 开始，在 switch 语句中可以使用 String 对象。

新的文件 I/O 库

Java 7 引入了一个新的 I/O 库，关注的是平台无关的非阻塞 I/O。

此外，Java 7 还引入了很多新特性，例如自动资源管理和二进制字面量的表示形式。本书全书使用 Java 7。可以认为，面试官会使用最新的 Java 技术来进行考察，因此随着语言的新版本的发布，你也应该让自己的技能跟上时代的步伐。

有一些 Java 框架和库还没有完全兼容 Java 7，因此在使用具体组件时请查阅最新的文档。

本书的组织结构

全书分为以下 3 个独立的部分。

第 I 部分：面试流程概述

关于面试流程的章节包含两方面的内容：一方面是如何向面试官表现自己，另一方面是一些和 Java 无关但是可能会出现在技术面试中的一般性技术话题。

第 1 章：面试类型分析

该章介绍了雇主的招聘流程中的各个步骤，从电话面试到面对面的技术测试，再到和招聘经理的面谈。

第 2 章：撰写引人入胜的简历

简历及其附信是下一任雇主对你产生的第一印象。该章讨论了如何让你的简历脱颖而出，给出了语言相关的一些小建议和招聘者会关注的一些问题。

第 3 章：技术测试和面试基础知识

任何潜在的雇主都会考察你的技术能力，而且会采用尽可能高效的方式。该章讨论了各种不同类型的编程测试和技术测试，并讨论了如何准备这些类型的测试。

第 4 章：编写核心算法

计算机科学的核心概念是技术测试中经常会考察的内容，其中包含排序和搜索。该章给出了一些不同的搜索和排序算法，并讨论了每一种方法的优劣。

第 5 章：数据结构

在面试中，计算机科学核心概念的相关问题除了排序和搜索之外，常见的主题就是数据的高效存储和表达。第 5 章讨论了列表、树、映射和集合等数据结构，讨论了这些数据结构的表达和使用。

第 6 章：设计模式

该章涵盖了一些面向对象的设计模式，还展示了 Java 库中的类使用的一些模式。

第 7 章：常见面试算法的实现

该章给出了一些常见的面试题，并用 Java 实现了这些题目的解答。本章很多题目都来自于一个很流行的技术面试网站 interviewzen.com。

第 II 部分：核心 Java

这一部分章节的内容是面试官认为有经验的 Java 开发候选人应该了解的内容。

第 8 章：Java 基础

该章覆盖了 Java 的很多语言特性，有经验的 Java 开发者可以利用该章复习基础知识。

第 9 章：基于 JUnit 的测试

本书使用的一个核心思想是单元测试。该章介绍了 JUnit，并讲解了如何通过 JUnit 验证假设和断言。

第 10 章：理解 Java 虚拟机

任何有能力的开发者都会对自己使用的平台有一定的理解，Java 也不例外。该章介绍了 JVM 的一些特性，以及 JVM 和 Java 语言之间的交互。

第 11 章：并发

该章讨论了 Java 的线程模型及使用方法。该章还介绍了 actor 模型，它是并发编程采用的一种新方法。

第III部分：组件和框架

这一部分讨论了一些使用 Java 的领域，从数据库到 Web 服务，从流行的框架(例如，Hibernate 和 Spring)到构建和发布企业级应用的工具。在面试某个具体职位时，面试官可能希望你具有这些章节所介绍的一些相关知识，而这些知识通常都会在工作描述中列出，也许你一开始就是因为看到了工作描述才去应聘这份工作。

第 12 章：Java 应用程序和数据库的整合

很多大型 Java 应用程序都会包含数据库组件。该章介绍了数据库操作的标准语言 SQL 以及如何在 Java 中使用 SQL。

第 13 章：创建 Web 应用程序

Java 是创建通过 HTTP 提供数据服务的应用程序的一种常用语言。该章讨论了 3 个流行的框架：Tomcat、Jetty 和 Play。

第 14 章：HTTP 和 REST

该章讨论了 HTTP 的另一种用途：通过 REST (Representational State Transfer)风格创建和使用 Web 服务。

第 15 章：序列化

序列化是传输结构化数据所采用的方法。该章涵盖了 3 种方法：Java 自己的序列化机制以及分别使用 XML 和 JSON 的平台无关的方法。

第 16 章：Spring 框架

Spring 框架是一个比较流行的应用框架，很多雇主在自己的一些甚至全部应用中都使用了这个框架。该章讨论了 Spring 框架的一些组件，包括核心应用上下文、数据库集成以及集成测试。

第 17 章：使用 Hibernate

Hibernate 是一个将关系数据库数据映射到 Java 对象的框架。该章介绍了 Hibernate，以及如何通过 Hibernate 创建和操作对象。

第 18 章：有用的库

Java 有很多有用且可重用的库。该章介绍了 3 个比较流行的库：Apache Commons、Guava 和 Joda Time。

第 19 章：利用构建工具进行开发

任何大型的 Java 应用程序，特别是涉及多位开发者的应用程序，其构建和打包过程都需要管理良好的流程。该章介绍了构建 Java 应用程序使用的两个最流行的工具：Maven 和 Ant。

第 20 章：Android 开发

最后这一章介绍了 Java 语言的一种现代应用：在 Android 上开发移动应用程序。该章介绍了 Android SDK 的关键组件及其整合方式。

附录 A：Scala 简介

该附录介绍了 Scala 语言，这是一种在 Java 开发团队中越来越流行的语言，因为这种语言使用 JVM 作为平台。该附录介绍了 Scala 语言的一些基本知识、函数式编程的概念以及一些和不可变性相关的约定。

本书读者对象

本书面向的是有一些经验的 Java 开发者：这样的读者应该了解这门语言，而且使用过一段时间，但是对书中有些章节的内容不熟悉甚至完全不了解。如果你从来没有使用过 Java，这本书也会有帮助，特别是第 II 部分中的几章。你应该按顺序阅读这些内容，同时可以参考其他更深入的介绍性材料。

如果你处于面试官的位置，那么这本书也很有用，你可以通过本书找到一些在面试中问问题的灵感。

本书利用的工具

从 http://www.oracle.com/technetwork/java/javase/downloads/index.html 可以下载最新的

Java JDK。大部分专业开发者会在集成开发环境(Integrated Development Environment，IDE)中编写 Java 代码。IntelliJ(免费社区版可以从 http://www.jetbrains.com/idea/download/index.html 下载)和 Eclipse(可以从 http://www.eclipse.org/downloads/下载)是两个最流行的 IDE。有些面试官在面试过程中可能要求你使用计算机和 IDE 编写代码，因此你也应该熟悉这些 IDE 的基本操作。

下载示例源代码

本书中所有的示例源代码都可以从 www.wiley.com/go/javaprogramminginterviews 下载。下载、编辑和编译这些源代码对你非常有帮助，对于那些你不太熟悉的内容更是如此。另外，http://www.wrox.com 和 http://www.tupwk.com.cn/downpage 也提供了源代码下载和技术支持。

小结

本书并不是获得 Java 开发者工作的捷径，而是帮助你找到下一份工作的指南。通过本书可以了解面试官在招聘过程中经常会提到的一些话题。

经验对于面试非常有帮助，不仅对于面试的内容本身有帮助，而且也有助于减轻面试本身的陌生感和压迫感。你必须不断地练习面试的技巧，随着参与开发的时间越来越多，你的技能也会不断提高。在面试过程中获得经验会比较困难。每一个面试官都会采用不同的面试方式，整个过程也不会完美。潜在的雇主除了考虑"这位候选人是否足够好"之外还要考虑很多变数，在通盘考虑之后才可能给出录用意向。预算的约束，团队的融合，甚至面试官本身的心情都会对面试造成影响。

如果被拒了，也不要太沮丧，尝试从中吸取一些经验，想一想在以后的面试中会碰到什么问题。

还要记住，面试是一个双向的过程：在面试时要询问关于职位的细节，还要了解未来的同事以及在办公室中的生活情况。如果感觉不对的话，不要害怕拒绝。

祝你在准备面试的过程中好运，也希望你能享受这个过程。祝愿本书能帮你找到理想的工作。

目　　录

第 I 部分

面试流程概述

第 I 部分讲解技术开发者面试中的基本要素，覆盖了从简历撰写到技术相关话题的内容。这一部分的内容不涉及具体的编程语言。

- 第 1 章讨论用于考查候选人水平的各种类型的面试。
- 第 2 章讨论如何编写合适的简历和求职信，并且指出了面试官在阅读简历的时候通常会关注哪些内容。
- 第 3 章描述如何准备各种不同类型的面试。
- 第 4 章讲解一些基本的算法，例如排序和搜索算法。这些算法不仅是面试中很喜欢考察的内容，而且也是在日常编程工作中必须理解的内容。
- 第 5 章介绍一些重要的数据结构。这些数据结构不仅经常出现在面试中，而且在大部分开发工作中这些数据结构的知识也是不可或缺的。
- 第 6 章讨论设计模式。设计模式也是面试中的常见主题。
- 第 7 章讨论一些有用的面试题，这些题目可能会出现在各种编程语言的面试中，不仅限于 Java 语言的面试。

第 1 章

面试类型分析

简单地说，雇主张罗面试的原因要么是为了招揽新的人才，要么是为了填补团队的空缺以提升生产力。在一个开发团队或部门中，你会发现人们具有各种各样不同的技能，这些不同的技能正是一个团队凝聚力的关键。一个人单枪匹马不太可能开发并管理一个专业水准的应用软件，这里面有太多的事情需要处理：需要为产品的客户开发所要求的特性，需要维护测试环境，需要响应运营团队随时可能提出的请求，还需要应付开发团队的日常管理事务。开发团队通常需要一名或多名应用程序开发人员。甚至开发人员也有具体的职责，例如有专门负责前端开发的开发者，还有专门负责数据库开发的开发者。有的团队比较走运，甚至还有专门的构建(build)经理。

不同等级的经验值也很重要。有的开发者参与过多个应用软件，并给这些应用提供支持，这些开发者是每一个新项目成功的关键。而毕业生和只有几年工作经验的开发者也很重要：这些雇员对应用程序的开发往往会有不同的视角和方法。在由多人组成的大型团队中，有经验的成员可以在开发大型企业级应用程序的过程中对新手进行指导和训练。

在面试新人才时，不同公司之间的面试官采用的面试流程以及面试官本人的经验可能存在很大的差别。对新开发者的面试往往由团队中的开发者负责完成，这是情理之中的事情。首先，也是最重要的，对于一名开发者来说，日常工作是要编写和发布经过测试的且可用的应用软件，而不是对别人进行面试。基于上述原因，对别人进行面试是开发者的额外工作，因此开发者有可能会准备不充分，甚至有可能对面试根本没有兴趣。对于现场面试来说，这是第一个要克服的困难：如何让面试官对你产生兴趣。

各大公司，特别是高科技公司和数码公司，越来越能够意识到招聘流程的重要性。有一些更为激进的公司甚至会将招聘工作放进公司的内部目标，重视程度可见一斑。雇主有责任将自己的公司打造成一个有吸引力的工作场所，以吸引顶尖的人才，从而带来更高的生产力、更为成功的业绩以及更高的盈利能力。

对于面试者来说，简历(resume 或 Curriculum Vitae(CV))产生的是第一印象。下一章会讨论如何撰写吸引眼球的简历。

随着你在面试某个职位或某家公司的过程中逐步推进，你会遇到不同的面试风格和面试方法。一般情况下，雇主在为候选人设计"面试流水线"时会尽可能地考虑高效率，面对面的现场面试会安排在整个面试流程的后期进行。

面试流水线中的第一个步骤通常是电话面试(phone screening)，然后是一轮或多轮技术性更强的测试，最后是几轮面对面的面试。

1.1　电话面试流程

在各个公司的面试流程中，第一轮面试通常是电话面试。从公司的角度来说，这种安排是有好处的，因为安排当面的现场面试需要大量的人力：需要为所有面试者、HR(人力资源)安排时间，有些情况下还需要安排招聘小组和会议室等资源。这种安排对应聘者来说也是有好处的，因为不需要暂离当前工作太长时间。很多人不喜欢在找工作时被当前雇主发现，因此在办公场所找一个安全的角落或找一个会议室参加电话面试应该不会太困难。

在进行电话面试时，一定要在面试之前做好充足的准备。如果需要在工作时接这个电话，那么请事先预定好一个会议室或在工作场所中找到一个安静的角落。如果都不现实的话，可以找一家咖啡馆。一定要事先确定好周遭环境的噪声水平在可以接受的范围内：你肯定不希望被咖啡馆内店员穿堂的喊声或巨大的背景音乐所分心。

如果需要进行远程现场编码测试，一定要确保你所在的地方有互联网连接。手边要准备好笔和纸，因为在通话过程中有可能要记录一些之后要问的问题。在输入代码时使用免提设备，可以极大地提升面试者的通话质量。不要浪费宝贵的时间不断地重复问题或重复解释自己的答案，这对于面试双方来说都是很不愉快的。

可以在手边准备一些关于可能会在通话中讨论的话题的材料。这并不是作弊。准备了这些材料有助于安抚你紧张的神经，这种需要通过电话向从未谋面的陌生人讲解技术问题的体验会让人感到不舒服和不自然，因此事先准备好一些材料可以帮助快速适应这样的场合。不过要注意的是，在和团队进行面对面的现场面试时，是不可以带任何这一类材料的。

电话面试通常会持续30～60分钟，在这个过程中可能会遇到一些非常高层次的问题。在电话面试中，这一类问题通常都会涉及语言无关的算法问题。面试官有可能要求你口头描述这些算法，甚至有可能要求你通过某个共享的协作式文档编辑器(例如 Google Docs)或某个专门为面试设计的网站(例如 Interview Zen (www.interviewzen.com))进行现场编码。

在面试流程中的任何时刻，你都应该对你所应聘的公司有一些基本的了解。在公司网站上都有"About Us(关于我们)"页面。可以阅读他们的博客页面，寻找他们是否有微博账号。如果应聘的是一家小型公司或初创公司，试着多查找一些关于公司高管的资料，例如 CEO(首席执行官)和 CTO(首席技术官)的资料。这些高管可能会在当地的开发社群中非常活跃。

在面试的最后，面试官通常都会问你是否还有问题要问。如果没有问题可问，会留下不好的印象，这会让人感觉你对应聘的职位并不是非常关心。你现在已经知道了这种问题几乎是一定会问的，因此可以在面试前早早做好准备。想想自己对这个团队的活力、团队的合作工作方式以及办公环境方面有什么想知道的。只有你自己才能想出这些问题。在面试时，还不适合讨论具体工作的薪资福利待遇。当你收到面试职位的聘书时，还有大把的时间可以讨论薪资问题。

1.2　技术测试

技术测试可以是电话面试的补充，甚至可以替代电话面试。技术测试可能是电话面试的一部分，你也可能会被邀请到现场进行技术测试。

技术测试通常包含和具体职位性质相关的众多领域的问题。如果应聘的职位是和 Web 应用相关的工作，那么可能会问一些关于 Servlet API 的问题，有可能涉及一些框架，例如 Spring MVC 和 Tomcat。你应该注意应聘职位的性质以及会使用到的语言和框架。

技术测试通常是单独进行的，而且可能采取多种不同的方式。有些面试官使用的是纸笔测试的方式，喜欢问一些答案固定的简单问题，而有些面试官可能会让你写简单的程序，代码长度一般在 10～20 行。

如果让你在纸上写代码，那么应该特别注意代码的可理解性。尽管任何宽厚的面试官都会谅解一些低级错误，例如方法命名错误或漏掉分号的错误，但是你也一定要致力于不给面试官任何不让你参加下一轮面试的理由。

另一种常用的测试方法是在一台能用 IDE 的计算机上进行编码测试。这种测试方法更加公平，因为这种方式更接近于候选人在进行日常工作时的环境。面试官可能不会提供互联网访问，但是可能会提供离线的 Java 文档。

在面对使用全功能 IDE 或只有一个编译器的测试时，千万不要写出无法通过编译的代码。

不论采用的是哪种方式，都请编写单元测试。单元测试要先写。尽管会耗费一些额外的时间，但是可以确保编写的代码是正确的。即使面试没有提到要写单元测试，编写了单元测试也能向面试官展现出你的用心和对细节的关注。这种行为也会展示你以自己的工作为骄傲，也以自己为骄傲。

例如，JUnit 4 以及更新版本中的方法命名可以随意选择任何命名约定(参见第 9 章的讨论)，因此如果碰到了类似下面这样的问题：编写一个简单的算法来归并两个已经排好序的整数列表，那么你可以迅速编写一组测试用例，这些测试用例之后可以用作 JUnit 测试的方法名。

根据第 9 章的描述，JUnit 4 以及更新版本中的方法命名可以随意选择任何命名约定，因此你可以先迅速编写一组测试用例，然后将这些名字用作 JUnit 测试的方法名。对于上述问题，下面给出了一些测试用例的例子：

```
twoEmptyLists
```

```
oneEmptyListOneSingleElementList
oneEmptyListOneMultipleElementList
twoSingleElementLists
oneListOfOddNumbersOneListOfEvenNumbers
oneListOfNegativeNumbersOneListOfPositiveNumbers
twoMultipleElementLists
```

通过测试用例的名称应该很容易理解每一个用例的用途。给定一个定义良好的 API 之后，应该在 5～10 分钟之内写出测试用例，然后可以在实现归并算法时频繁运行这些测试以进行完整性检查。这种做法可以保证你顺利地编写和重构真实的代码。

尽管这些测试用例可能无法覆盖归并两个已排序列表的算法的所有代码路径，但是应该可以使你和面试官对你的具体实现产生足够的信心。

大部分现代的 IDE 都可以在没有互联网访问的情况下自动导入 JUnit JAR，因为已经捆绑在 IDE 中了。要确保自己知道在一些 IDE 中应该怎样操作，因为在面试场合中可能没有选择。至少要知道在 Eclipse 和 IntelliJ 中怎样操作。这些 IDE 都很聪明，能够识别@Test 标注并提示导入 JUnit JAR。

尽量简洁快速地编写测试用例。任何理智的面试官都不会介意漏掉一些古怪的测试用例，他们会理解你想要在给定时间内尽可能展示自己能力的意图。

如果你进行的面试包含纸上测试和上机测试，那么你可以将纸上的代码输入到笔记本电脑中，通过这种方式检查纸上写的代码。有一些公司会采取这种方式，他们会在纸上提供一些简单的试探性的 Java 问题，然后要求你编写一个更有深度的小应用程序。

考虑到你申请的是开发者的工作，因此在面试过程中被要求展示自己的技术能力是理所当然的。不过值得注意的是，并不是所有的情形都如此——面试的标准差异巨大，因此只和招聘经理进行简单的沟通之后就结束了的情况也不是不存在。这种方法对于雇主来说通常并不是很好，谢天谢地现在这种方式不像过去那样常见了。

与面试流程中的其他每一个步骤一样，技术测试也需要好好准备。在工作细节描述的页面中应该包含了很多技术信息，例如使用的语言、技术和框架等。在公司的招聘网页上应该可以找到工作细节描述页面，如果找不到的话，可以向公司请求一份。不会有人要求你对工作描述页面中的每一点要求都了如指掌，但是你对自己的实力展示得越多越好。雇主寻求的是对学习新事物和适应新环境的意愿，因此在面试过程中要注意表达出这些意愿。最重要的是，要表达出愿意学习公司所使用的技术的意愿。

再次强调一下，要了解对方公司所做的业务，在面试过程中甚至可能被问到你对公司的具体了解，也可能被问到你所面试的团队开发的应用软件的具体问题。如果这家公司有一个对公的网站，请一定要用好这个网站。如果申请的职位是游戏过程中的一个步骤，请确保你已经玩过这个游戏。有一些雇主有这样的规则，那就是如果面试者没有使用过面试团队所开发的产品，那么一定会拒绝这位面试者。

1.3　应对面对面的现场面试

成功地通过技术测试之后，会进行一次更加个性化的面试，在这一轮面试中会和要进入的团队以及招聘经理进行沟通，也有可能需要和招聘团队或人力资源部门的一些人碰面。这一轮面试通常需要持续半天或一整天的时间。这类面试甚至可能在数天的时间内进行好几轮，这通常取决于办公地点——你回到公司进行进一步面试的难易程度，也取决于面试官的时间安排，当然还有你自己的时间安排。

一般说来，随着面试进展的深入，面试的技术性会越来越弱。一组典型的面试通常包括：

- 一轮技术面试，涵盖了预筛选或个人测试中完成的工作。
- 更多轮的技术面试，涵盖了招聘人的团队感兴趣的话题和问题。
- 可能需要在白板上编写一些代码，或者参与一些结对编程。
- 和团队中一名或多名偏业务的成员进行面试，通常是产品经理或项目经理。
- 和招聘经理的面试。这一轮面试通常会涵盖一些软技能，而不是太侧重技术能力。这一轮面试也是为了考察面试者是否能很好地适合团队。
- 最后听取来自机构内部的招聘官或人力资源负责人的汇报。在这个过程中可能会讨论薪资期望和合同相关的事项，还有可能交代一些和后续步骤相关的信息。

不论下一步要面临的面试是什么，都要尝试思考一下可能会被问到什么问题。如果你估计会讨论之前在电话面试、在线测试或技术测试中写的代码，那么努力回想一下当时写的代码具体是什么样的。通过回忆写下在之前测试过程中编写的小应用程序会很有帮助。凭记忆写下的代码是不是和当时提交的代码一模一样并不重要，重要的是这个过程可以帮助你整理记忆，并可能会找到一些可以在面试过程中讨论的改进。

进行面对面的面试时，要准备好把自己的能力发挥到极限。回答"我不知道"并不代表承认失败，面试者只是通过这种方式了解你所掌握知识的局限性。当然，越晚到达这个状态越好。你不能要求自己是所有领域的专家，因此如果你表现出了对诸如 Spring 和 Hibernate 框架的深入了解，但是对数据库事务和并发的了解并没有达到同样的水准，也不用太担心。

面试的过程本身也不是完美的。面试不是考试，仅仅知道正确的答案是不够的。面试团队考察的是你的加入对团队来说是否有价值。如果你面试的是一个比较资深的岗位，那么还有可能会考察你是否适合担当导师。如果你面试的是一个初级岗位，那么会考察你是否表现出了足够的动力、决心和热情。

有时候这还不够，也许面试官刚好心情不佳，或者这一天刚好很倒霉。甚至有可能面试官的内心还沉浸在面试开始之前的一次失败的编译构建中。遗憾的是，在这些情形下，也没有什么可做的。在任何谈话中，都要保持礼貌，不要让面试官感到不愉快。

通常在面试过程进行到稍后阶段时，如果面试的开发者认为你的能力符合他们的预期，那么你还要和招聘经理见面。这一轮面试通常讨论的是你和团队的契合程度以及对应聘岗位的一些期待和所要求的一些软性技能，还会讨论一些你自己在公司内职业发展的问题。

和面试流程中其他任何一轮面试一样，在这一轮面试中也会考察你的做事方式和参与程度。招聘经理期待的是你有足够的热情，足够聪明，而且能得体地进行交谈。开发者不可能坐一整天写代码而不和别人交流。在日常工作中，经常需要和其他开发者、产品经理以及很多其他角色的人物进行交流，这次谈话的主要目的之一就是要确保你和其他人的交流能力处在合适的水平。

有时候，如果招聘团队感觉你并不太适合，那么他们可能会提早结束面试，并告诉你他们不会继续将面试进行下去了。如果发生这种事情，你可能会感到非常意外，特别是在你不希望发生这种事情时。一定要记住，这不是针对个人的，而且也不是对你的能力的质疑，这纯粹是因为你的技能和他们所需要的技能不匹配。不要让这种事情影响你的自信心，在下一次和别的雇主开始面试之前问问自己还有没有可以改进的地方。

1.4　最终的决定

最终收到这个职位的 offer 并不代表整个过程就结束了，你必须确定自己想要这个职位。如果有任何疑问，在收到 offer 之后还可以找招聘经理或招聘代理人。他们常常能缓解你的任何担忧，也会帮你回答在面试过程中没有问的问题。

就算是在进一步沟通之后，如果你仍然觉得这个职位不适合，那就不要接受。如果感觉动力不足，那就不要接受这个 offer，而是继续找工作，否则的话，有可能试用期都通不过。

如果你对这个职位满意，那么对方会给你开一份工资，在待遇包(package，即受聘后的一篮子福利)中可能还会有其他的福利，例如股票期权、养老保险和医疗福利等。在这个时间点，针对这个 package 还有一定的空间可谈。要记住一点，到了这个时候，招聘经理和团队其他成员都希望你和他们一起工作。他们耗费了大量的时间和精力考察你，如果他们这个时候不能给出一份吸引人的 offer，那么他们还要重新开始整个流程。不过也不要得寸进尺，开发者的薪资和 package 都受制于团队的预算，因此是有一定范围的。

1.5　本章小结

如果你没有经历过面试，那么面试看上去可能非常可怕。摆脱这种恐惧的最好方法就是去经历，经历过的面试越多——不论成功与否——你就越能了解面试者物色的是什么样的人，以及了解如何应对提出的问题。尽管通过本书中的问题你可以了解面试中可能遇到的问题的类型和风格，但是只有通过实践和亲身经历才能真正高效地解答这些问题。

要记住在任何时候，面试都是一个双向选择的过程。尽管面试团队主宰了整个面试过程的进展，但同时你也在考察团队。要不要为这个团队工作完全是由你自己决定的。在自己决定要接受这份工作之前一定要回答这个问题。

人们会觉得在面试中被拒绝是很痛苦的事情，特别是当他们在学术界获得了很大的成功时。通过面试来应聘一份工作和参加大学考试是不同的，把问题回答正确通常来说还不够。面试过程中会考察你的方方面面，从个人人格特质到技术技能，还要考察你的技能是否满足招聘团队的需要。被一个职位拒绝了没有什么好羞愧的。把问题回答正确也只赢得了战斗的一半。

顺利通过面试的最关键因素就是充分准备。确保你已经正确理解了面对的问题域，试着想象面试官希望在面试中得到的东西。思考面试官可能会问的问题，还要准备一些自己要问他们的问题。

第 3 章讨论本章介绍的不同类型的面试，还稍微深入地讨论你的个人行为以及给出恰当答案的方法。不过在第 3 章之前，第 2 章会讨论找工作过程中的首要任务，这件事情需要在任何一轮面试之前完成，那就是如何撰写能够吸引招聘团队注意力的简历和求职信。

第 2 章

撰写引人入胜的简历

关于招聘者和面试官有一个经典的笑话，他们总是把一半的简历扔到垃圾桶里根本不读，因为他们不希望让运气不好的人为他们工作。

让自己的简历得到关注是挺困难的一件事情，可能还需要一点运气。希望这一章给出的建议和简历撰写技巧能够帮你尽量减少对运气的依赖。

2.1 如何撰写简历和求职信

工作应聘中需要写作的部分一般包含两个部分：一份简历和一封求职信(cover letter)。简历是对专业水平和相关技能的记录，而求职信则是一封递给面试官的个人信函，其中描述了你为何适合所申请的职位，以及你可以通过这个职位给团队带来的额外品质。

尽管简历看上去应该是通用的，但是你应该将自己的简历裁剪为适合某项特定的工作。当你递交简历的时候，一定要将自己的简历调整为适合正在申请的工作，简历中要重点描述符合工作描述的突出技能。

简历长度一定不要超过两页。大部分面试官的日常工作都是在做开发，因此没有太多时间去一页一页地阅读简历中描述的职业生涯。简历就要简单直接，重点放在最近的职位上。

基于这样的认识，一定要将你绝对想让面试官看到的所有关键信息都放在第一页的顶端。重点突出你想在这里表达的关键能力。不要添加类似"简历"或"履历"之类的标题浪费空间，读这份文档的人都知道这是一份简历。你需要面试官记住的最重要的事情之一是你的名字，因此把名字放在标题处，而且字体应该是页面上最大的字体。

有一些应聘者会在简历上放一张小的头像照片。照片可以帮助面试官在几轮面试之后讨论应聘者的时候将脸和名字联系起来，但是否要贴照片还取决于你自己。贴照片与否不会对你获得工作机会带来任何正面或负面的影响。

如今常见的做法是在页首放一段开发者的个人简介，这是一小段文字，通常 3～4 行，总结了到目前为止应聘者的个人特质和职业生涯，描述了对下一份工作的期待。下面是一段个人简介示例：

一名有经验的 Java 开发者，在零售业和金融业从业 4 年。对新技术保持持久的热情，希望寻求关于项目交付的管理工作。

把这段文字放在页首，面试官读到这段描述的可能性就很高。这里展示的这段个人简介是以第三人称的形式撰写的。采用第一人称或第三人称完全取决于你自己的喜好，不过和简历中的其他内容一样，一定要保持一致性。

在简历的前面还要包含关键的技能。可以通过一个列表来描述技能，也可以以一组项目要点的形式列出你的职业特长。

不管这里写什么，都要注意覆盖面要尽可能广。如果除了 Java 之外你还有其他语言的经验，也请列出来。要提到你有经验的操作系统，要提到你使用的工具(例如喜爱的 IDE)和其他开发工具(例如源码版本控制系统)。

不要只列一堆缩写，也不要简单地列出你接触过的所有库和工具。面试者不会对一大堆类似于 "SQL、XML、JDBC、HTTP、FTP、JMS、MQ" 这样的缩写感兴趣。如果能像下面这样描述你的关键技能，那么面试官会更感兴趣：

精通 Spring JMS 和 HTTP 协议，有 Apache Cassandra 相关的经验。

不论你往这个列表里面添加什么内容，一定要保证加进去的项目都是恰当的。在这里列出的每一项关键技能在简历里的其他地方都应该有展现，例如展现在对之前工作的描述中。

简历中要有一小节包含教育经历和资格认证。从最近的资格认证开始。要包含加入相应教育机构的日期。如果有大学学位，要包含这些学位的名称、学位论文以及提交过的小论文。关于高中的学历不需要太详细，只需要用一行内容提一下上学的时间和任何关键的考试。

如果没有大学学位，那么应该对关键学科进行更详细的描述，例如数学和语文。

随着你的经历越来越丰富，可以在简历中减少对教育部分的关注。如果你申请的是高级或领导职位，那么雇主会对你在工作中做出的成就更感兴趣。但无论如何，在简历中一定要提到自己的最高学历。

除非你是刚毕业的学生，简历中主要应该包含工作经历。把每一项职位放在不同的小节中，对于每一项职位，都要列出工作的日期和地点。应该简单地描述你在这项工作中的职责和取得的成就。如有可能的话，要提一下使用的技术和库等。和关键技能小节类似，用项目要点的方式总结列出你的经历即可：面试官都希望能尽可能快地阅读并理解你的经历。

要记住，面试官感兴趣的是你所做出的成就，你的工作对团队成功所做出的贡献。因此不要这样描述你过去的职位：

我曾工作过的团队发布过 XXX 游戏。这款游戏在第一个月内就实现了 200 万的日活跃用户。

而下面这样的描述其信息量就大得多：

我负责的是 XXX 游戏服务端的开发，专注其稳定性。在第一个月内，服务器就支撑了 200 万的日活跃用户，期间没有停机。

这种说法可以清晰地表达你在团队中的职位、职责以及你的工作所带来的成果。

有可能的话，尽量使用强大的形容词描述你的工作。例如，将自己描述为"主要"开发者，或是"全面负责"，或是"团队核心成员"，通过这种方式可以强调自己在开发团队中的工作价值。记住，你一定要能够验证简历中的说法。

如果在简历中描述的任职日期之间有间隔，必须要做好准备在面试中讨论这些间隔。如果你在间隔时间中计划的是放空一阵子去旅行，那没问题；如果你是因为裁员或解聘并花了几个月的时间找工作，那也没问题。不过雇主会对你在这段空隙期内做了什么感兴趣。未来的雇主希望候选人具有高效、超前思考以及积极主动的特质。如果你可以坦诚地说你在给某个开源项目做贡献或是在做某种慈善工作，那么雇主对你的印象比那些说不清自己在这段时间干了什么的人的印象要好得多。

即使在这段时间内你试图创业但是失败了，也没什么不好意思的。事实上，很多雇主会认为这是一项非常好的个人特质。

如果你有什么很好的在线资源可以展示，那么可以提供这些资源的链接，通常来说都会吸引雇主的注意。如果你有 Github 账号，那么雇主可以据此更深入地了解你的工作方式。如果你写博客，也请附上博客链接。如果你在问答社区，例如 Stack Overflow (stackoverflow.com) 上回答问题，请提供一些你受欢迎的回答的链接或个人资料页面的链接。这些在线资源可以很好地展现你在"真实"环境中而不是几轮面试这种奇怪陌生的环境中的工作和思考方式。

你应该考虑到面试官可能会对你进行在线搜索。如果可以通过你的微博账号、社交网站账号或类似的账号轻松地追踪到你，那么一定要保证这些账号分享出来的内容是可以在面试中安全分享的内容。如果有不恰当的内容，一定要正确地设置好隐私设置。

候选人通常会在简历的最后附上一小节描述自己的个人爱好。这部分内容和雇主是否会决定邀请候选人来面试的关系甚微。尽管这部分内容可以展示出你是一个有趣的人，除了工作之外还有其他的能力，但是否邀请某个人来面试取决于这个人在简历上表现的专业能力。如果你感到两页纸有些不够，那么请把这部分内容丢弃。

有些候选人还会列出一两位推荐人的联系方式。简历里面不提到推荐人是没有问题的，但如果要提到，请保证这些信息是最新的。提交简历之前要和推荐人沟通好，让他们做好随时可能接到讨论你的最佳品质的电话的准备。如果这事没有做好，那么反映出你办事不可靠。

2.2　撰写求职信

通过求职信可以借机展示你对应聘的职位所做的功课。求职信应该比较简洁，篇幅远不到一页，求职信要达到的目的是说服招聘者或面试官邀请你参加面试。

通过求职信可以强调在简历中你感觉和职位相关的重点内容。还可以介绍最近的职位以及工作的具体内容。如果有现任员工推荐你，请在信中提到这位员工的名字：很多公司对成功的招聘都会提供引荐奖励。一定要遵循这条规则，因为如果你被录用了，你自己也可能会得到一部分奖励！

如果你当前无业，那么求职信是提到你自从最近一次离职之后做过什么的最佳途径。

还应该在求职信中阐述为什么你想加入这家正在申请的公司。如果这家公司和你之前的公司所在的行业不同，请解释为什么你想要进入不同的行业。

解释为什么你在寻找新的职位。想要提升自我和发展事业是没有什么不对的，但是在求职信和后续面试中应该明确表达这一点。还要提到任何可能和新职位相关的软性技能。

尽管在简历中列出了联系方式，但是在求职信中也应该列出你的最佳联系方式。不要为没有被邀请面试而留下任何借口。

例如，下面是一封求职信的主体部分：

我附上的是应聘软件开发职位的简历。

目前我在 X 公司做服务端 Java 开发。我在这家公司已经有 3 年时间，在这段时间内在两个不同的团队中进行 Java 开发。

在我任职的过程中，我感觉 X 公司和我都有很大的收获，我觉得自己现在到了离开当前所在的行业，进入一个不同行业发挥我的技术能力的时候了，还希望能收获一些新的技能。

我坚信能够把我的热情和经验带入 Y 公司以及这个职位。热切地期待您的回复。

正是这些对详细内容的简单提及可能会让你的职位申请从其他候选人中脱颖而出。

2.3　本章小结

简历是潜在雇主了解你的首要途径。这是你自己推销自己的广告，是你自己的品牌形象。对于这份文档，你有完整的控制权，因此应该努力撰写完美的简历。

在简历中不能容忍任何错误。仔细核对所有的日期，检查确保没有拼写错误，句子语法一定要正确。简历中的简单错误会让人感到你不够仔细，因此也就不能信任你能够开发专业水平且测试良好的应用软件。

格式要一致。简历中不需要炫目的标题和多种字体，因为你应聘的不是图形设计师。

格式要干净、简单、简洁且易读。

让别人帮你检查简历，采纳别人积极的反馈建议。反复审读自己的简历，总能找到需要改进和调整的小问题。

每隔 2～6 个月就需要更新自己的简历。在这个时间间隔内更容易回忆起需要重点标注的关键点。此外，更频繁地更新简历意味着每次需要做的修改更少，因此出现明显错误或拼写错误的概率也更低。

简历一定不要超过两页，面试官可以将简历双面打印在一张纸上。随着时间的推移，你的经历也日渐丰富，为了不超过两页纸，你必须明智地判断哪些内容可以留在简历中，而哪些内容必须删去。有时候这样的选择会很困难，在这个过程中你可以通过调整页边距和字体大小的方式尽量填入更多的内容，但无论如何，两页的限制是关键。面试官没有时间也没有兴趣阅读一份 8 页的简历。

本章必须提到的一点是，一定要注意在简历中写的每一项内容对于面试官来说都是攻击的目标。千万不要撒谎，不要提自己不具有的能力或经历。如果在面试过程中发现了任何虚假信息，那么几乎可以肯定的是你不可能被录用。即使你带着假简历通过了面试，大部分雇主还会进行背景调查，在这个过程中，任何虚假的学历信息或职位信息都会被发现。

当面试团队对你的简历感兴趣的时候，他们会想要进一步了解你的技能、知识和个人特质是否能很好地符合他们的需求，下一章开始讲解如何处理后续的能力评估。

第 **3** 章

技术测试和面试基础知识

在对 Java 开发者的面试中，雇主必然需要对你的技术能力进行测试。

这一章讨论一些技术测试的形式，面试官通过这些形式的测试对你的编程技能进行考察，以判断你的能力是否满足他们的招聘职位所需要的能力。

本书中给出的问题通常都会出现在本章讨论的某一种面试形式中。如果你从来没有经历过技术面试，或者上一次面试已经过去太久，那么通过这一章可以对招聘者考察候选人的方式有一个基本了解。

3.1　书面技术测试

书面技术测试(笔试)是一种筛选面试候选人的常用方法，通常在当面面试之前进行。候选人需要参加一个简短的书面测试，面试团队可以据此判断候选人是否值得进行面试。

书面测试对于招聘团队来说是有好处的，因为他们不需要耗费太大力气就可以对候选人的能力有较好的了解。大部分情况下，面试官很难单独从简历中区分出候选人，因为很多简历只是列出了候选人在过去从事的工作中使用过的技术。这也是努力让自己的简历在招聘者收到的芸芸简历中表现出众的动力。

离线的书面测试并不是考察技术能力的良好方式，因为在日常工作中一般不会有人用这种方式写代码。书面测试中，没有 IDE，没有编译器，也不能访问互联网，能依靠的只有自己大脑中储存的知识。

尽管书面测试并不是一种非常好的考察方式，但是书面测试依然是一种非常常用的招聘方式，因为开发团队使用这种方式耗费的人力物力是最少的。

当你被邀请参加笔试时，尽量遵循在学校参加考试时得到的建议和指导方案。在尝试答题之前，一定要仔细阅读并且完整地理解问题。

首先浏览一下所有的问题，这样可以帮助掌控整个答题时间。设计良好的笔试中的问题应该是难度递增的，因此后面的题目应该会消耗更多的时间。

有时候，笔试中的题目数量比给定时间中能回答的题目数量要多。如果不能回答所有的问题，也不要沮丧。考察者只是想了解你解答问题的速度，了解你解决问题的能力的速度。

书写答案时要做到清晰易读。如果表达质量很差的话，那么你被雇佣的可能性也会极低。因此如果回答需要解释的问题，一定要做到简洁，回答问题要答到点子上。如果有必要的话，使用项目要点。尽量做到完整地回答问题。

在纸上编写代码并不容易。例如很容易忘记一个分号，忘记方法的参数顺序，还容易出现一些想当然的错误。在重构时需要擦除方法名或变量名，可能还需要从头重写一遍代码。但愿你的面试官会考虑这些难题，并接受在纸上手写的代码并不完美的事实。

如果要求在纸上写出一个算法的框架，最好首先在大脑里思考一下，然后再落笔。在完成最终的实现之前，不要对进行了多轮尝试感到害怕：毕竟在现实中，很多开发者写代码都会尝试很多次。

3.2　上机测试

面试团队使用的一种比较专业的方式是要求你在测试中编写真实的可编译的代码。有时候，招聘者会把问题发给你回家完成，也可能邀请你到办公地点完成测试。

这种方式更接近于你在真实生活中编写代码的方式，因此尽管面试中难免会有各种紧张情绪，但是这种形式的测试更容易让人放松。

如果要求你在家里进行书面测试，那么请尽量模拟工作环境。可以有互联网访问任何文档，可以有足够多的时间，这个时间比在应聘公司办公室面试的 1~2 小时宽松多了。

如果要求你在办公室进行测试，而且走运的话，上机测试使用的计算机可以连接互联网，那么你在必要的情况下可以查找任何 Java API 文档。如果有互联网连接，一定要抑制住依靠搜索引擎或问答网站答题的冲动，一定要尽可能通过自己的能力回答问题。

有一些上机测试是不能访问互联网的，但是面试官会让你访问储存在计算机硬盘上的 Java API 文档。

有些情况下，在上机测试中可以使用 IDE，不过有可能不能随意选择 IDE，因此一定要熟悉一些流行的 IDE 的基本使用，包括 Eclipse 和 IntelliJ。大部分 IDE 都自带了标准 Java 库的 Java API 文档。因此可以查找代码中一些方法的正确使用方式。

当然，使用现代 IDE 最大的好处就是 IDE 能够在你输入代码时进行检查和编译，因此你可以以最快的速度修复各种白痴小错误。

有一些测试会要求你解决一系列问题，同时会提供一个接口或方法签名。这个接口是不能修改的，因为你编写的代码很可能是一个较大的应用程序(例如 Web 应用服务器)中的一部分，这个应用程序需要依赖这个接口工作。

此外，不要修改任何方法定义的另一个原因是招聘团队可能准备了一套单元测试用来检查你的代码是否正确。这是面试官采用的另外一种实用方法——可以迅速判断你的代码是否能满足测试的需求，而不需要太多的输入。

从面试官的角度看，通过了所有的测试并不算完事。他们还会检查通过测试的代码的质量，考察代码的格式是否专业，是否包含了合理的注释，从而对你编写代码的方式有一个总体的了解。

还有可能要求你解答一个不是那么严格的问题，在这种问题中，没有预定义的方法模板或接口，例如可能要求你从头开始编写一个小应用程序。当面对一个空白的文件，而不是在一个带有方法名称、返回值类型和参数的模板中填写代码时，可能会让人感到更困难。

如果不知道从何开始，有一种方法可以参考：有些人觉得绘制一些应用程序中的组件图会很有帮助，在绘图过程中思考这些组件的工作方式和连接方式。通过这个过程可以激发你创建问题域的对象以及将这些对象连接在一起的应用逻辑。

不论你采用什么方法，都一定要编写测试。即使没有要求你编写测试，也一定要编写测试。测试可以指导你编写应用程序，而且随着时间越来越紧，通过测试可以确保代码整体上朝着之前预期的方向发展。如果重构工作导致测试失败，可以立即回滚之前所做的修改。因此有了测试的帮助可以避免带着错误继续前进，如果代码不能按照预期的方式工作，你的上机测试在招聘者那里肯定通不过。

大部分 IDE 都会在应用程序中打包 JUnit jar 包，而且发现你在编写 JUnit 测试用例时，都会自动导入 jar 包，因此在可能的情况下，请使用 JUnit 测试。大部分面试官都会对你印象深刻，特别是在没有明确要求你编写测试的情况下。

3.3 面对面的技术面试

通常来说，经过了一番技术考察之后，后面会有一轮(或多轮)和其他开发者进行的面对面的面试。通常情况下，他们会问你一些技术问题，让你把解决问题的方案写在纸上或白板上。

如果你之前没有经历过这样的场景或者习惯于在 IDE 和编译器的帮助下编程，那么可能会感到很怪异。

面试官通常会让你采用某种特定的语言编写程序，也可能要求采用伪代码。

编写伪代码

伪代码可以是一种高级语言，用于表达应用程序或算法的工作方式，通常采用的是命令式的风格。具体的语法并不太重要，伪代码常用于通过真正的编程语言实现某个想法之前的讨论或记录。

例如，下面是在一个包含正数的列表中查找最大值的算法的伪代码：

```
int largest =-1
for i in1 to length of list
  if list(i)> largest then largest = list(i)
```

```
if(largest ==-1)print"No positive numbers found in the list"
elseprint"Largest number in the list: "+ largest
```

代码中没有分号，也没有正式的语法，但有编程经验的读者都能理解 for 语句和 if 语句。

这个例子可以用很多种不同的方式来编写，最重要的是要让每一位读者理解这段代码的意图。

在除了面试之外的其他场合也会使用伪代码。技术规范可以通过伪代码来展示算法工作原理的框架，博客文章和技术文章也可以用伪代码来表示语言无关的例子。

如果在面试过程中要求你在纸上或白板上简要地写出算法，而且要求你使用 Java 语言 (或其他语言，就事论事)，请尽量使用正确的语法。尽量不要忘记任何一个分号，尽量把 API 库的方法名称写对。不过面试官应该不会期望完美的代码，毕竟，本来就是要用编译器的。

通常活跃的离线代码面试采用的方法是面试官给你算法的需求，然后让你自己解决问题。

边思考边说出来是一种有用的方法。在构建答案的过程中，边做事边描述自己的想法。面试官通常也会参与进来，因此可以看成是一场对话。如果你对采用的某个特定方法不是很确定，则一定要说清楚。在错误的方向解决问题并没有什么坏处，只要在你意识到问题时可以立即解释清楚，并且说清楚改进的方法即可。

多数情况下，面试官对你的整个思考过程的感兴趣程度和对正确答案的感兴趣程度是一样的。如果问的问题你之前遇到过，而且你在不到一分钟的时间内就给出了完美的解决方案，那么面试官无法判断你解决问题的能力。因此如果你知道给定问题的答案，最好要让面试官知道这一点。

不要害怕问题。当面试开始时面试官开始问问题，他们设置的问题是处于动态变化状态的。某一个问题通常都会有一个以上可以接受的解决方案，因此，提出恰当的且经过周全思考的问题可以帮助你找到可接受的解决方案。

当你在白板或纸上写出一个算法时，要写快一点，而且一定要清晰可读。如果面试团队一天都在面试其他候选人，而他们又看不懂你写的东西，那他们肯定无法对你的面试给出正面的评价。

3.4　本章小结

在面试过程中写代码时，通常都面临时间的压力。这有几万面原因：把面试时间固定在一个范围内对于面试官及你自己来说都是很实际的。面试官还要面试其他人，而且自己也有日常工作需要完成。你可能还有其他面试，或日常生活中的其他事情需要做。更重要的是，在固定时限内进行面试和代码测试可以判定你是否有能力在给定时间内完成任务。

　　有一些在线资源可以帮助你练习测试题。在网上找一些示例测试，然后规定自己在固定时间内完成，这样可以帮助自己找到感觉。你甚至可能发现这些挑战是很有趣的。

　　在和面试官讨论技术测试中完成的实现时，几乎总会问的一个问题是"你编写的代码可以正常工作吗？"如果你在面试过程中没有主动编写测试，努力想出一些适合你编写的代码的测试用例，因为这样可以在面试结束之前完成一次有效的讨论。

　　思考你编写的代码，想想可以进行什么改进，准备好在面试中讨论这些改进。思考代码的局限性，甚至思考给定问题中的局限性。问你的一个常见问题是，如果要将你的代码应用规模扩展为数百万用户，你会做出什么样的修改。

　　准备是关键：尝试将自己放在面试官的位置思考。你自己会问什么问题？

　　下一章讨论基本的算法，具体说就是排序和搜索算法。这些是计算机科学中最核心的主题，因此常见的技术面试题都以这些算法为基础。

第 4 章

编写核心算法

在面试过程中要求定义或演示的算法大多数都是针对列表操作的算法，通常包括排序算法和搜索算法。本章讨论几种不同的列表排序算法，并讨论每种方法的优点。本章还讨论一种在列表中搜索指定值的常见方法。

本章描述的算法通常都会在计算机科学核心课程中涉及，因此如果学习过计算机科学的相关课程，那么本章可以起到复习作用。

4.1 关于大 O 符号

描述算法的性能或复杂度的形式化方法是大 O 符号(Big O Notation)。这种表示方法描述了算法随着输入变化而发生的性能变化。

例如，$O(n^2)$ 的最坏情况复杂度表示如果输入的规模翻倍，那么算法运行的时间是原来的 4 倍。通常认为 $O(n^2)$ 算法并不是最高效的算法，不过算法高效与否完全取决于算法的具体目标。

大 O 符号通常更适用于较大的 n 值。当 n 很小时，算法的运行时间或空间消耗都是可以忽略的。不过不管怎么样，对于编写的任何算法，总是应该考虑其大 O 符号复杂度，即使 n 的值很小，因为随着时间的推移，算法需要处理的输入规模可能会越来越大。

一个算法通常有 3 种复杂度的值：最好情况复杂度、最坏情况复杂度以及平均复杂度。顾名思义，最好情况复杂度指的是针对给定的输入，算法只需要耗费最少的步骤完成处理的情况。

这里描述的性能通常称为算法的时间复杂度(time complexity)。算法也有空间复杂度(space complexity)，也就是说，算法完成处理所需要的额外空间。

写算法时通常需要进行权衡。有时候会发现，性能特别好的算法需要的空间根本负担不起，而有的算法尽管只用了一点额外空间，但是效率比另一个使用更多空间的算法低很多。

　　在编写任何算法时，都要尽量考虑时间和空间两方面。尽管如今计算机内存都是白菜价了，通常情况下内存都足够用，但是精确地理解你所编写的算法进行的每一步操作是一个好的习惯。

4.2　列表排序

　　针对集合(collection)——特别是列表——数据结构的一种常见操作是将列表中的元素重新整理为一种排好了序的顺序。列表排序经常采用自然排序(natural ordering)，例如按照从小到大的顺序排列数字或按照字母表的顺序排列字符。不过，你也可能对排列的顺序有不同的需求。Java 提供了两个帮助排序的接口：Comparable 和 Comparator。

Comparable 和 Comparator 接口有什么区别？

　　由于这些接口是公共的，因此可以随意使用。按照约定，Comparable 接口用于自然排序，而 Comparator 接口则用于需要对排列的顺序进行精准控制的情形。

　　对数组排序时，你通常都会选择使用内置的库，例如 Arrays 和 Collections 类中实现的排序算法。然而，在面试时，通常会要求你给出自己的实现。

　　Arrays 和 Collections 类都有一些重载的 sort 方法。这些方法大体上可以分为两类：一类接受一个数组作为参数，另一类接受一个数组和一个 Comparator 对象作为参数。排序方法针对每一种原始类型都有一个重载版本，还有一个针对引用类型(Object)的重载版本。

　　不接受 Comparator 对象的排序方法采用自然顺序进行排序。代码清单 4-1 展示了针对 int 数组排序的代码，按照从小到大的顺序对数组进行排序。

代码清单 4-1：整数数组的自然排序

```
@Test
public void sortInts() {
    final int[] numbers = {-3, -5, 1, 7, 4, -2};
    final int[] expected = {-5, -3, -2, 1, 4, 7};

    Arrays.sort(numbers);
    assertArrayEquals(expected, numbers);
}
```

　　对于 Object 对象数组，要排序的类型必须实现 Comparable 接口，如代码清单 4-2 所示。

代码清单 4-2：对象的自然排序

```
@Test
public void sortObjects() {
    final String[] strings = {"z", "x", "y", "abc", "zzz", "zazzy"};
    final String[] expected = {"abc", "x", "y", "z", "zazzy", "zzz"};

    Arrays.sort(strings);
    assertArrayEquals(expected, strings);
}
```

由于 String 类实现了 Comparable 接口，因此这个排序的结果和期待的是一样的。如果要排序的数据类型没有实现 Comparable 接口，那么这段代码会抛出一个 ClassCastException 异常。

对于自定义的类，需要实现 Comparable 接口，例如代码清单 4-3 所示的类实现。

代码清单 4-3：没有实现 Comparable 接口的排序

```
private static class NotComparable {
    private int i;
    private NotComparable(final int i) {
        this.i = i;
    }
}

@Test
public void sortNotComparable() {
    final List<NotComparable> objects = new ArrayList<>();
    for (int i = 0; i < 10; i++) {
        objects.add(new NotComparable(i));
    }

    try {
        Arrays.sort(objects.toArray());
    } catch (Exception e) {
        // 正确的行为：无法排序
        return;
    }

    fail();
}
```

这里无法使用 Collections.sort 方法，因为编译器会检查参数的类型是否为 Comparable 接口的实现。方法签名如下：

```
public static <T extends Comparable<? super T>> void sort(List<T> list)
```

如果想要提供自定义的排序方法，可以实现 sort 方法所需要的 Comparator 接口。这个接口有两个方法：一个是实现类型 T 比较的 int compare(T o1, T o2)方法，另一个是 boolean equals(Object o)方法。compare 方法返回一个 int 类型的值，可以有 3 种状态：如果这个值为负，则表示第一个参数应该排序在第二个参数之前；为 0 则表示两个参数相等；为正则表示第二个参数应该排序在第一个参数之前。

如果要实现一个数值反向排序的 Comparator，那么具体实现如代码清单 4-4 所示。

代码清单 4-4：实现数值反向排序的 Comparator

```
public class ReverseNumericalOrder implements Comparator<Integer> {
    @Override
    public int compare(Integer o1, Integer o2) {
        return o2 - o1;
    }
    // 忽略相等的情况
}
```

代码清单 4-5 使用了这个 Comparator。

代码清单 4-5：使用自定义排序

```
@Test
public void customSorting() {
    final List<Integer> numbers = Arrays.asList(4, 7, 1, 6, 3, 5, 4);
    final List<Integer> expected = Arrays.asList(7, 6, 5, 4, 4, 3, 1);

    Collections.sort(numbers, new ReverseNumericalOrder());
    assertEquals(expected, numbers);
}
```

对于本章中的例子，假定使用的是简单的自然排序。

> 如何实现冒泡排序算法？

冒泡算法的描述和实现非常简单。下面是伪代码示例，假定代码中的数组是零索引的数组：

```
for i between 0 and (array length -2):
  if(array(i + 1) < array(i)):
    交换 array(i)和 array(i + 1)
```

一直重复，直到在一次完整的迭代中没有元素被交换

下面是针对一个小列表进行排序的例子：

```
6,4,9,5->4,6,9,5：当 i = 0 时，数字 6 和 4 被交换了
4,6,9,5->4,6,5,9：当 i = 2 时，数字 5 和 9 被交换了
4,6,5,9：第一轮迭代有数字被交换，因此继续下一轮迭代
```

4,6,5,9->4,5,6,9：当 i = 1 时，数字 6 和 5 被交换了

4,5,6,9：第二轮迭代有数字被交换，因此继续下一轮迭代

4,5,6,9：没有数字被交换，得到的是有序的列表

代码清单 4-6 展示了一个用 Java 实现的冒泡排序算法。

代码清单 4-6：冒泡排序的一个实现

```java
public void bubbleSort(int[] numbers) {
    boolean numbersSwitched;
    do {
        numbersSwitched = false;
        for (int i = 0; i < numbers.length - 1; i++) {
            if (numbers[i + 1] < numbers[i]) {
                int tmp = numbers[i + 1];
                numbers[i + 1] = numbers[i];
                numbers[i] = tmp;
                numbersSwitched = true;
            }
        }
    } while (numbersSwitched);
}
```

尽管这个实现很简单，但是其效率却异常低。在最差情况下，也就是说要排序的列表已经按照逆序排序的情况下，这个算法的性能是 $O(n^2)$：每一次迭代只交换一个元素。最好情况是列表已经排好序的情况：对列表进行一次扫描，由于没有交换任何元素，因此算法可以结束。最好情况的性能是 $O(n)$。

> 如何实现插入排序算法？

插入排序算法是另一个很容易描述的算法：

```
给定列表 l 和新列表 nl
for each element originallistelem in list l:
  for each element newlistelem in list nl:
    if(originallistelem < newlistelem):
      将 originallistelem 插入 nl 中在 newlistelem 之前的位置
    else:
      继续下一个元素
  if originallistelem 没有被插入:
    插入 nl 的尾端
```

代码清单 4-7 展示了一个实现。

代码清单 4-7：插入排序算法的一个实现

```java
public static List<Integer> insertSort(final List<Integer> numbers) {
    final List<Integer> sortedList = new LinkedList<>();

    originalList: for (Integer number : numbers) {
        for (int i = 0; i < sortedList.size(); i++) {
            if (number < sortedList.get(i)) {
                sortedList.add(i, number);
                continue originalList;
            }
        }
        sortedList.add(sortedList.size(), number);
    }

    return sortedList;
}
```

关于这个算法的实现，有几点需要注意的地方。首先要注意的是，和冒泡排序不同，这个算法返回的是一个新的 List，而冒泡排序是原地(in place)排序的。这主要是由算法的实现自己选择的。由于这个算法创建了一个新的 List，因此返回这个新的 List 也就理所当然了。

此外，这个算法返回的列表实现是一个 LinkedList 实例。链表类型的列表在中间插入元素的操作非常高效，只需要调整列表中节点的指针即可。如果使用的是 ArrayList，那么在列表中间添加元素的代价会很高。ArrayList 内部使用的是数组，因此如果要在列表头部或中间插入一个元素，那么所有后续元素都需要向后移动到数组中新的位置。如果列表中有数百万行数据，那么插入操作的代价会很高，特别是在列表前段插入数据时代价会更高。如果你对列表(例如数组列表和链式列表)数据结构之间的差异感到陌生，请参阅第 5 章关于数据结构及其实现的内容。

最后一点要注意的是，以上实现中的外层循环有一个标签 originalList。当找到了一个可以插入元素的合适位置时，就可以继续处理原始数组中的下一个元素。在循环中调用 continue 语句会跳转到当前所在循环的下一次迭代。如果想要跳转到外层循环，需要对外层循环打标签，然后调用 continue 并传入外层循环的标签。

根据以上实现中的外层循环标签和 continue 语句可以看出，一旦当前元素已经被成功地安放在正确位置，算法就继续检查下一个元素。这是插入排序优于冒泡排序的一个地方：一旦需要返回的列表已构造好，这个列表就会立即被返回，不需要额外的迭代来检查列表是否已经排好序。

不过这个算法的最坏情况复杂度仍然是 $O(n^2)$：如果用这个算法对一个已经排好序的列表进行排序，那么针对每一个要插入到新列表的元素，算法都需要从头到尾迭代新的列表。相反，如果对一个已经逆序排序的列表进行排序，则每一次都将元素添加到新列表的头部，这种情况下的复杂度为 $O(n)$。

以上算法在对列表进行排序时需要双倍的空间，因为返回的是一个新创建的列表。冒泡排序算法只需要在内存中使用一个元素占用的额外空间，用于在交换值时暂时存放值。

> 如何实现快速排序(quicksort)算法？

快速排序算法的描述如下所示：

```
method quicksort(list l):
  if l.size < 2:
    return l

  let pivot = l(0)
  let lower = new list
  let higher = new list
  for each element e in between l(0) and the end of the list:
    if e < pivot:
      add e to lower
    else add e to higher

  let sortedlower = quicksort(lower)
  let sortedhigher = quicksort(higher)
  return sortedlower + pivot + sortedhigher
```

这个算法是递归的。基础情形是列表里有 0 个或 1 个元素。这种情况可以直接返回，因为这种列表是已经排好序的。

算法的第二部分是从列表中任意挑选出一个元素，这个元素称为枢轴(pivot)。在以上算法描述中，将列表中的第一个元素当成枢轴，但是实际上可以选择任何一个元素作为枢轴。剩下的元素被分为两组：一组中的元素比枢轴小，另一组的元素大于等于枢轴。

然后针对分成的这两个较小的列表调用这个方法，返回的结果是两个排好序的列表。因此最后得到的是已经排好序的小于枢轴的元素的列表、枢轴以及已经排好序的大于等于枢轴的元素的列表。

代码清单 4-8 给出的是 Java 实现。

代码清单 4-8：快速排序算法的实现

```java
public static List<Integer> quicksort(List<Integer> numbers) {
    if (numbers.size() < 2) {
        return numbers;
    }

    final Integer pivot = numbers.get(0);
    final List<Integer> lower = new ArrayList<>();
    final List<Integer> higher = new ArrayList<>();

    for (int i = 1; i < numbers.size(); i++) {
```

```
        if (numbers.get(i) < pivot) {
            lower.add(numbers.get(i));
        } else {
            higher.add(numbers.get(i));
        }
    }

    final List<Integer> sorted = quicksort(lower);

    sorted.add(pivot);
    sorted.addAll(quicksort(higher));

    return sorted;
}
```

在写递归算法时，一定要确保算法能终止。代码清单 4-8 中的算法肯定能终止，因为每次递归调用时传入的都是更小的列表，而基础情形是包含 0 个或 1 个元素的列表。

代码清单 4-8 中的算法性能远高于冒泡排序和插入排序算法。将元素分组为两个独立的列表的复杂度是 $O(n)$，每一次递归调用操作的是每一个列表的一半，因此最终的复杂度为 $O(n \log n)$。这是平均复杂度。最坏情况的复杂度仍然是 $O(n^2)$。不同的枢轴选择可能会产生不同的复杂度：例如对于这里给出的实现，如果总是选择第一个元素作为枢轴，而且列表本身是逆序的，那么每一个递归步骤只能解决一个元素。

值得注意的是，每一次对列表的分割和后续的递归调用都是互相无关的，因此可以并行执行。

如何实现归并排序算法？

本章要讨论的最后一个排序算法是归并排序算法。下面的伪代码描述了此递归算法：

```
method mergesort(list l):
  if list.size < 2:
    return l

  let middleIndex = l.size / 2
  let leftList = elements between l(0) and l(middleIndex - 1)
  let rightList = elements between l(middleIndex) and l(size - 1)

  let sortedLeft = mergesort(leftList)
  let sortedRight = mergesort(rightList)

  return merge(sortedLeft, sortedRight)

method merge(list l, list r):
  let leftPtr = 0
  let rightPtr = 0
```

```
let toReturn = new list

while (leftPtr < l.size and rightPtr < r.size):
  if(l(leftPtr) < r(rightPtr)):
    toReturn.add(l(leftPtr))
    leftPtr++
  else:
    toReturn.add(r(rightPtr))
    rightPtr++

while(leftPtr < l.size):
    toReturn.add(l(leftPtr))
    leftPtr++

while(rightPtr < r.size):
    toReturn.add(r(rightPtr))
    rightPtr++

return toReturn
```

这又是一个分而治之(divide-and-conquer)的算法：将列表分为两个子列表，分别对这两个子列表进行排序，然后将两个子列表归并为一个列表。

代码中的主要部分完成的工作是高效率地合并两个列表。上述伪代码为每一个子列表维护一个指针，选择两个指针指向的值中最小的那个值，将这个值添加到结果列表中，然后递增相应的指针。但有一个指针到达其对应的列表尾端时，将另一个列表后面剩下的部分全部添加到结果列表中。在上述伪代码的 merge 方法中，第 2 个和第 3 个 while 循环语句的条件有一个会立即返回假，因为在第 1 个 while 循环语句中，有一个子列表中的元素会全部消耗光。

代码清单 4-9 展示了实现代码。

代码清单 4-9：一个归并排序算法的实现

```java
public static List<Integer> mergesort(final List<Integer> values) {
    if (values.size() < 2) {
        return values;
    }

    final List<Integer> leftHalf =
            values.subList(0, values.size() / 2);
    final List<Integer> rightHalf =
            values.subList(values.size() / 2, values.size());

    return merge(mergesort(leftHalf), mergesort(rightHalf));
}

private static List<Integer> merge(final List<Integer> left,
                                   final List<Integer> right) {
```

```
int leftPtr = 0;
int rightPtr = 0;

final List<Integer> merged =
        new ArrayList<>(left.size() + right.size());

while (leftPtr < left.size() && rightPtr < right.size()) {
    if (left.get(leftPtr) < right.get(rightPtr)) {
        merged.add(left.get(leftPtr));
        leftPtr++;
    } else {
        merged.add(right.get(rightPtr));
        rightPtr++;
    }
}

while (leftPtr < left.size()) {
    merged.add(left.get(leftPtr));
    leftPtr++;
}

while (rightPtr < right.size()) {
    merged.add(right.get(rightPtr));
    rightPtr++;
}

return merged;
}
```

这段代码应该没有什么令人惊奇之处，和伪代码非常类似。注意 List 类的 subList 方法接受两个参数：from 和 to，其中 from 是包含的，to 是不包含的。

面试中的一个常见问题是要求合并两个已排好序的列表，即代码清单 4-9 中列出的 merge 方法。

同样，归并排序算法的复杂度也是 $O(n \log n)$。每一个合并操作的复杂度是 $O(n)$，而每一次递归调用都只针对给定列表的一半进行操作。

4.3　列表搜索

> 如何实现二分搜索？

在搜索一个列表时，除非列表已经按照某种方式排好序了，否则唯一可靠的方式就是扫描列表中的每一个值。

如果给定的列表已经排好序，或者如果在搜索之前对列表进行排序，那么二分搜索是在列表中查找某个值的一种非常高效的方法：

```
method binarySearch(list l, element e):
  if l is empty:
    return false

  let value = l(l.size / 2)
  if (value == e):
    return true

  if (e < value):
    return binarySearch(elements between l(0) and l(l.size / 2 - 1)
  else:
    return binarySearch(elements between l(l.size / 2 + 1) and l(l.size)
```

这个算法之美在于可以充分利用列表已经排好序的特点。当已经知道一些元素绝对不可能等于指定值时，可以抛弃这些元素，甚至不需要查看这些元素。如果有一个含有 100 万个元素的列表，那么只需要 20 次比较操作就可以找到一个指定值。这个算法的复杂度是 $O(n)$。

代码清单 4-10 展示了二分搜索的一个实现。

代码清单 4-10：二分搜索

```java
public static boolean binarySearch(final List<Integer> numbers,
                          final Integer value) {
    if (numbers == null || numbers.isEmpty()) {
        return false;
    }

    final Integer comparison = numbers.get(numbers.size() / 2);
    if (value.equals(comparison)) {
        return true;
    }

    if (value < comparison) {
        return binarySearch(
                numbers.subList(0, numbers.size() / 2),
                value);
    } else {
        return binarySearch(
                numbers.subList(numbers.size() / 2 + 1, numbers.size()),
                value);
    }
}
```

4.4　本章小结

对于很多面试来说，考察的核心内容通常都离不开算法的实现以及性能分析。一定要理解这些核心的排序和搜索算法的原理和性能，这些核心算法可以帮助你为面试过程中可能会问到的任何复杂算法做好准备。

这里展示的有些算法是递归的。一定要理解这些递归算法的隐含问题：尽管看上去很优美，但是由于实际上需要调用新的方法，因此可能会有一些意外的副作用。在递归调用中，会不断地向调用栈中加入新的值，因此如果调用栈太深，可能有遇到 StackOverflowException 异常的风险。

在面试之外的环境中，如果需要对一个 Collection 进行排序，首选使用库中提供的实现。经过验证的算法几乎总是比你自己打造的实现要高效，任何性能以及内存相关的问题都会被考虑到。事实上，Java 标准库中的一些排序算法针对不同的列表规模采用了不同的实现：小列表使用插入排序进行原地排序，但是列表大小超过了一个预定义的阈值时，采用的是归并排序。

下一章对本章内容进行完善，讨论一些基本的数据结构，包括列表、映射和集合。

第 **5** 章

数 据 结 构

任何一个应用程序都会用到各种数据结构，例如保存用户名的列表、查询参数的映射等。数据结构无处不在，同时也是所有 Java API 以及绝大部分第三方 API 的核心所在。

本章讨论 4 种最常用的数据结构：列表、树、映射和集合。本章讨论了如何用 Java 实现这些数据结构，并讨论了如何根据读写数据的需求来选择这些数据结构。例如，如果只需要向列表头部写入元素，你会发现使用某一种列表实现而不是另一种列表实现时，应用程序的性能会好得多。

在本书中，以及任何严肃的 Java 开发中，都会用到这一章讨论的实现。在面试中，会假定你已经理解了 Java Collection API 使用的数据结构，因此务必完整地理解本章讨论的类和接口。

5.1 列表

列表是针对某种特定类型的值的有序集合。在 Java 中使用的列表通常是 LinkedList 或 ArrayList。

列表不同于 Java 内置的原生集合类型——数组，区别在于列表是无界的，因此在使用列表之前，不需要事先指定列表表示的一组数据的规模。

有时候，ArrayList 比 LinkedList 更适用，而有时则相反。两种列表适用的情形会有所不同，但是一定要想清楚，因为不同的列表可能会对应用程序的性能或内存使用产生严重的影响。

在使用列表时，一定要遵循 List 接口。方法和构造函数的参数应该遵循 List 接口，字段定义也是如此。遵循接口的好处是可以很方便地切换底层实现的类型，比如说在产品代码中可能更适合使用 ArrayList，但是在测试中也可以使用其他的实现。例如，利用给定的参数，通过 Java 标准库中 Arrays 工具类中的 asList 方法生成测试数据时，返回的是一个遵循 List 接口的列表。

数组和列表的关系

在进一步讨论不同列表的工作原理有何区别时，有必要先准确地理解 Java 中数组的工作原理。定义数组时，在类型后面加上一对方括号。代码清单 5-1 展示了一些不同的数组类型及其定义。

代码清单 5-1：数组定义示例

```
@Test
public void arrayDefinitions() {
    final int[] integers = new int[3];
    final boolean[] bools = {false, true, true, false};
    final String[] strings = new String[]{"one", "two"};

    final Random r = new Random();
    final String[] randomArrayLength = new String[r.nextInt(100)];
}
```

在定义数组时，必须提供数组的大小，这个大小既可以是显式的计数，例如代码清单 5-1 中的 int 数组，也可以是自动推导出来的，例如代码清单 5-1 中的 boolean 数组。编译器会自动计算数组的长度。

数组大小还可以使用计算出来的值，例如代码清单 5-1 中的第二个 String 数组。JVM 必须在构造数组时知道数组的大小。

通过索引值可以直接访问数组中的元素。这种访问方式称为随机访问。

如果已经把一个数组填满了，而且还想要继续添加元素，那么需要扩大数组。实际上，需要创建一个新的、更大的数组，将当前数组的所有元素都复制到新的数组中，然后将原来数组的引用重新赋给新的数组。JVM 为这种操作提供了便利，允许批量复制元素。System 对象中的静态 arrayCopy 方法支持将完整的数组或数组中的部分内容复制到新的数组。代码清单 5-2 展示了如何通过这个方法将数组大小扩展 1。

代码清单 5-2：扩展数组的大小

```
@Test
public void arrayCopy() {
    int[] integers = {0, 1, 2, 3, 4};

    int[] newIntegersArray = new int[integers.length + 1];
    System.arraycopy(integers, 0, newIntegersArray, 0, integers.length);
    integers = newIntegersArray;
    integers[5] = 5;

    assertEquals(5, integers[5]);
}
```

integers 数组不能使用 final 修饰符，因为需要重新赋值。

另一种使用数组的方法是通过 List 接口使用数组。ArrayList 类就是对 List 接口的一个实现，这个类内部通过一个数组来存储列表要表示的数据。

由于这个接口实现内部是通过数组进行支撑的，因此这个类的行为和数组类似。通过索引直接访问某个指定元素的操作很快，因为数组访问可以直接访问到一个内存位置。

在构建一个 ArrayList 时，可以选择指定底层数组的初始大小。如果不指定任何值，那么初始的数组大小为 10。如果尝试添加一个元素且底层数组满了，ArrayList 类首先会自动重新分配一个更大的数组，将原列表内容复制进去，然后再添加新的元素。这个重新分配的过程会占用一定的时间，而且可能会占用大量的内存。因此，如果在构建 ArrayList 时已经知道需要保存大量元素，那么在构造函数中最好传入一个较大的数值。这样可以避免在列表增长时发生太多耗时的数组重新分配的操作。

如果要在一个 ArrayList 头部或中间某个部位插入新的元素，那么插入元素位置之后的所有元素都要向后移动一个位置以腾出空间给新元素，这种操作对于较大的数组来说开销较大，特别是在插入元素的位置靠近数组头部的情况下。如果新插入的元素会导致底层数组需要重新分配至更大的空间，开销会更大。

需要注意的是，数组大小的重新分配是单向的，也就是说删除元素时数组不会缩小。如果列表大小经常在很多元素和很少元素之间震荡变化，那么 ArrayList 的实现可能不是最佳选择。由于内存方面的需求，LinkedList 可能会更合适。

LinkedList 是 List 接口的另一项重要实现。LinkedList 不用数组保存列表的元素，而是在内部使用对象保存元素，内部对象指向列表中同一类型的另外一个对象。代码清单 5-3 展示了一个简化版本的 LinkedList 结构。

代码清单 5-3：一个示例 LinkedList

```
public class SimpleLinkedList<E> {
    private static class Element<E> {
        E value;
        Element<E> next;
    }

    private Element<E> head;
}
```

LinkedList 实例包含了一个指向列表头元素的引用，类型为 Element。内部类 Element 是一个递归的数据结构，next 字段指向列表中的下一个元素。通过这种方式可以很方便地遍历列表，即按照顺序依次访问和处理每一个元素。

和不同实现之间的其他区别一样，LinkedList 也做了一些权衡。如果需要通过索引获取元素的话，需要对列表进行遍历，从头开始计数，直到计数等于给定的索引。对于随机访问的 ArrayList 来说，获取操作是瞬间完成的。

在有些链表的实现中可以看到元素还包含指向前一个元素的引用。这种方式称为双向链表，在两个方向都可以进行遍历，因此方便了链表遍历的操作。

链表允许在列表头部或中间插入元素而不需要移动任何后续元素，而 ArrayList 则需要移动所有后续元素。图 5-1 展示了在列表头部和中间插入元素的情形。

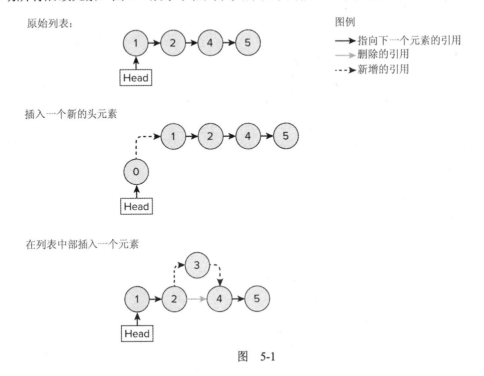

图　5-1

元素的删除也很简单：被删除元素的 next 成为前一个元素的 next。图 5-2 展示了在列表中部删除元素的情形。

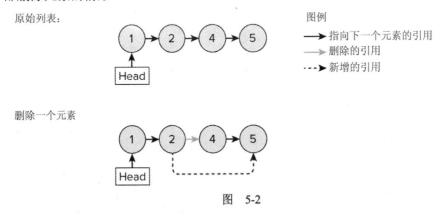

图　5-2

很明显你希望同时拥有 LinkedList 和 ArrayList 的强大功能。经验法则是，如果需要随机访问列表中的元素，特别是列表规模很大时，应该使用 ArrayList。

如果需要对列表进行大量插入和删除操作，特别是插入的元素在列表头部或中部时，则使用 LinkedList 更合理。与 ArrayList 不同，LinkedList 不会遇到开销大的重分配操作，随着列表的收缩，内存使用量也会减少。如果要创建自定义的特殊数据结构，例如栈，那么底层数据结构用 LinkedList 就是一个合理的选择，因为栈只需要在列表头部压入和弹出元素。

> Queue 和 Deque 是什么？

Queue 是表示"先入先出"数据结构的 Java 接口。这个接口包含的 add 方法用来添加新的元素，remove 方法用于删除最老的元素，以及 peek 方法用于返回但不删除最老的元素。代码清单 5-4 展示了一个示例。LinkedList 类实现了 Queue 接口。

代码清单 5-4：Queue 的使用

```
@Test
public void queueInsertion() {
    final Queue<String> queue = new LinkedList<>();
    queue.add("first");
    queue.add("second");
    queue.add("third");

    assertEquals("first", queue.remove());
    assertEquals("second", queue.remove());
    assertEquals("third", queue.peek());
    assertEquals("third", queue.remove());
}
```

Deque(发音同"deck")是对 Queue 的一个扩展，这个数据结构的两端都允许添加和删除元素。

5.2 树

在树型数据结构中，元素可以有多个不同的后继，这些后继称为子树。二叉树(binary tree)是一种常用的树型数据结构。在二叉树中，每一个元素最多有两棵子树。图 5-3 展示了一棵示例二叉树。

在二叉树中，通常通过左子树和右子树来区分两棵子树。根据树型数据结构表示的具体数据，指定节点的左子树和右子树保存的值也不同。

如图 5-3 所示的二叉搜索树(binary search tree)是二叉树的一种实现。在二叉搜索树中，"小于等于"指定节点元素的元素被放在左子树中，"大于"指定节点元素的元素被放在右子树中。

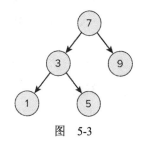

图 5-3

"小于"或"大于"的具体意义取决于具体树型数据结构表示的情形，不过在大多数情况下，插入树型数据结构中的元素采用的都是自然排序的数据，例如数字或日期等。有些情况下，还需要显式地定义排序的方式，例如在比较字符串时，在比较具体的字符值之前可能需要先比较字符串的长度。

代码清单 5-5 展示了一棵树的示例实现。

代码清单 5-5：一棵树的示例定义

```
publicclassSimpleTree<E extendsComparable>{
    private E value;
    private SimpleTree<E> left;
    private SimpleTree<E> right;
...// 省略构造函数、getter 方法和 setter 方法等
}
```

这棵树也是一个递归的数据结构，子树的类型也是 SimpleTree。以上定义的这棵树可以保存任何 Comparable 元素。更复杂的例子可以通过 Comparable 比较任意类型的对象。

在搜索指定元素时，在某一个节点上有三种要考虑的情形，如代码清单 5-6 所示。

代码清单 5-6：在二叉搜索树中查找值

```
public boolean search(final E toFind) {
    if (toFind.equals(value)) {
        return true;
    }

    if (toFind.compareTo(value) < 0 && left != null) {
        return left.search(toFind);
    }

    return right != null && right.search(toFind);
}
```

如果要查找的值等于当前节点的值，那么得到成功的匹配。如果要查找的值小于当前节点的值，而且左节点不为空，那么继续搜索左节点表示的子树。否则，如果右节点不为空，那么继续搜索右节点表示的子树。如果要搜索的子节点为空，那么表示已经搜索完一棵树了，要查找的值不在树中。

在树中插入值的算法遵循类似的结构。同样也是顺着树的结构跟踪，将每一个节点的值和要插入的值进行比较，如果要插入的值比当前节点的值小，则向左走，否则向右走。如果下一个要检查的节点是空节点，那么新的值就应该插在这里。代码清单 5-7 展示了如何实现这个算法。

代码清单 5-7：将值插入一棵二叉树

```
public void insert(final E toInsert) {
    if (toInsert.compareTo(value) < 0) {
        if (left == null) {
```

```
                left = new SimpleTree<>(toInsert, null, null);
            } else {
                left.insert(toInsert);
            }
        } else {
            if (right == null) {
                right = new SimpleTree<>(toInsert, null, null);
            } else {
                right.insert(toInsert);
            }
        }
    }
}
```

代码清单 5-8 展示了一个测试示例，说明数据被正确存储了。

代码清单 5-8：验证满足二叉树的性质

```
@Test
public void createTree() {
    final SimpleTree<Integer> root = new SimpleTree<>(7, null, null);
    root.insert(3);
    root.insert(9);
    root.insert(10);
    assertTrue(root.search(10));
    assertEquals(Integer.valueOf(10),
            root.getRight().getRight().getValue());
}
```

这个测试验证了插入的值 10 在树中，而且保存的位置是正确的。

利用面向对象的思想，可以通过 Null Object 模式对上述方法进行简化，同时删除所有的 null 检查。在这个模型中，树有两种不同类型的节点：一种有值(节点)，另一种表示树的末端(叶子)。代码清单 5-9 展示了如何实现这种模型，以及如何编写 search 方法。

代码清单 5-9：构建带有空对象的树

```
public interface Tree<E extends Comparable> {
    boolean search(E toFind);
    void insert(E toInsert);
}

public class Node<E extends Comparable> implements Tree<E> {
...
    @Override
    public boolean search(E toFind) {
        if (toFind.equals(value)) {
            return true;
        }
        if (toFind.compareTo(value) < 0) {
            return left.search(toFind);
```

```
    }

        return right.search(toFind);
    }
...
}

public class Leaf<E extends Comparable> implements Tree<E> {
...
@Override
    public boolean search(E toFind) {
        return false;
    }
...
}
```

如果一次搜索操作遍历到了树的末端，Leaf 对象会返回 false：这个对象表示给定的值在树中不存在。insert 方法也可以用类似的方法实现：遍历一棵树，直到找到 Leaf，然后将这个 Leaf 替换为新的节点，新节点本身的两个子节点都是 Leaf。

insert 方法和 search 方法类似，对于每一个 Node，检查要插入的值是否小于或大于当前节点，然后根据大小关系在正确的方向递归遍历。Leaf 将其父节点设置为带有新值的新的 Node 实例。

这种方式存在的一个问题是可能会产生不平衡的树。代码清单 5-10 展示了一个可能的插入序列。

代码清单 5-10：一组针对二叉树的可能的插入操作

```
final SimpleTree<Integer> root = new SimpleTree<>(1, null, null);
root.insert(2);
root.insert(3);
root.insert(4);
root.insert(5);
```

这一系列操作会得到如图 5-4 所示的树。

这棵树肯定符合二叉搜索树的性质，但是效率达不到其应有的效率：这棵树在本质上是一个链表。二叉搜索树有一种特殊的实现称为 AVL 树。AVL 强制规定：对于任何一个节点，其子树的深度差异最多为 1。在每一次插入或删除一个节点之后，算法检查树是否仍然平衡，如果有不平衡的情况发生，则对不满足 AVL 树性质的节点进行旋转操作 [1]。图 5-5 展示了代码清单 5-10 构造的树平衡后的结果。

1　译者注：旋转操作的具体算法可参见维基百科 http://zh.wikipedia.org/wiki/AVL 树。

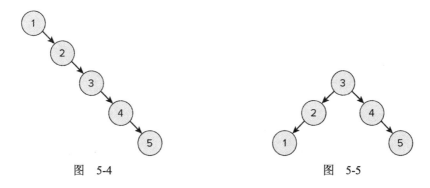

图　5-4　　　　　　　　　　　　　图　5-5

二叉搜索树平衡后，搜索、插入和删除的复杂度为 $O(\log n)$。

二叉树的用途不只是搜索。二叉堆(binary heap)是二叉树的另一个应用。二叉堆是一种平衡二叉树，维持子节点"大于"其父节点的性质，如图 5-6 所示。

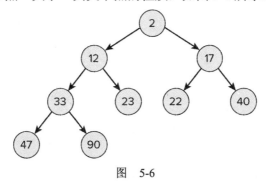

图　5-6

同样，这里的"大于"比较操作也是和具体的实现相关的：既可以是使用 Java Comparable 接口的自然排序，也可以是使用 Comparator 对象的自定义排序。

根据堆属性的定义，树中最小的元素在根。堆特别适用于优先队列(priority queue)，或任何需要快速访问集合中最小元素的情形。这个数据结构中的剩余元素只部分有序，也就是说只能保证每一个节点的值都比其子节点的值小，因此不是特别适用于需要所有元素都有序的情形。

在堆中插入元素时，首先将元素添加到树的最底层中第一个可行的位置，然后将插入的节点和其父节点进行比较，如果新插入的值更小，那么交换这两个节点的值。这个过程递归地进行，新插入的值不断上浮，直到满足堆的性质而不再需要交换任何元素为止。图 5-7 演示了插入新元素的过程。

删除元素也是堆的常见操作，特别是用作优先队列时。在根部或树的中间删除元素时要求保持树的平衡。当一个元素被删除时，用堆中最后一个元素替换这个被删除元素的位置。这个值会比其父节点的值大，因为这个值来自堆的底部，为了维持堆的性质，需要和某一个子节点交换。比较操作一直进行下去，直到发现两个子节点都比自己大，或者已经到了堆的底部。图 5-8 演示了删除节点的过程。

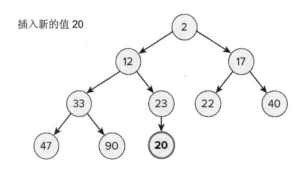

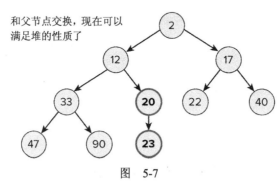

图　5-7

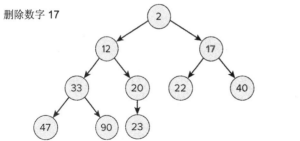

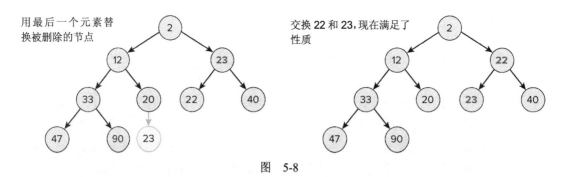

图　5-8

尽管二叉树是最常见的树型结构实现，但树型结构也可以有多个子节点，这种树通常称为 n 叉树(n-ary tree)。在定义概率输出时，或者在每一步选择可能会产生两个以上的输出的场景下通常会选择这种树。图 5-9 展示了一棵这样的树。

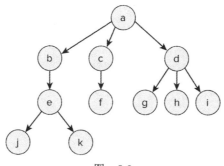

图 5-9

注意，每一个父节点的子节点数可以不同。符合这种特性的树也可以用二叉树的方式进行建模：左子节点是原父节点表示的树的第一个子节点，右子节点是下一个兄弟节点。图 5-10 展示的是图 5-9 所示的同一棵树，通过"第一子节点、下一兄弟节点"的方式绘制。

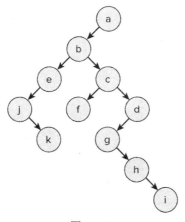

图 5-10

5.3 映射

映射(map)也称作散列(hash)、关联数组(associative array)或字典，是一种键-值(key-value)存储数据结构。这种数据结构中的元素可以通过键来查询，得到的是键关联的值。

Map 接口是在 Java Collection API 中定义的，但是和 List 不同，Map 并没有实现 Collection 接口。与 List 接口类似，Map 接口定义了和实现映射相关的常见操作，例如查询数据结构的大小操作，以及读取、插入和删除键-值对的操作。

映射数据结构有一个性质：一个键在映射中只能出现一次，如果插入同一个键，那么这个键原来关联的值就会被覆盖，如代码清单 5-11 所示。

代码清单 5-11：覆盖映射中键对应的值

```
@Test
public void overwriteKey() {
    final Map<String, String> preferences = new HashMap<>();
```

```
    preferences.put("like", "jacuzzi");
    preferences.put("dislike", "steam room");

    assertEquals("jacuzzi", preferences.get("like"));

    preferences.put("like", "sauna");

    assertEquals("sauna", preferences.get("like"));
}
```

代码清单 5-11 演示了 HashMap 的使用。HashMap 是 Java 中最常用的 Map 接口实现，除此之外还有其他实现。其他的实现有自己的性能特点和存储特点，但是仍然遵循 Map 接口。

HashMap 类是 Java 的散列表实现。这个类包含一个内部类 Entry，用于表示键-值对，元素保存在 Entry 对象的数组中。这纯粹是一个实现上的决策，使用包含 Entry 对象的 List 也是可行的。

键-值对在表中存放的位置由键实例的具体值决定。Object 类中定义了 hashCode 方法，这个方法返回一个 int 值，这个值决定了键-值对在表中存储的具体位置。第 8 章定义了 hashCode 方法返回值的具体细节，不过目前只要知道两个相等的实例必须返回同一个 hashCode 值即可。注意，反过来是不成立的：两个相等的 hashCode 值并不意味着两个对象是相等的。

向 HashMap 表插入一个值时，会调用 hashCode 方法。由于这个方法返回的值可以是 int 范围内的任何一个值，因此这个返回值会被转换至 0 和表大小减 1 之间的一个值，即表中合法范围的索引值。

考虑到不相等的对象可能会返回同一个 hashCode 值，也就是说不相等的对象可能会进入同一个散列表项，因此必须考虑冲突的处理。

一种可能的冲突解决方法是采用二次散列函数。当要插入一个值时，如果在计算得到的位置上已经存在一个条目了，那么通过这个二次散列函数得到一个二次散列值，将这个值用作偏移量。这种方法只能延缓冲突的发生，但冲突仍然还是会发生。Java 对象只有一个 hashCode 方法，因此应该考虑另一种方法。

另一种方法是在每一个表项中存储一个条目的列表，所有散列得到同一个表索引的表键的条目都会添加到这个索引值对应的列表中。在执行键检索时，只需要遍历这个列表即可，检查每一个元素是否相等，直到找到匹配。

如果类中定义的 hashCode 方法只能返回同一个值(不考虑对象是否相等，而且这种方法仍然符合 hashCode 的约定)，那么保存这个类实例的 HashMap 的性能等同于链表，失去了散列表 $O(1)$ 查找时间的优势。对于实例的值域范围很小的类，例如 Boolean 甚至 Short，也有这样的问题。

很显然，表的大小决定了可能冲突的概率：有很多条目但是较小的表比有较少条目但是较大的表更容易发生冲突。

在构建新的 HashMap 对象时，可以选择指定一个负载因子：一个表示百分比的 0 和 1 之间的值。当底层的表已经填满了这个百分比表示的容量时，表的大小会翻倍。

表调整大小时，表中的所有元素都需要重新分配，因为 hashCode 值会被缩放到表中的一个索引值。这意味着在较小的表中冲突的对象变得不冲突了。对于包含了大量元素的表来说，这种对所有键-值对表项进行重新计算的操作可能会代价很高，而且很费时。如果事先知道映射表中会保存大量的条目，那么最好在构造映射表时设置一个初始大小值，以避免发生表大小的重新调整。

TreeMap 是 Map 接口的另一个实现，这个实现通过二叉树数据结构来实现 Map 接口。树中的每一个节点都是一个键-值对。第 4 章讨论了排序，并讲解了 Comparable 和 Comparator 接口。TreeMap 中使用了这些接口。如果键是自然排序的，那么键必须遵循 Comparable 接口；如果是自定义排序的，那么必须遵循 Comparator 接口。

由于 TreeMap 基于自然排序来保存键，因此不会使用 hashCode 方法。每一个插入 TreeMap 的元素都会重新调整树的平衡，因此搜索、删除以及后续的插入操作都可以达到最好的性能 $O(\log n)$。

TreeMap 和 HashMap 的一个主要区别在于，在遍历整个集合时，TreeMap 的键的顺序是不变的，因为这个集合是按照顺序存储的。而 HashMap 则没有这个性质，因为键的存储位置是由对象的 hashCode 决定的。代码清单 5-12 展示了遍历一个 TreeMap 时键顺序不变的性质。

代码清单 5-12：遍历 TreeMap 时能维持键的顺序

```java
@Test
public void treeMapTraversal() {
    final Map<Integer, String> counts = new TreeMap<>();
    counts.put(4, "four");
    counts.put(1, "one");
    counts.put(3, "three");
    counts.put(2, "two");

    final Iterator<Integer> keys = counts.keySet().iterator();
    assertEquals(Integer.valueOf(1), keys.next());
    assertEquals(Integer.valueOf(2), keys.next());
    assertEquals(Integer.valueOf(3), keys.next());
    assertEquals(Integer.valueOf(4), keys.next());
    assertFalse(keys.hasNext());
}
```

LinkedHashMap 是 Map 的一个特殊实现。这个实现的工作方式和 HashMap 完全相同，因此检索元素的时间复杂度为 $O(1)$。但是这个实现还有一个特性，那就是键的遍历顺序和插入顺序是相同的，如代码清单 5-13 所示。

代码清单 5-13：LinkedHashMap 示例

代码清单 5-13：LinkedHashMap 示例

```
@Test
public void linkedHashMapTraversal() {
    final Map<Integer, String> counts = new LinkedHashMap<>();
    counts.put(4, "four");
    counts.put(1, "one");
    counts.put(3, "three");
    counts.put(2, "two");

    final Iterator<Integer> keys = counts.keySet().iterator();
    assertEquals(Integer.valueOf(4), keys.next());
    assertEquals(Integer.valueOf(1), keys.next());
    assertEquals(Integer.valueOf(3), keys.next());
    assertEquals(Integer.valueOf(2), keys.next());
    assertFalse(keys.hasNext());
}
```

最后一个要讨论的实现是 ConcurrentHashMap。如果需要在多个线程间共享映射实例，那么应该使用这个实现。这个实现是线程安全的(thread safe)，根据这个实现的特殊设计，当有线程在向映射写入值时，其他线程可以同时从映射中读出值。在写入值时，只有特定的行会被上锁，映射数据结构中的其他部分都可以读。

ConcurrentHashMap 遵循的接口和原始的 Map 稍有不同：size 方法返回的是映射数据结构大致的大小，因为这个方法的实现无法考虑当前的并发写入操作。

5.4　集合

集合(set)是一个无序的非重复对象容器。

Java Collections API 包含一个从 Collection 扩展而来的 Set 接口，这个接口提供了很多查看和修改集合的方法。代码清单 5-14 展示了一个演示集合属性的小型单元测试。

代码清单 5-14：集合的使用

```
@Test
public void setExample() {
    final Set<String> set = new HashSet<>();
    set.add("hello");
    set.add("welcome");
    set.add("goodbye");
    set.add("bye");
    set.add("hello");

    assertEquals(4, set.size());
}
```

字符串"hello"两次被添加到集合中，但是由于集合中不包含重复对象，因此集合中只保存了一个实例。

代码清单 5-14 中使用的实现是一个 HashSet 实现。这个实现在底层使用了 HashMap，集合的值以键的形式保存在映射数据结构中，而映射数据结构的值则是一个标记对象，用于表示集合中的值是否保存了。

对于之前讨论的每一个 Map 实现，都有一个对应的 Set 实现——HashSet、TreeSet 和 LinkedHashSet，不过 ConcurrentHashMap 没有对应的 Set 实现。Collections 类有一个 new-SetFromMap 静态方法，这个方法接受一个 Map 作为参数，并返回一个 Set，这个 Set 具有原 Map 的一切属性。

5.5 本章小结

要对数据结构方面的问题做好准备。面试官希望了解你对数据结构的不同实现以及选择不同的实现对应用程序性能的影响的理解。你还需要能够解释不同数据结构的使用场景。

尝试运行本章中的例子，并且实验自己的一些实现：尝试找到可能发生性能问题的地方，如何通过 OutOfMemoryError 异常让 JVM 崩溃，以及其他类似的事情。

探索 Java Collections API。浏览 Collections 类：这个类包含了一组静态方法，通过这些静态方法可以简化很多标准 Java 数据结构的创建和操作。数组也提供了 Arrays 类，这个类提供了一些 Collection 和数组之间互操作的方法。

第 18 章会讨论一些第三方库，并介绍一些新的 Collection 类型，例如允许重复元素的集合(MultiSet)和允许重复键的映射(MultiMap)。

第 6 章讨论面向对象的设计模式，以及如何实现和发现一些常用的实现方式。

第6章

设 计 模 式

    软件设计模式指的是组合使用一个或多个对象来解决一个公共的用例。这些用例通常包括代码重用和代码扩展，或者主要是为未来的开发提供一个坚实的基础。

    Java 作为一门面向对象的语言，在标准库 API 中使用了大量设计模式，而且自己实现一些常见的设计模式也是非常简单的事情。

    本章讨论一些常见的设计模式，研究标准 Java API 中的一些设计模式，还实现了一些模式。

    设计模式的数目没有上千也有成百，你也可以创建新的设计模式供自己的日常工作使用。本章描述的模式都是一些很常见很知名的模式。面试官一般喜欢问关于设计模式的问题，因为设计模式提供了非常宽泛的讨论范围，而且具有清晰的定义。

    请实际尝试本章提供的例子，并且思考自己遇到的场景，想想看是否能将模式应用到自己的场景中。试着解释为什么一个模式非常适合某个场景，然后想想自己能不能创建其他也能适合同样场景的模式。尽管不同的模式不一定能在一些特定场景中交换使用，但是有一些模式是可以交换使用的。

6.1 考察示例模式

> 生成器模式(Builder Pattern)有什么用？

    如果要创建一个带有很多字段的对象，那么通过构造函数创建会显得很笨拙而且混乱不清。考虑以下类定义，在兽医的数据库系统中很可能会使用这样的类：

```
publicclassPet{
    privatefinalAnimalanimal;
```

```
privatefinalStringpetName;
privatefinalStringownerName;
privatefinalString address;
privatefinalString telephone;
privatefinalDatedateOfBirth;// 可选字段
privatefinalStringemailAddress;// 可选字段
...
```

为了允许通过这些字段的任意组合创建合法的 Pet 对象，至少需要 4 个构造函数，这些构造函数包含了所有必选字段参数，以及可选字段参数的所有组合。如果还要添加更多的可选字段，那么这些构造函数很快会变得难以管理，甚至无法理解。

有一种方法，那就是干脆不使用构造函数，移除所有字段前面的 final 修饰符，然后利用 Pet 对象的 setter 方法。这种方法的主要缺点在于可以创建非法的 Pet 对象：

```
finalPet p =newPet();
p.setEmailAddress("owners@address.com");
```

Pet 对象的定义要求 animal、petName、ownerName、address 和 telephone 字段全部都要设置。

通过生成器模式可以在一定程度上解决这个问题。使用构造器模式时，创建一个伴随对象(companion object)，这个对象称为构造器(builder)。构造器的作用是构建合法域内的对象。这种方法比直接使用构造函数要简洁一些。代码清单 6-1 展示了如何通过构造器创建 Pet 对象。

代码清单 6-1：通过构造器模式构建对象

```
@Test
public void legalBuild() {
    final Pet.Builder builder = new Pet.Builder();
    final Pet pet = builder
            .withAnimal(Animal.CAT)
            .withPetName("Squidge")
            .withOwnerName("Simon Smith")
            .withAddress("123 High Street")
            .withTelephone("07777777770")
            .withEmailAddress("simon@email.com")
            .build();
    // 测试通过——没有异常抛出
}

@Test(expected = IllegalStateException.class)
public void illegalBuild() {
    final Pet.Builder builder = new Pet.Builder();
    final Pet pet = builder
            .withAnimal(Animal.DOG)
            .withPetName("Fido")
            .withOwnerName("Simon Smith")
```

```
            .build();
    }
```

　　Builder 类属于 Pet 类的一部分，唯一的职责就是创建 Pet 对象。使用构造函数时，参数的顺序决定了参数的用途。而通过为每一个参数提供一个显式的方法，就可以理解每一个值的具体用途，而且可以通过任意顺序调用。build 方法调用 Pet 对象的实际构造函数并返回真正的 Pet 对象。现在这个构造函数是私有的。

　　还要注意，这里使用的惯例是对构造器对象的方法进行链式 (chain) 调用 (builder.withXXX().withYYY()...)，从而实现更简洁的定义。代码清单 6-2 展示了 Pet 类中 Builder 类的实现。

代码清单 6-2：实现构造器模式

```java
public class Pet {
    public static class Builder {
        private Animal animal;
        private String petName;
        private String ownerName;
        private String address;
        private String telephone;
        private Date dateOfBirth;
        private String emailAddress;

        public Builder withAnimal(final Animal animal) {
            this.animal = animal;
            return this;
        }
        public Builder withPetName(final String petName) {
            this.petName = petName;
            return this;
        }
        public Builder withOwnerName(final String ownerName) {
            this.ownerName = ownerName;
            return this;
        }
        public Builder withAddress(final String address) {
            this.address = address;
            return this;
        }
        public Builder withTelephone(final String telephone) {
            this.telephone = telephone;
            return this;
        }
        public Builder withDateOfBirth(final Date dateOfBirth) {
            this.dateOfBirth = dateOfBirth;
            return this;
        }
        public Builder withEmailAddress(final String emailAddress) {
```

```
            this.emailAddress = emailAddress;
            return this;
        }
    public Pet build() {
        if (animal == null ||
            petName == null ||
            ownerName == null ||
            address == null ||
            telephone == null) {
            throw new IllegalStateException("Cannot create Pet");
        }

        return new Pet(
                animal,
                petName,
                ownerName,
                address,
                telephone,
                dateOfBirth,
                emailAddress);
        }

    }

    private final Animal animal;
    private final String petName;
    private final String ownerName;
    private final String address;
    private final String telephone;
    private final Date dateOfBirth; //可选
    private final String emailAddress; //可选

    private Pet(final Animal animal,
            final String petName,
            final String ownerName,
            final String address,
            final String telephone,
            final Date dateOfBirth,
            final String emailAddress) {
        this.animal = animal;
        this.petName = petName;
        this.ownerName = ownerName;
        this.address = address;
        this.telephone = telephone;
        this.dateOfBirth = dateOfBirth;
        this.emailAddress = emailAddress;
    }
}
```

如果值域内的对象有默认值，那么可以在构造器的字段中先设置好这些默认值，然后在需要时覆盖这些值。通过这种方式可以更简洁地构造对象。代码清单 6-3 展示了另一个带有默认值的构造器。

代码清单 6-3：在构造器内使用默认值

```java
public class LibraryBook {
    public static class Builder {
        private BookType bookType = BookType.FICTION;
        private String bookName;

        public Builder withBookType(final BookType bookType) {
            this.bookType = bookType;
            return this;
        }

        public Builder withBookName(final String bookName) {
            this.bookName = bookName;
            return this;
        }

        public LibraryBook build() {
            return new LibraryBook(bookType, bookName);

        }
    }

    private final BookType bookType;
    private final String bookName;

    public LibraryBook(final BookType bookType, final String bookName) {
        this.bookType = bookType;
        this.bookName = bookName;
    }
}
```

现在创建小说类的书籍时就不需要指定类型了：

```java
@Test
public void fictionLibraryBook() {
    final LibraryBook.Builder builder = new LibraryBook.Builder();
    final LibraryBook book = builder
            .withBookName("War and Peace")
            .build();

    assertEquals(BookType.FICTION, book.getBookType());
}
```

能否给出一个策略模式(Strategy Pattern)的例子？

通过策略模式可以轻松地替换某个算法的具体实现细节，而不需要完全重写代码。甚至可以在运行时替换实现。策略模式通常和依赖注入(dependency injection)联合使用，这种联合使用可以将测试专用代码中的实现替换出去，也可以允许将当前的实现替换为测试用的模拟实现(mock)。

代码清单 6-4 展示了如何通过策略模式编写一个简单的日志记录器(logger)。

代码清单 6-4：通过策略模式实现一个日志记录器

```java
public interface Logging {
    void write(String message);
}

public class ConsoleLogging implements Logging {
    @Override
    public void write(final String message) {
        System.out.println(message);
    }
}

public class FileLogging implements Logging {

    private final File toWrite;

    public FileLogging(final File toWrite) {
        this.toWrite = toWrite;
    }

    @Override
    public void write(final String message) {
        try {
            final FileWriter fos = new FileWriter(toWrite);
            fos.write(message);
            fos.close();
        } catch (IOException e) {
            // 处理 IOException
        }
    }
}
```

通过上述代码，你可以在自己的代码中使用 Logging 接口，要记录日志的代码不需要考虑是将日志写到控制台输出还是写到一个文件。通过对接口编程而不是特定的实现编程，可以在测试时使用 ConsoleLogging 策略，而在产品中使用 FileLogging 策略。随着时间的推移，还可以添加更多的 Logging 实现，而针对接口编程的代码不需要任何修改就可以使用新的实现。

代码清单 6-5 展示了如何在客户代码中使用 Logging 接口，还提供了 3 个测试示例：
两个使用 ConsoleLogging 和 FileLogging 策略，还有一个使用 Mockito 模拟的实现。如果
你还不太熟悉对象模拟，可以参见第 9 章中关于对象模拟的原理描述。

代码清单 6-5：使用日志记录策略

```java
public class Client {

    private final Logging logging;

    public Client(Logging logging) {
        this.logging = logging;
    }

    public void doWork(final int count) {
        if (count % 2 == 0) {
            logging.write("Even number: " + count);
        }
    }
}

public class ClientTest {

    @Test
    public void useConsoleLogging() {
        final Client c = new Client(new ConsoleLogging());
        c.doWork(32);
    }

    @Test
    public void useFileLogging() throws IOException {
        final File tempFile = File.createTempFile("test", "log");
        final Client c = new Client(new FileLogging(tempFile));
        c.doWork(41);
        c.doWork(42);
        c.doWork(43);

        final BufferedReader reader
                = new BufferedReader(new FileReader(tempFile));
        assertEquals("Even number: 42", reader.readLine());
        assertEquals(-1, reader.read());
    }

    @Test
    public void useMockLogging() {
        final Logging mockLogging = mock(Logging.class);
        final Client c = new Client(mockLogging);
        c.doWork(1);
```

```
        c.doWork(2);
        verify(mockLogging).write("Even number: 2");
    }
}
```

Java 应用程序中的日志记录

代码清单 6-3 和代码清单 6-4 中的代码纯粹是为了演示如何使用策略模式，在现实中千万不要这样记录日志，也不要写自己的日志记录器。Java 有很多专门用于日志输出的库，例如 Log4J 和 SLF4J。可以参考这些库，看看自己是否理解了如何实现策略模式，并思考如何自己定义不同的行为。

通过使用策略模式，可以将使用何种实现的决策推迟到运行之前。Spring 框架通过一个 XML 文件来构造对象及对象之间的依赖关系。这个 XML 文件在运行时读入，允许快速切换实现而不需要重编译。更多信息可参考第 16 章。

如何使用模板模式(Template Pattern)？

模板模式的作用是将一个算法的部分步骤或所有步骤推出或委托到一个子类。公共的行为可以在超类中定义，具体的不同实现可以在子类中定义。代码清单 6-6 展示了栈数据结构的一种定义，这个栈内部使用了一个 LinkedList，并定义了一个用于过滤 Stack 实例的接口 StackPredicate。

代码清单 6-6：栈

```java
public class Stack {

    private final LinkedList<Integer> stack;

    public Stack() {
        stack = new LinkedList<>();
    }

    public Stack(final LinkedList<Integer> initialState) {
        this.stack = initialState;
    }

    public void push(final int number) {
        stack.add(0, number);
    }

    public Integer pop() {
        return stack.remove(0);
    }
```

```
    public Stack filter(final StackPredicate filter) {
        final LinkedList<Integer> initialState = new LinkedList<>();
        for (Integer integer : stack) {
            if (filter.isValid(integer)) {
                initialState.add(integer);
            }
        }
        return new Stack(initialState);
    }
}

public interface StackPredicate {
    boolean isValid(int i);
}
```

StackPredicate 实现了模板模式，允许客户代码自己定义具体的过滤行为。

filter 方法具有一个明确的逻辑：遍历栈中的每一个元素，并且通过谓词(predicate)判断元素的值是否应该包含在被过滤的栈中返回。filter 方法中的逻辑和判定某个值是否应该被过滤的 StackPredicate 具体逻辑完全分离开了。

代码清单 6-7 展示了 StackPredicate 的两种实现：一种只允许偶数通过，另一种则无任何效果：

代码清单 6-7：实现 StackPredicate 模板

```
public class StackPredicateTest {

    private Stack stack;

    @Before
    public void createStack() {
        stack = new Stack();
        for (int i = 1; i <= 10; i++) {
            stack.push(i);
        }
    }

    @Test
    public void evenPredicate() {
        final Stack filtered = stack.filter(new StackPredicate() {
            @Override
            public boolean isValid(int i) {
                return (i % 2 == 0);
            }
        });

        assertEquals(Integer.valueOf(10), filtered.pop());
        assertEquals(Integer.valueOf(8), filtered.pop());
```

```
        assertEquals(Integer.valueOf(6), filtered.pop());
    }

    @Test
    public void allPredicate() {
        final Stack filtered = stack.filter(new StackPredicate() {
            @Override
            public boolean isValid(int i) {
                return true;
            }
        });

        assertEquals(Integer.valueOf(10), filtered.pop());
        assertEquals(Integer.valueOf(9), filtered.pop());
        assertEquals(Integer.valueOf(8), filtered.pop());
    }
}
```

将 StackPredicate 的实现分离开有很多好处。这种方式允许 Stack 类的客户根据自己的具体需求对栈数据进行过滤，而不要求对 Stack 类做任何修改。此外，StackPredicate 的实现也是代码中的独立单元，因此可以分离出来进行完整测试，而不需要借助 Stack 实例。

6.2　常用模式

能否描述一下如何实现装饰者模式(Decorator Pattern)？

通过装饰者模式可以修改或配置特定对象的功能，例如向滚动条对象添加按钮或其他功能，再例如如何在同样一组配料的情况下针对两个不同的顾客建立三明治订单的模型。

Java 中用于读写 JVM 之外的 IO 源的 IO 类广泛使用了装饰者模式。InputStream 类和 OutputStream 类及它们的子类通过装饰者模式以实现的类中定义的方式读写数据，而且这些实现还可以串接在一起以有效地实现读取输入源的操作以及将数据写回的操作。

查看抽象类 OutputStream，可以发现有一个方法是所有实现必须定义的，这个方法就是写入一个字节：

```
public abstract void write(int b) throws IOException;
```

通过其他一些方法可以批量写入字节，这些方法默认对每一个字节调用上述方法。根据具体的实现，重写这些方法可能会得到更高效的实现。

很多 OutputStream 的实现都只执行自己必要的操作，然后把剩下的操作委托给另一个 OutputStream。这些实现的构造函数会接受另一个 OutputStream 作为参数。

真正执行写入数据操作的 OutputStream，例如 FileOutputStream 和 SocketOutputStream，不会将 write 方法委托给其他输出流，因此构造函数也不需要接受另一个 OutputStream 作为参数。

代码清单 6-8 展示了一个使用装饰者模式的例子，这个例子将字节数组写入磁盘，并且在写入之前串接了一些针对这个数组的操作。

代码清单 6-8：利用装饰者模式将数据写入磁盘

```
@Test
public void decoratorPattern() throws IOException {
    final File f = new File("target", "out.bin");
    final FileOutputStream fos = new FileOutputStream(f);
    final BufferedOutputStream bos = new BufferedOutputStream(fos);
    final ObjectOutputStream oos = new ObjectOutputStream(fos);

    oos.writeBoolean(true);
    oos.writeInt(42);
    oos.writeObject(new ArrayList<Integer>());

    oos.flush();
    oos.close();
    bos.close();
    fos.close();

    assertTrue(f.exists());
}
```

这段测试代码中的前 5 行定义了要写入的文件以及要写入的方式。FileOutputStream 将文件写入磁盘。BufferedOutputStream 缓存对 write 的调用，然后一次性写入多个字节。在写入到磁盘时，这样可以获得巨大的性能提升。ObjectOutputStream 是 Java 内置的序列化 (serialization) 机制，用于将对象和原生类型写入输出流。有关序列化的讨论请参见第 15 章。

要注意这段代码中，ObjectOutputStream 并不知道要写入的文件在哪里，这个对象只是将写入文件的操作委托给另一个 OutputStream。装饰者模式的强大之处就在于，如果提供新的 OutputStream 实现，这个新的实现可以自动和其他部分一起正常工作。

例如，如果你想要对每一次 BufferedOutputStream 调用记录一条日志，那么可以很轻松地写一个实现，这个实现还可以和之前定义的调用链一起工作。再比如说，如果想要在写入数据之前对数据进行加密，也可以通过这种方式实现。

如果想要在写入数据之前压缩数据，可以使用 Java 标准库中提供的 GZIPOutputStream 类。

需要记住，定义 OutputStream 调用链的顺序很重要。如果要读取保存之前经过 zip 压缩的数据，那么在使用任何其他经过装饰的 InputStream 对象之前，肯定要使用 GZIPInputStream 装饰，这样数据才有意义。

> 能否描述一下如何实现享元模式(Flyweight Pattern)?

享元模式适用于有多个对象，而且其中很多对象表示的都是同一个值的情形。在这些情形下，如果这些对象都是不可变的(immutable)，那么就可以共享这些值。代码清单 6-9 展示了 Java 标准库中的一个例子，这段代码取自 Sun 实现的 Integer 类。

代码清单 6-9：享元模式实例

```
public static Integer valueOf(int i) {
    assert IntegerCache.high >= 127;
    if (i >= IntegerCache.low && i <= IntegerCache.high)
        return IntegerCache.cache[i + (-IntegerCache.low)];
    return new Integer(i);
}
```

valueOf 方法检查传入参数的值，如果这个值是一个预先缓存的值，那么这个方法返回一个已经构建好的实例，而不是创建一份新的拷贝。缓存的默认范围是-128~127。这个缓存在一个 static 块中初始化，因此在一个正在运行的 JVM 中，第一次发生 Integer 引用时就会创建这个缓存：

```
static{
    // 省略缓存大小设置的代码
    for(int k =0; k <cache.length; k++)
        cache[k]=newInteger(j++);
}
```

代码清单 6-10 证明了这个缓存使用了享元模式，这段代码通过检查发现两个实例实际上是同一个实例，而不仅仅是相等的对象。

代码清单 6-10：验证 Integer.valueOf 使用了享元模式

```
@Test
public void sameIntegerInstances() {
    final Integer a = Integer.valueOf(56);
    final Integer b = Integer.valueOf(56);

    assertSame(a, b);

    final Integer c = Integer.valueOf(472);
    final Integer d = Integer.valueOf(472);

    assertNotSame(c, d);
}
```

因为 Integer 对象是不可变的，所以才能满足这种特点。如果 Integer 对象的值在构造之后还可以修改，那么当使用享元模式时，对某一个值修改就会破坏其他所有对这个对象的引用。

如果要创建 Integer 对象，最好总是使用 valueOf 方法，这样就可以充分利用享元模式带来的好处。如果调用 new，那么总是会创建新的实例，即使它们的值在缓存的值的范围之内。

在很多情形下都可以使用享元模式，空对象模式(Null Object Pattern)是享元模式的另一个实现。这个模式通过享元对象表示 null。

在创建像二叉树这样的数据结构时，叶节点没有子节点。根据具体的实现，使用 null 引用即可，但是也可以选择使用空对象。可以将每一个叶节点想象为拥有自己的空对象，但是在实践中，可以使用单独一个享元对象。图 6-1 展示了使用空对象模式时二叉树中的对象引用情况。

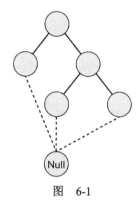

图　6-1

如何使用单实例模式(Singleton Pattern)?

单实例类指的是只允许创建一个实例的类。单实例模式通常用于需要向第三方提供单一入口点的场合，例如数据库和 Web 服务，通过这种方式可以方便地在一个地方管理和配置多个连接。

限制单实例类的客户只能访问一个实例并不是一件简单的事情。代码清单 6-11 展示了一个简单的初步尝试。

代码清单 6-11：一个有问题的单实例类

```java
public class Singleton {

    private static Singleton INSTANCE;

    public static Singleton getInstance() {
        if (INSTANCE == null) {
            INSTANCE = new Singleton();
```

```
    }

    return INSTANCE;
    }

    public void singletonMethod() {
        // 操作放在这里
    }
}
```

这里采用的方法称为延迟初始化(lazy initialization)：Singleton 的实例只有在第一次需要时才会被创建。初看上去，感觉每一次调用 getInstance()都会返回同一个实例。然而，如果 INSTANCE 为 null，一个线程在运行完 if 语句之后，但是还没有完成 INSTANCE 的初始化之前就被切出去了，那么其他线程调用 getInstance()时 if 语句会返回 true，然后创建新的对象。这样就会产生奇怪的、不稳定的行为，在更糟糕的情况下，会在 JVM 中产生内存泄露，最终导致崩溃。

Java 5 引入了 Enum 类型。如果将 Singleton 创建为只有单个元素的 Enum，那么 JVM 可以保证只有一个实例会被创建，如代码清单 6-12 所示。

代码清单 6-12：通过 Enum 实现单实例模式

```
public enum SingletonEnum {
    INSTANCE;

    public void singletonMethod() {
        // 操作放在这里
    }
}
```

需要注意的是，使用单实例模式可能会导致其他问题：很难隔离测试，特别是在 Singleton 执行非常繁重的操作时，例如写入数据库的操作。通常来说，更好的做法是将“具有单实例行为”的对象当成对一个类的依赖，然后通过依赖注入框架构建单一的对象。

单实例模式最好用在专用的应用程序中，例如，桌面应用或移动应用中的 GUI 程序，或是已知不会有很多并发用户的应用程序。如果要构建大规模可伸缩的网络应用程序，那么单实例对象通常都是性能瓶颈的根源。

6.3　本章小结

本章简略地讨论了一些常见的面向对象软件设计模式。一定要理解这些模式的工作方式以及使用原因。Java 语言和库中还有很多模式在这里都没有讨论，例如迭代器模式(Iterator Pattern)和工厂模式(Factory Pattern)等很多其他模式。熟悉了这些模式之后，在 Java 语言代码和各种库中应该到处都能找到这些设计模式的应用。

花一些时间阅读和研究更多的设计模式。有很多免费的在线资源描述了很多设计模式，而且还有示例代码实现。设计模式领域中最好的资源应该是最早的那本设计模式书：*Design Patterns: Elements of Reusable Object-Oriented Software*(作者是 Ralph Johnson、John Vlissides、Richard Helm 和 Erich Gamma，由 Addison-Wesley 出版社在 1994 年 10 月出版)，不过书中的例子并不是用 Java 实现的。

熟练使用面向对象模式以后，应该进一步分析在软件中其他地方看到的模式。另一本更现代的、完整全面的关于软件模式的书是 *Enterprise Integration Patterns*(作者是 Gregor Hohpe 和 Bobby Woolf，属于 Addison-Wesley Signature 系列书籍，于 2003 年 10 月出版)，描述了完整系统中贯穿的模式。

随着你在使用设计模式方面的经验越来越丰富，你应该越能在审阅代码甚至阅读 API 文档时发现设计模式的应用。这方面的经验可以帮助你更快地理解和学习新的 API 和功能。

下一章讨论一种不同类型的模式：面试官喜欢的一些常见问题。

第 **7** 章

常见面试算法的实现

本章讨论面试中经常使用的一些算法。虽然面试中可能不会遇到本章列出的问题，但是通过这些题目我们可以很好地了解面试官会问到的问题的难度和面试中会采取的方式。

本章中很多题目都选自 Interview Zen 网站(www.interviewzen.com)，这些问题都是在真实面试中出现过的。

当你在面试过程中被要求写算法时，应该关注算法的效率。效率包含多种意思，最主要关注的是算法的运行时间，但是算法使用的空间也是一个要关注的重点。在算法设计中，往往需要根据需求在空间和时间中努力寻求平衡。

描述算法效率的常用方法称为大 O 记号表示法。这种方法可用于描述算法运行时间随着输入规模的变化而变化的情况。

算法复杂度为 $O(n)$ 表示这个算法是线性复杂度，即随着输入规模 n 的增加，算法的运行时间也成比例地增加。

算法复杂度为 $O(n^2)$ 表示这个算法是平方复杂度：如果输入规模增加至 3 倍，那么算法的运行时间会增加至 9 倍。你应该意识到，平方复杂度算法，甚至更糟糕的指数复杂度算法($O(n^n)$)都是应该尽量避免的。

7.1 实现 FizzBuzz

> 编写一个算法，打印输出 1 到 n 之间的所有数字，将 3 的倍数替换为 String Fizz，将 5 的倍数替换为 Buzz，将 15 的倍数替换为 FizzBuzz。

这个问题使用率非常高，是 Interview Zen 上用得最多的问题之一。这道题目的实现并不难，如代码清单 7-1 所示。

```
public static List<String> fizzBuzz(final int n) {
    final List<String> toReturn = new ArrayList<>(n);
    for (int i = 1; i <= n; i++) {
        if(i % 15 == 0) {
            toReturn.add("FizzBuzz");
        } else if (i % 3 == 0) {
            toReturn.add("Fizz");
        } else if (i % 5 == 0) {
            toReturn.add("Buzz");
        } else {
            toReturn.add(Integer.toString(i));
        }
    }

    return toReturn;
}
```

需要注意的是，要最先检测 FizzBuzz 的情形，因为被 15 整除的数也同时会被 3 和 5 整除。如果先检查了 3 和 5 的情形，那么就会漏掉 15 的情形。

面试官通常会考察代码重用和逻辑抽象等方面。代码清单 7-1 中的实现并没有很好地展示这些方面。

可以对 Fizz、Buzz 和 FizzBuzz 这些不同的情形进行抽象。通过这种方式，不同的情形可以分开进行测试，而且可以根据需求，修改为针对不同的值返回不同的单词。具体实现参见代码清单 7-2。

代码清单 7-2：FizzBuzz 的抽象

```
public static List<String> alternativeFizzBuzz(final int n) {
    final List<String> toReturn = new ArrayList<>(n);
    for (int i = 1; i <= n; i++) {
        final String word =
                toWord(3, i, "Fizz") + toWord(5, i, "Buzz");

        if(StringUtils.isEmpty(word)) {
            toReturn.add(Integer.toString(i));
        }
        else {
            toReturn.add(word);
        }
    }
    return toReturn;
}

private static String toWord(final int divisor,
                             final int value,
                             final String word) {
```

```
    return value % divisor == 0 ? word : "";
}
```

当 toWord 方法没有匹配时，返回的是一个空 String。通过这种方式可以将 3 和 5 放在一起检查：如果数字能被 3 整除但是不能被 5 整除，那么 5 的情形返回的是空 String，因此得到的是 Fizz 和空 String 的拼接。当一个数字能被 15 整除，即这个数字能同时被 3 和 5 整除时，那么得到的是 Fizz 和 Buzz 的拼接，即 FizzBuzz。

最后还需要检查是否有一个检测成功了：如果得到的是空 String，则说明两个整除检测都失败了。

> 编写一个返回斐波那契数列(Fibonacci sequence)从第 1 到第 n 个数的方法。

7.2　生成斐波那契数列

斐波那契数列是一串数字的序列，在这个数列中，下一个值等于前两个值的和。将数列的第一个数字定义为 0，第二个数字定义为 1。

对应算法的方法签名如下所示：

```
public static List<Integer> fibonacci(int n)
```

也就是说，给定值 n，按顺序返回包含斐波那契数列前 n 个数的列表。由于这个方法不依赖于任何对象的状态，也不要求构建任何实例，因此可以是静态方法。

这个方法的参数有一个主要限制：n 必须大于等于 0。根据斐波那契数列的定义，当参数为 0、1 和 2 时，数列是有意义的。如果参数为 0，则返回一个空列表。如果参数为 1，则返回一个只包含一个 0 的列表。如果参数为 2，则返回一个只包含 0 和 1 的列表，并且符合 0、1 的顺序。

对于任何其他的 n 值，算法可以构建出数列，一次计算一个值，从包含 0 和 1 的列表开始，每次只需要将列表中的最后两个值加起来得到新的值。代码清单 7-3 展示了一个可行的迭代式方案。

代码清单 7-3：迭代生成斐波那契数列

```
public static List<Integer> fibonacci(int n) {
    if (n < 0) {
        throw new IllegalArgumentException(
            "n must not be less than zero");
    }

    if (n == 0) {
        return new ArrayList<>();
```

```
    }

    if (n == 1) {
        return Arrays.asList(0);
    }

    if (n == 2) {
        return Arrays.asList(0, 1);
    }

    final List<Integer> seq = new ArrayList<>(n);
    seq.add(0);
    n = n - 1;
    seq.add(1);
    n = n - 1;

    while (n > 0) {
        int a = seq.get(seq.size() - 1);
        int b = seq.get(seq.size() - 2);
        seq.add(a + b);
        n = n - 1;
    }

    return seq;
}
```

算法每一次通过加法得到一个值之后将 n 递减，当 n 递减至 0 时，说明列表构造已经完成。该算法中获得数组前两个值的操作一定不会抛出 ArrayIndexOutOfBoundsException 异常，因为迭代开始时总能保证数组中至少有 2 个值。

可以编写简单的单元测试来验证算法的正确性，如代码清单 7-4 所示。

代码清单 7-4：测试斐波那契数列算法

```
@Test
public void fibonacciList() {
    assertEquals(0, fibonacci(0).size());
    assertEquals(Arrays.asList(0), fibonacci(1));
    assertEquals(Arrays.asList(0, 1), fibonacci(2));
    assertEquals(Arrays.asList(0, 1, 1), fibonacci(3));
    assertEquals(Arrays.asList(0, 1, 1, 2), fibonacci(4));
    assertEquals(Arrays.asList(0, 1, 1, 2, 3), fibonacci(5));
    assertEquals(Arrays.asList(0, 1, 1, 2, 3, 5), fibonacci(6));
    assertEquals(Arrays.asList(0, 1, 1, 2, 3, 5, 8), fibonacci(7));
    assertEquals(Arrays.asList(0, 1, 1, 2, 3, 5, 8, 13), fibonacci(8));
}
```

还应该测试传入负数参数是否会抛出异常。

> 编写一个方法，返回斐波那契数列中的第 *n* 个数。

这是前一个问题的变体。这个方法返回的不是整个斐波那契数列，而是只返回位置 n 处的那个值。这个算法的方法签名如下所示：

```
public static int fibN(int n)
```

传入参数 0 会返回 0，传入 1 返回 1，传入 2 返回 1，以此类推。

针对这个算法，可以有一个特别简单原始的实现，那就是调用前一个问题中的方法，然后返回列表中的最后一个值。但是，这会耗费大量内存来创建列表，最后只返回最后一个值而抛弃了其他所有值。如果需要计算第一百万个值，那么这种方法耗费的时间是不可接受的，而且还需要耗费大量内存。

采用递归是一种更好的方法。根据算法定义：

```
Fibonacci(n) = Fibonacci(n - 1) + Fibonacci(n - 2)
```

有两种基础情形：

```
Fibonacci(1)=1
Fibonacci(0)=0
```

通过这样的递归定义可以得到一种非常讨巧的算法，如代码清单 7-5 所示。

代码清单 7-5：通过递归算法计算第 n 个斐波那契数

```
public static int fibN(int n) {
    if (n < 0) {
        throw new IllegalArgumentException(
            "n must not be less than zero");
    }
    if (n == 1) return 1;
    if (n == 0) return 0;
    return (fibN(n - 1) + fibN(n - 2));
}
```

尽管这个解决方案看上去很优雅，但是效率极低。比如说，计算第 45 个值，那么这个值应该通过对 Fibonacci(43) 和 Fibonacci(44) 求和得到。Fibonacci(44) 本身是通过对 Fibonacci(42) 和 Fibonacci(43) 求和得到。那么这个算法在这两种情形下都会计算 Fibonacci(43)，而这种重复计算的现象在整个计算过程中会出现很多次。从图 7-1 可以更明显地看出来。

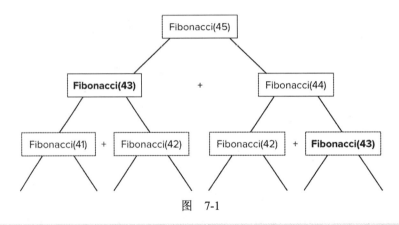

图　7-1

在 if 语句中使用 return 语句

如果在 if 语句中使用 return 语句，那么就不需要提供 else 子句。如果 if 语句的条件求值为 false，那么代码执行流会在 if 代码块之后继续。如果 if 语句的条件求值为 true，那么方法的执行会终结于 return 语句。

这样做的好处是代码不需要额外层次的缩进，因为不需要冗余的 else 代码块：

```
if(condition){
    // condition == true 的代码
    return valueIfTrue;
}

// condition == false 的代码
return valueIfFalse;
```

通过缓存计算得到的结果，每一轮递归运行时只需要计算还没有计算的斐波那契数即可。计算得到的结果可以保存在局部的映射中。代码清单 7-6 是针对代码清单 7-5 的改进。

代码清单 7-6：缓存已经计算得到的斐波那契数

```java
private Map<Integer, Integer> fibCache = new HashMap<>();

public int cachedFibN(int n) {
    if (n < 0) {
        throw new IllegalArgumentException(
                "n must not be less than zero");
    }
    fibCache.put(0, 0);
    fibCache.put(1, 1);
    return recursiveCachedFibN(n);
}

private int recursiveCachedFibN(int n) {
    if (fibCache.containsKey(n)) {
        return fibCache.get(n);
    }
```

```
    int value = recursiveCachedFibN(n - 1) + recursiveCachedFibN(n - 2);
    fibCache.put(n, value);
    return value;
}
```

注意，为了将映射的设置和计算分离开，递归方法被分成两个方法。代码清单 7-7 展示了一个小的单元测试，这个测试用于测量通过上述优化减少的计算时间。

代码清单 7-7：测量性能增长

```
@Test
public void largeFib() {
    final long nonCachedStart = System.nanoTime();
    assertEquals(1134903170, fibN(45));
    final long nonCachedFinish = System.nanoTime();
    assertEquals(1134903170, cachedFibN(45));
    final long cachedFinish = System.nanoTime();

    System.out.printf(
            "Non cached time: %d nanoseconds%n",
            nonCachedFinish - nonCachedStart);
    System.out.printf(
            "Cached time: %d nanoseconds%n",
            cachedFinish - nonCachedFinish);
}
```

在笔者写作时，得到了以下输出：

```
Non cached time:19211293000 nanoseconds
Cached time:311000 nanoseconds
```

从 19 秒降低到 0.000311 秒，改进很显著。

缓存方法调用的结果以避免再次计算结果，这种方法称为记忆法(memoization)。

最初的那个计算第 n 个斐波那契数算法实现的性能用大 O 记号表示为 $O(n^n)$，效率异常低。因为效率极低，所以除了针对非常小的 n 之外没有任何实用性。采用了记忆法的实现的性能为 $O(n)$，额外代价是必须保存 0 到 n 之间的所有结果。

7.3　实现阶乘

编写一个不使用递归的阶乘实现。

计算阶乘的方法是使用递归的另一个好例子。递归算法的一般形式是：

```
Factorial(n) = n × Factorial(n - 1)
```

如果不想用递归的方式实现这个算法，那么只要一路迭代到 n，记录要返回的值即可，如代码清单 7-8 所示。

代码清单 7-8：递归算法的迭代实现

```java
public static long factorial(int n) {
    if (n < 1) {
        throw new IllegalArgumentException(
                "n must be greater than zero");
    }

    long toReturn = 1;
    for (int i = 1; i <= n; i++) {
        toReturn *= i;
    }

    return toReturn;
}
```

要小心的是，阶乘计算得到的值增长非常快，因此这个方法返回的是 long。这里甚至还可以编写一个返回 BigInteger 实例的版本。BigInteger 对象没有上界，可以保存任意大小的整数值。

7.4　实现库的功能

> 给定一组单词，编写一个算法找出这一组单词中属于某个给定单词的变位词。

变位词指的是一个单词经过改编字母顺序之后得到的另一个单词。在变位过程中不可以移除任何字母。

初步尝试为这道题目编写算法时，可能会想到以下伪代码表示的算法：

```
given a word a, and a list of words ws
given an empty list anagrams
for each word w in ws:
  if (isAnagram(w, a)) add w to anagrams
return anagrams

method isAnagram(word1, word2):
  for each letter letter in word1:
    if (word2 contains letter):
```

```
      remove letter from word2
      continue with the next letter
   else return false

   if (word2 is empty) return true
   else return false
```

这段伪代码表示的算法肯定能实现所要求的功能。该算法对列表中的每一个单词进行检查，将每一个单词和给定的单词进行比对。如果所有的字母都匹配，而且不多也不少，那么表示成功匹配。

这个算法的效率非常低。对于长度为 m 的列表，且单词平均长度为 n，算法对每个单词需要扫描 n 次，每次检查一个字母。算法的复杂度为 $O(m×n!)$，可以简单写为 $O(n!)$，因为随着 n 的增长，n 对性能的贡献会占据主要地位(相比 n)。每一个单词中的每一个字母都需要和给定单词中的每一个字母进行对。只需要做一些简单的预处理操作，就可以大幅削减这个算法的运行时间。

每一个单词都可以有一个 "算法签名(algorithm signature)"。也就是说，给定单词的所有变位词都会有一个相同的签名。将单词的所有字母按照字母顺序排序得到的字母序列就是这个签名。

将每一个单词都保存在一个映射中通过签名查询，然后针对给定的要比对的单词，计算其签名，返回映射中这个签名索引得到的列表即可。代码清单 7-9 展示了这个实现。

代码清单 7-9：高效的变位词查找程序

```java
public class Anagrams {

    final Map<String, List<String>> lookup = new HashMap<>();

    public Anagrams(final List<String> words) {

        for (final String word : words) {
            final String signature = alphabetize(word);
            if (lookup.containsKey(signature)) {
                lookup.get(signature).add(word);
            } else {
                final List<String> anagramList = new ArrayList<>();
                anagramList.add(word);
                lookup.put(signature, anagramList);
            }
        }
    }

    private String alphabetize(final String word) {
        final byte[] bytes = word.getBytes();
        Arrays.sort(bytes);
        return new String(bytes);
    }
```

```
public List<String> getAnagrams(final String word) {
    final String signature = alphabetize(word);
    final List<String> anagrams = lookup.get(signature);
    return anagrams == null ? new ArrayList<String>() : anagrams;
    }
}
```

alphabetize 方法在保存单词时负责创建签名，另外在查询变位词时计算被查询单词的签名。这个方法使用了 Java 标准库中的排序算法，如果你想要自己编写一个排序算法，可以参阅第 4 章。

这里需要做的一个权衡是需要耗费时间对列表进行预处理，将列表中的单词保存至不同的变位词 "桶" 中，此外还需要额外的存储空间。然而，对于平均单词长度为 n，长度为 m 的单词列表来说，查询时间从 $O(n!)$ 降为 $O(1)$。这个算法性能为 $O(1)$ 的原因是散列函数能够在映射中直接定位变位词的列表。注意，最开始创建查询映射也有开销，因此整个查询算法的性能用大 O 表示法应该是 $O(m)$。

> 编写一个翻转 String 的方法。

在 Java 中，String 是不可变的，因此一旦创建出来就无法修改其内容。当要求翻转一个 String 时，实际上要求的是创建一个新的 String 对象，并将原 String 对象的内容翻转：

```
public static String reverse(final String s)
```

翻转一个 String 的一种方法是反向遍历一个 String 的内容，在遍历过程中填充一个新的容器，例如 StringBuilder，如代码清单 7-10 所示。

代码清单 7-10：通过 StringBuilder 得到一个翻转的 String

```
public static String reverse(final String s) {
    final StringBuilder builder = new StringBuilder(s.length());
    for (int i = s.length() - 1; i >= 0; i--) {
        builder.append(s.charAt(i));
    }
    return builder.toString();
}
```

使用内置的翻转方法

StringBuilder 类有一个 reverse 方法，在日常工作中如果需要的话应该使用这个方法。

如果面试中要求实现 Java 标准库中提供的算法，例如 String 的翻转、排序和搜索，那么不应该直接使用这些方法，因为面试官正在考察你解决这些问题的能力。

如果你需要使用的算法对于你正在编写的算法来说是次要的，或者说是辅助算法，例如代码清单 7-9 中的 String 排序，那么可以使用这些内置的方法，自己则关注于正在编写的算法。

　　这种方法虽然可行，但是要求大量的内存。这段代码需要在内存中保存原有的 String 和 StringBuilder。如果要翻转的数据有几个 GB 之巨，那么这种方法是有问题的。

　　String 的翻转也可以在原地进行：将整个 String 实例加载进一个 StringBuilder，然后从一端开始遍历字符，将当前字符和 String 中另一端同样距离的那个字符进行交换。这样的话只需要额外的一个字符的内存来辅助完成字符的交换。代码清单 7-11 展示了这种方法。

代码清单 7-11：原地翻转一个 String

```java
public static String inPlaceReverse(final String s) {
    final StringBuilder builder = new StringBuilder(s);
    for (int i = 0; i < builder.length() / 2; i++) {
        final char tmp = builder.charAt(i);
        final int otherEnd = builder.length() - i - 1;
        builder.setCharAt(i, builder.charAt(otherEnd));
        builder.setCharAt(otherEnd, tmp);
    }

    return builder.toString();
}
```

　　这种方法的一个常见错误是遍历整个 String，而没有在半路停止。如果遍历了整个 String，那么每一个字符都会被交换两次，字符会返回到最初的位置。通过几个单元测试很容易发现这种简单的错误。

> 如何原地翻转一个链表？

　　除了 String 的翻转，我们还可以原地对一个泛型的链表进行翻转操作。下面给出链表的类定义：

```java
public class LinkedList<T> {
    private T element;
    private LinkedList<T> next;

    public LinkedList(T element, LinkedList<T> next) {
        this.element = element;
        this.next = next;
    }

    public T getElement() {
        return element;
    }

    public LinkedList<T> getNext() {
        return next;
    }
}
```

这个类是递归定义的，构造函数接受另一个 LinkedList 实例作为参数，并假定 null 表示链表的尾。

既然类是递归定义的，那么自然可以使用递归算法翻转列表。执行翻转操作的方法应该有如下签名：

```
public static <T> LinkedList<T> reverse(final LinkedList<T> original)
```

从这个签名可以看出，这个方法返回的貌似是原始列表中元素的一份新拷贝，但是实际上，这个方法返回的是原数据结构中的最后一个元素的引用，这个元素的 next 指向在原列表中这个元素之前的那个元素。

这个算法的递归基础情形是 next 引用为 null 的情况。如果列表中只有一个元素，那么翻转这个列表得到的就是同一个列表。

这个算法的递归步骤是：删除指向 next 元素的链接，对 next 元素递归进行翻转操作，然后将 next 元素自己的 next 设置为当前元素——即 original 参数。代码清单 7-12 展示了一个可能的实现。

代码清单 7-12：递归地翻转一个链表

```
public static <T> LinkedList<T> reverse(final LinkedList<T> original) {
    if (original == null) {
        throw new NullPointerException("Cannot reverse a null list");
    }

    if(original.getNext() == null) {
        return original;
    }
    final LinkedList<T> next = original.next;
    original.next = null;

    final LinkedList<T> othersReversed = reverse(next);

    next.next = original;

    return othersReversed;
}
```

图 7-2 展示了代码清单 7-13 的单元测试中构建的链表。

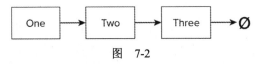

图　7-2

代码清单 7-13：测试链表翻转

```
@Test
public void reverseLinkedList() {
    final LinkedList<String> three = new LinkedList<>("3", null);
```

```
final LinkedList<String> two = new LinkedList<>("2", three);
final LinkedList<String> one = new LinkedList<>("1", two);

final LinkedList<String> reversed = LinkedList.reverse(one);

assertEquals("3", reversed.getElement());
assertEquals("2", reversed.getNext().getElement());
assertEquals("1", reversed.getNext().getNext().getElement());
}
```

> 如何测试一个单词是否是回文(palindrome)?

回文是这样一种单词或短语：将所有字母翻转之后，得到的拼写依然和原来一致。例如"eve"、"level"以及忽略空格的"top spot"都是回文。

检查回文的算法和翻转 String 的算法是类似的，只不过后者还需要考虑非字母的字符。代码清单 7-14 给出了一个示例实现。

代码清单 7-14：回文检查器

```
public static boolean isPalindrome(final String s) {
    final String toCheck = s.toLowerCase();
    int left = 0;
    int right = toCheck.length() - 1;

    while (left <= right) {
        while(left < toCheck.length() &&
                !Character.isLetter(toCheck.charAt(left))) {
            left++;
        }
        while(right > 0 && !Character.isLetter(toCheck.charAt(right))) {
            right--;
        }
        if (left > toCheck.length() || right < 0) {
            return false;
        }

        if (toCheck.charAt(left) != toCheck.charAt(right)) {
            return false;
        }

        left++;
        right--;
    }

    return true;
}
```

这个实现利用了两个指针：一个负责 String 的左半侧，另一个负责右半侧。只要两个指针发生交叉，就说明检查结束。

由于要忽略非字母的字符，所以每一个指针都需要单独检测，直到找到 String 中的下一个字母。两个字母的成功匹配并不代表当前单词就是回文，因为下一对字母就有可能不匹配。一旦匹配失败，就可以立即判断不是回文。

如果确实关心 String 翻转之后是否精确相等，那么所有的符号都要考虑在内，代码清单 7-15 展示了一个简单得多的方法，这个方法利用了代码清单 7-10 中的 reverse 方法。

代码清单 7-15：严格回文检查器

```
public static boolean strictPalindrome(final String s) {
    return s.equals(reverse(s));
}
```

这里重用了 reverse 方法，因此最终得到的方法只有一行：代码行数越少，发生 bug 的可能性就越低。假定 reverse 方法已经完整测试过了，那么这个方法的单元测试编写会非常非常简单。

编写一个算法，将一个列表的 Iterator 折叠为一个单独的 Iterator。

这个算法的方法签名如下所示：

```
public static <T> Iterator<T> singleIterator(
                final List<Iterator<T>> iteratorList)
```

Iterator 接口的定义如下所示：

```
public interface Iterator<E> {
    boolean hasNext();
    E next();
    void remove();
}
```

这个算法要实现 Iterator 接口，编写一个新的实现，将底层一个列表的 Iterator 当成一个单独的 Iterator 处理。

这个算法一次使用一个 Iterator，当前的用完之后，继续处理下一个 Iterator。

hasNext 方法需要特别注意，因为当前的 Iterator 耗尽之后，这个 Iterator 会返回 false，但是可能还剩下了 Iterator 需要继续消耗。当所有的 Iterator 都耗尽之后，这个方法才能返回 false。

代码清单 7-16 展示了 ListIterator 类的构造函数和 hasNext 方法。

```java
public static class ListIterator<T> implements Iterator<T> {

    private final Iterator<Iterator<T>> listIterator;
    private Iterator<T> currentIterator;

    public ListIterator(List<Iterator<T>> iterators) {
        this.listIterator = iterators.iterator();
        this.currentIterator = listIterator.next();
    }

    @Override
    public boolean hasNext() {
        if(!currentIterator.hasNext()) {
            if (!listIterator.hasNext()) {
                return false;
            }

            currentIterator = listIterator.next();
            hasNext();
        }

        return true;
    }
... // 剩下的实现见后
```

这个类保存了两个字段：一个是所有 Iterator 的 Iterator，另一个表示当前的 Iterator。

hasNext 方法会检测当前的 Iterator 还有没有更多元素。如果有的话，这个方法返回 true。如果没有，这个方法检测 Iterator 的 Iterator 是否还有更多元素。如果也耗尽了，表示真的没有更多元素了。

如果 Iterator 的 Iterator 确实还有更多的元素，那么 currentIterator 会被设置为下一个 Iterator，然后 hasNext 方法会被递归调用。这意味着 currentIterator 在找到 hasNext 方法返回 true 的迭代器之前可能需要向后步进多个迭代器，不过这些都会由递归步骤进行处理。

对于 Iterator 接口的 next 和 remove 方法，也有一些问题需要处理。当前的 Iterator 可能会耗尽，因此调用当前 Iterator 的 next 会抛出 NoSuchElementException 异常，但是之后的 Iterator 可能有元素可以返回。在调用 next 之前，currentIterator 引用需要更新。由于将 currentIterator 引用更新为正确引用的代码已经写在 hasNext 方法中了，因此只要调用 hasNext 并忽略返回的结果即可。对于 remove 方法也是一样的：在真正地调用 remove 之前，也要更新 currentIterator 引用。代码清单 7-17 展示了上述实现。

```java
@Override
public T next() {
    hasNext();
```

```
        return currentIterator.next();
    }

    @Override
    public void remove() {
        hasNext();
        currentIterator.remove();
    }
```

代码清单 7-18 展示了一个用于验证上述实现的示例单元测试。

代码清单 7-18：测试 Iterator 的 Iterator

```
@Test
public void multipleIterators() {
    final Iterator<Integer> a = Arrays.asList(1, 2, 3, 4, 5).iterator();
    final Iterator<Integer> b = Arrays.asList(6).iterator();
    final Iterator<Integer> c = new ArrayList<Integer>().iterator();
    final Iterator<Integer> d = new ArrayList<Integer>().iterator();
    final Iterator<Integer> e = Arrays.asList(7, 8, 9).iterator();

    final Iterator<Integer> singleIterator =
            Iterators.singleIterator(Arrays.asList(a, b, c, d, e));

    assertTrue(singleIterator.hasNext());
    for (Integer i = 1; i <= 9; i++) {
        assertEquals(i, singleIterator.next());
    }
    assertFalse(singleIterator.hasNext());
}
```

7.5　使用泛型

> 编写一个方法，这个方法复制一个 Integer 的列表，并且对每一个元素都加 1。

在面试中，这个问题看上去异常简单，如代码清单 7-19 所示。

代码清单 7-19：对一列数值加 1

```
public static List<Integer> addOne(final List<Integer> numbers) {
    final ArrayList<Integer> toReturn = new ArrayList< >(numbers.size());

    for (final Integer number : numbers) {
        toReturn.add(number + 1);
    }
```

```
    return toReturn;
}
```

即使要求给这个方法添加一个参数以便允许给列表加上除了 1 之外的其他数值，也是很简单的。但是如果将问题修改为允许对列表中的每一个元素执行任意操作，那么应该怎么解决呢？

能够向现有代码提供客户代码以执行任意操作这种功能是非常强大的。为了允许任意 Integer 操作，可以定义一个新的接口 IntegerOperation，这个接口只有一个方法，该方法接受一个 Integer 作为参数，并返回一个 Integer：

```
public interface IntegerOperation {
    Integer performOperation(Integer value);
}
```

加 1 操作的实现如下所示：

```
public class AddOneOperation implements IntegerOperation {
    @Override
    public Integer performOperation(Integer value) {
        return value + 1;
    }
}
```

代码清单 7-20 对原来的 addOne 方法进行修改，使其能够接受 IntegerOperation 接口，并重新赋予了一个更合适的名称。

代码清单 7-20：对列表中的元素执行任意 Integer 操作

```
public static List<Integer> updateList(final List<Integer> numbers,
                                       final IntegerOperation op) {
    final ArrayList<Integer> toReturn = new ArrayList<>(numbers.size());
    for (final Integer number : numbers) {
        toReturn.add(op.performOperation(number));
    }

    return toReturn;
}
```

代码清单 7-21 展示了一个单元测试，其中提供了 IntegerOperation 的一个匿名实现。

代码清单 7-21：测试 updateList 方法

```
@Test
public void positiveList() {
    final List<Integer> numbers = Arrays.asList(4, 7, 2, -2, 8, -5, -7);
    final List<Integer> expected = Arrays.asList(4, 7, 2, 2, 8, 5, 7);

    final List<Integer> actual =
```

```
    Lists.updateList(numbers, new IntegerOperation() {
        @Override
        public Integer performOperation(Integer value) {
            return Math.abs(value);
        }
    });

    assertEquals(expected, actual);
}
```

上述 IntegerOperation 实现将列表中的所有值变为正数。

将具体操作抽象出来的好处应该很明显。updateList 方法有能力对 Integer 列表中的元素进行任何操作，例如可以不管列表中的具体值而将列表中的值替换为一个常量，还可以进行一些外部操作，比如将值打印到控制台，或调用一个带有这个值的 URL。

如果 updateList 方法可以更加抽象就更好了，目前这个方法只能对 Integer 列表执行操作。如果要求能对任意类型的列表执行操作，并且还能返回不同类型的列表，那么应该怎么办呢？

定义以下接口：

```
public interface GenericOperation<A, B> {
    B performOperation(A value);
}
```

这个接口的 performOperation 方法采用 Java 泛型技术，能够将传入的值映射到不同的类型，例如将 String 参数转换为一个 Integer 值：

```
public class StringLengthOperation
               implements GenericOperation<String, Integer> {
    @Override
    public Integer performOperation(String value) {
        return value.length();
    }
}
```

代码清单 7-22 展示的实现能够将某种类型的列表映射到另一种类型的列表。

代码清单 7-22：将列表映射到不同类型的列表

```
public static <A, B> List<B> mapList(final List<A> values,
                                     final GenericOperation<A, B> op) {
    final ArrayList<B> toReturn = new ArrayList<>(values.size());
    for (final A a : values) {
        toReturn.add(op.performOperation(a));
    }

    return toReturn;
}
```

代码清单 7-23 展示了这个方法和 StringLengthOperation 类联合使用的例子。

代码清单 7-23：测试列表映射的功能

```
@Test
public void stringLengths() {
    final List<String> strings = Arrays.asList(
            "acing", "the", "java", "interview"
    );
    final List<Integer> expected = Arrays.asList(5, 3, 4, 9);
    final List<Integer> actual =
            Lists.mapList(strings, new StringLengthOperation());
    assertEquals(expected, actual);
}
```

像这样的泛型抽象功能是函数式语言(例如，Scala)在语言层面提供的功能。将一个函数当成一个值来对待，就像 String 或 Integer 那样，可以当成参数直接传递给函数。更详细的信息，可参考附录 A，附录 A 还介绍了如何把函数当成值来使用。

7.6 本章小结

本章最后一道面试题说明了即使是极为简单的问题往往也可以扩展为很长的讨论，这也是面试中经常采取的方式。面试官会以简单的问题开场，然后逐步深入，试图了解你掌握知识的广度。

为了准备在面试中回答问题，可以尝试找一些编程练习做一做。本章列出的问题选自 Interview Zen 中一些比较流行的问题，还有一些常见的编程题与计算机科学的一些核心内容有关，例如排序和搜索算法以及一些和数据结构(例如，列表和映射)相关的算法。

本章尝试在递归实现和迭代实现中寻找平衡。通常情况下，递归实现看上去更简洁，而且可能更优雅，但是递归实现是有代价的。有一些执行大量递归调用的算法可能会抛出 StackOverflowException 异常，而且由于调用方法需要有一些额外的设置栈的步骤，所以性能上可能比等同的迭代实现差。

尾递归(tail recursive)调用有时候可以优化为迭代式的调用。尾递归指的是递归步骤出现在方法中的最后一个步骤：编译器可以将当前方法的栈变量替换为下一次方法调用中使用的栈变量，而不是创建新的栈帧。JVM 本身不能进行尾递归，但是有一些编译器可以对 Java 进行尾递归优化，还有一些使用 JVM 的语言的编译器也可以进行这种优化。

不论是使用递归式实现还是迭代式实现，都要考虑算法的性能。面试中考的很多算法可能都有一种非常简单但是效率非常低下的实现，需要经过一番思考才能找到更高效的实现方法。

面试官在面试中问类似本章的这些问题的目的是为了考察你是否有能力编写易读、可重用且清晰的代码。此外还有很多可以考察重构和编写可测试代码的来源。多和同事交流，积极地进行代码评审，通过这种方式可以获得对自己编写的代码的反馈，还可以学习他人的经验。

　　本书下一部分关注 Java 的核心概念，包括语言的基础知识和库，同时也在单元测试方面费了很多笔墨。

第Ⅱ部分

核 心 Java

这一部分关注的是 Java 基础知识，这些内容与任何 Java 面试都有关系，而与具体的职位没有关系。

- 第 8 章讨论 Java 语言的基础知识以及和 JVM 的交互。该章关注于所有 Java 开发者都应该了解并日常使用的技术和一些边界情形。
- 第 9 章讨论单元测试。该章讨论单元测试的重要性，以及如何通过 JUnit 在面试中获得加分。
- 第 10 章是对第 8 章的完善，关注点在于 JVM 而不是语言本身，讨论如何彻底理解底层平台。
- 第 11 章讨论并发，并发是面试中的一个常见话题：大部分服务端的开发职责都需要考虑性能伸缩和并行处理问题。该章讨论 Java 标准库中的工具和一些第三方工具。

Java 基础

这一章涵盖了 Java 生态系统的主要部分，包括核心语言、要遵循的特别约定以及核心库的使用。在任何面试中，面试官都希望你至少已经完整理解了这些内容。类似于本章列出的问题的任何问题都应该是引导性问题，通常都会出现在面试刚开始时，甚至在面试前的电话面试中出现。

关于代码示例的注记

所有的 Java 代码都写成小型的独立的 JUnit 测试。

对于任何小型的编码面试题来说这都是一个好习惯，而且能够帮助理解代码工作原理。不要用执行测试代码的 main()方法污染类，而是要写 JUnit 测试用例，这样可以提供分离的、独立的代码片段。在通过 Maven 或类似工具管理的项目中，这种代码也不会被加载到任何生产系统中。

在试图理解一段代码时，不要插入分散的 System.out.println()和 logger.debug()代码，而是使用断言，并且让 JUnit 框架对这些断言进行测试。通过了测试说明你加入的断言是正确的。

这些小型的探索性代码片段本身就成为了测试：只要测试一直都能通过，那么你就已经开始了测试套件的创建。

测试写得越多，就能越好地理解代码，而且测试可以帮助你将代码分解为较小的、原子的且分离的片段。

在面试过程中，如果考查的是编写小程序，那么总是应该编写测试，不论是否要求写测试。编写测试可以表现出你训练有素；可以表现出对代码的理解和测试有着成熟的推理；还可以提供某种层次的文档，帮助面试官了解你的思考过程。

如果你对 JUnit 不熟悉，甚至对单元测试的一般概念都不熟悉，请先参阅第 9 章，然后一定不要忘了再回到这一章。如果不先参阅第 9 章，也可以尝试通过本章中简单的代码示例理解 JUnit 的作用。

在每一个代码清单中，只包含了测试方法。除非和代码清单直接相关，其他的类定义、报定义和所有的导入都省略了。

8.1 原始类型

> 列出 Java 的一些原始类型。阐述 JVM 是如何处理这些类型的。

Java 中的基本类型，例如 boolean、int 和 double 等都称为原始类型(primitive type)。JVM 处理这些类型的方式和处理引用类型(reference type)的方式是不同的，引用类型也称为对象 (object)。原始类型总会有一个值，绝不可能是 null。

当定义一个 int 和 long 类型的变量时，编译器需要区分这两种类型。你需要做的是在 long 值后面添加 L 后缀。如果没有 L，则表示值是一个 int。L 既可以大写也可以小写，但建议总是使用大写，因为这样可以帮助读代码的人轻松区分字母 L 和数字 1。对于 float 值和 double 值也是如此：float 可以通过 F 定义，而 double 可以通过 D 定义。对于 double 来说，后缀是可选的，省略后缀表示 double。表 8-1 列出了 Java 的原始类型及其所占空间。

表 8-1　原始类型及其大小

原 始 类 型	大小(位)
boolean	1
short	16
int	32
long	64
float	32
double	64
char	16

注意，char 是无符号的。也就是说，char 的取值范围是 0～65 535，因为 char 可以表示 Unicode 值。

如果原始类型变量在定义时没有设置值，那么会使用一个默认值。boolean 值的默认值是 false。对于其他类型的值，默认值是 0 的一种表示方式，例如 int 的默认值为 0，float 的默认值为 0.0f。

必要时，编译器可以将值向上转换至恰当的类型，如代码清单 8-1 所示。

```
int value = Integer.MAX_VALUE;
long biggerValue = value + 1;
```

除了 char 类型的变量之外，编译器会自动使用更宽的类型表示变量，因为不会丢失任何精度，例如从 int 提升至 long，以及从 float 提升至 double。而反过来则不行。如果试图将一个 long 值赋值给 int，则必须对这个值进行显式类型转换。显式类型转换告诉编译器这确实是你希望做的，而且不在乎丢失精度，如代码清单 8-2 所示。

代码清单 8-2：显式地向下转换至更窄的类型

```
long veryLargeNumber = Long.MAX_VALUE;
int fromLargeNumber = (int) veryLargeNumber;
```

需要真正向下转换类型的情形应该很罕见。如果你发现自己经常进行向下类型转换，则应该考虑是否用错了类型。

> 为什么 Integer.MIN_VALUE 没有对应的正数？

short、int 和 long 的二进制值在内存中存储时采用了一种称为二进制补码(Two's Complement)的形式。表 8-2 列出了零值和正数的二进制形式，应该符合你的预期。

表 8-2　正数的二进制表示形式

十进制形式	二进制形式
0	0000 0000
1	0000 0001
2	0000 0010

采用二进制补码表示法时，得到一个正数值对应的负数值的方法是执行二进制 NOT 操作然后加 1。

如果你不熟悉二进制补码，可能会觉得这种形式比较奇怪，甚至可能会感到违反直觉，因为取负的操作需要两条指令。二进制补码的好处之一是只有一个零，即没有"负零"的概念。因而系统可以多存储一个负值。

根据表 8-3，能存储的绝对值最大的负数的最高有效位是 1，其他位都为 0。对这个值做取负操作：将所有的位都取反(得到 0111 1111)，然后加 1(得到 1000 0000)，最后得到的还是原始的值，没有对应的正数！如果确实有必要使用这个值的正数，可以使用更宽的类型，例如 long，或更复杂的引用类型 BigInteger，后者可以认为是没有上界的。

表 8-3　一些负数的二进制表示

十进制形式	二进制形式
-1	1111 1111
-2	1111 1110
...	
-127	1000 0001
-128	1000 0000

如果执行的计算产生的结果大于 Integer.MAX_VALUE 或小于 Integer.MIN_VALUE，那么只有低 32 位会被保存，这种情况下会产生错误的结果。这种现象称为溢出(overflow)。你可以自己尝试创建一个小的单元测试，然后给 Integer.MAX_VALUE 加上 1，看看结果是什么。

代码清单 8-3 很有用，它展示了不能通过 int 类型表示 Integer.MIN_VALUE 的绝对值。

代码清单 8-3：试图得到最负 int 值的绝对值

```
@Test
public void absoluteOfMostNegativeValue() {
    final int mostNegative = Integer.MIN_VALUE;
    final int negated = Math.abs(mostNegative);
    assertFalse("No positive equivalent of Integer.MIN_VALUE", negated > 0);
}
```

如果面试中要求你实现一个计算 int 值的绝对值的方法，或任何涉及负数操作的方法，一定要注意上述问题。

8.2　使用对象

Java 对象是什么？

对象可以定义为一组变量的集合和一组方法的集合，这组变量可以看成是整合在一起表示一个复杂的实体，而这组方法提供了和这个实体相关的操作。简而言之，对象是对状态和行为的封装。

除去原始类型之外，Java 程序设计语言中的其他变量都是引用类型，更广泛的叫法是对象。对象和原始类型有很大的区别，最重要的区别之一就是可以表达对象不存在的情况，即 null。变量可以设置为 null，方法也可以返回 null。如果尝试对 null 对象调用方法，则会抛出 NullPointerException 异常。代码清单 8-4 演示了抛出 NullPointerException 异常的情形。关于异常，请参阅 8.9 节更深入的讨论。

代码清单 8-4：处理 NullPointerException

```
@Test(expected = NullPointerException.class)
public void expectNullPointerExceptionToBeThrown() {
    final String s = null;
    final int stringLength = s.length();
}
```

对象都是引用类型，具体表示什么意思呢？在使用原始类型时，如果声明一个变量 int i = 42，这表示 42 这个值被赋给了内存中的一个位置。如果程序中后来又给另外一个变量赋予了变量 i 当前的值，例如 int j = i，那么内存中的另一个位置被赋予了同一个值。后续对 i 的修改都不会改变 j 的值，反之亦然。

在 Java 中，类似 new ArrayList(20)这样的语句会在内存中申请一个区域保存数据。当这个创建的对象被赋给一个变量时，例如 List myList = new ArrayList(20)，那么表示 myList 指向了那个内存位置。从表面上看，这个行为和原始类型赋值的行为是一样的，但实际上是不一样的。如果多个变量被赋予了同一个对象(称为实例)，那么这些变量指向的是同一个内存区域。通过一个变量对这个实例进行任何修改都会被其他变量看到。代码清单 8-5 演示了这个行为。

代码清单 8-5：多个变量引用内存中的同一个实例

```
@Test
public void objectMemoryAssignment() {
    List<String> list1 = new ArrayList<>(20);

    list1.add("entry in list1");
    assertTrue(list1.size() == 1);

    List list2 = list1;
    list2.add("entry in list2");
    assertTrue(list1.size() == 2);
}
```

> final 关键字对对象引用有什么作用？

final 关键字的作用对于对象和对于原始类型是一样的。变量定义时设置变量的值，然后变量表示的内存位置存储的值不能变化。根据之前的讨论，原始类型和对象的变量定义和内存位置都有很大的不同。尽管对象引用不能变化，但是这个对象中的值可以变化，除非这些值本身都是 final 的。代码清单 8-6 演示了 final 关键字。

代码清单 8-6：作用于对象引用的 final 关键字

```
@Test
public void finalReferenceChanges() {
    final int i = 42;
    // i = 43;   ← 取消注释这一行会产生编译器错误

    final List<String> list = new ArrayList<>(20);
    // list = new ArrayList(50); ← 取消注释这一行会产生错误
    assertEquals(0, list.size());

    list.add("adding a new value into my list");
    assertEquals(1, list.size());

    list.clear();
    assertEquals(0, list.size());
}
```

对象中的可见性修饰符(visibility modifier)有什么作用？

可见性修饰符控制的是对类中封装的状态以及控制实例行为的方法的访问权。对象中封装的变量和方法的可见性是由 4 种类型的修饰符控制的，这些修饰符的定义如表 8-4 所示。

表 8-4　可见性修饰符

可 见 性	修 饰 符	可 见 范 围
最低	private	同一个类的任何实例可见，子类不可见
	<none>	同一个包中的任何类可见
	protected	任意子类可见
最高	public	任意位置可见

记住，private 成员变量只能在所在的类内使用，甚至不能在子类中访问：private 变量就应该用于所在的类本身，而不能用于其他任何类。

关于 private 修饰符有一个常见的误解，那就是认为 private 变量只能被所在的实例访问。事实上，实例可以访问同一个类型的其他任意实例的 private 成员变量。

代码清单 8-7 展示了访问同一个类型不同实例的 private 成员变量的两种情形。大部分优秀的集成开发环境(IDE)都会帮助生成正确的 hashCode 和 equals 方法：这些方法在判定实例是否相等时都会访问其他实例的 private 成员变量。

代码清单 8-7: 访问 private 成员变量

```java
public class Complex {
    private final double real;
    private final double imaginary;

    public Complex(final double r, final double i) {
        this.real = r;
        this.imaginary = i;
    }

    public Complex add(final Complex other) {
        return new Complex(this.real + other.real,
                this.imaginary + other.imaginary);
    }

    // 为简洁起见省略了 hashCode

    @Override
    public boolean equals(Object o) {
        if (this == o) return true;
        if (o == null || getClass() != o.getClass()) return false;

        Complex complex = (Complex) o;

        if (Double.compare(complex.imaginary, imaginary) != 0) return false;
        if (Double.compare(complex.real, real) != 0) return false;

        return true;
    }
}

@Test
public void complexNumberAddition() {
    final Complex expected = new Complex(6, 2);

    final Complex a = new Complex(8, 0);
    final Complex b = new Complex(-2, 2);

    assertEquals(a.add(b), expected);
}
```

> 对于方法和变量来说，static 修饰符表示什么意思？

　　类中定义的静态方法和变量属于类，但是不属于某个实例。静态方法和变量是所有实例共享的，通常通过类名来访问，而不是通过某个具体的实例来访问。

代码清单 8-8 展示了类的成员变量既可以通过实例访问也可以通过类本身访问。建议仅通过类名访问静态方法和变量,因为通过实例访问可能会导致混淆:对类定义不熟悉的其他开发者可能会认为这是实例的成员,如果修改了静态变量的值,其他实例会产生异常的行为。

代码清单 8-8: 访问类的成员变量

```java
public class ExampleClass {
    public static int EXAMPLE_VALUE = 6;
}

@Test
public void staticVariableAccess() {
    assertEquals(ExampleClass.EXAMPLE_VALUE, 6);

    ExampleClass c1 = new ExampleClass();
    ExampleClass c2 = new ExampleClass();
    c1.EXAMPLE_VALUE = 22; // 合法,但不推荐
    assertEquals(ExampleClass.EXAMPLE_VALUE, 22);
    assertEquals(c2.EXAMPLE_VALUE, 22);
}
```

多态(polymorphism)和继承(inheritance)是什么?

多态和继承是面向对象开发中的两个核心概念。

通过多态,可以为某一特定类型的行为进行定义,并且可以针对这种行为提供多种不同的实现类。通过继承,可以在定义一个类时从父类继承行为。

定义新的类时,可以从之前定义的类中继承定义和状态,然后在自己的类中添加新的行为,或在新的类中覆盖原父类中的行为。

在代码清单 8-9 中,Square 类继承自 Rectangle 类(可以说,正方形是一个(*is-a*)矩形)。在 Square 的定义中,用于保存边长的变量被重用,而且 Square 类强制 width 和 height 保持一致。

代码清单 8-9: 通过继承创建不同的形状

```java
public class Rectangle {

    private final int width;
    private final int height;

    public Rectangle(final int width, final int height) {
        this.width = width;
        this.height = height;
```

```
    }

    public int area() {
        return width * height;
    }
}

public class Square extends Rectangle {

    public Square(final int sideLength) {
        super(sideLength, sideLength);
    }
}
```

考虑之前定义的 *is-a* 关系，可以这样看待多态：在访问父类时，实际使用的是一个子类。虽然实际的行为是由子类提供的，但是多态类型的调用者并不知道这一点。

代码清单 8-10 展示了使用多态的 Square 和 Rectangle 类。在 ArrayList 看来，它只是在和 Rectangle 打交道，它不明白，也没有必要明白 Rectangle 和 Square 之间的区别。考虑到一个 Square 就是一个 Rectangle，因此这段代码可以正常工作。如果 Square 类定义了任何特别的方法，那么 Rectangle 列表的用户无法使用这些方法，因为在 Rectangle 类中并没有这些方法。

代码清单 8-10：Java 集合和多态结合使用

```
@Test
public void polymorphicList() {
    List<Rectangle> rectangles = new ArrayList<>(3);
    rectangles.add(new Rectangle(5, 1));
    rectangles.add(new Rectangle(2, 10));
    rectangles.add(new Square(9));

    assertEquals(rectangles.get(0).area(), 5);
    assertEquals(rectangles.get(1).area(), 20);
    assertEquals(rectangles.get(2).area(), 81);
}
```

> 解释 Object 类被继承时一些会被重写的方法。

运行在 JVM 上的每一个类都是从 java.lang.Object 继承而来的，因此这个类中的所有非 final 的 public 和 protected 方法都可以被重写。

equals(Object other)方法的用途是测试两个引用表示的对象是否逻辑上相等。对于集合类，例如 java.util.TreeSet 和 java.util.HashMap 等，利用对象的 equals 方法判定对象是否已经在集合中存在。Object 实现的 equals 方法比较的是对象在内存中的位置，如果两个对象在内存中位于同一个位置，那么这两个对象实际上就是同一个对象，因此必然相等。这种比较实际上没有多大用，而且也不应该是判定相等的正确方法，因此在任何需要判定相等的场合都必须重写这个方法。

hashCode 的规则是：对于两个相等的对象，必须返回同一个值。注意，反过来并没有这样的要求，也就是说，如果两个对象返回的是同一个 hashCode，不一定意味着两个对象相等。反过来的这项特性本身是挺好的，但是并不强求：不同实例之间的 hashCode 差异越大，这些实例在 HashMap 中的分布性就越好。要注意的是，hashCode 返回的是一个 int，这意味着如果要求不同的 hashCode 表示不相等的对象，那么某一个类型的实例最多只能有 2^{32} 种不同的值。这是一个很大的限制，特别是对于 String 这样的对象来说。

hashCode 和 equals 之间有这样的关系的原因和 java.util.HashMap 这一类集合类的实现方式有关。根据第 5 章的讨论，支撑 HashMap 的数据结构是某种类型的表，例如数组或列表。hashCode 值的作用是判定表中要使用的索引值。由于 hashCode 返回的是 int，所以返回的值有可能为负，也有可能返回比表的大小要大的值。任何 HashMap 的实现都会对这个值进行操作，从而得到合法的表索引值。

和 equals 一样，Object 类的 hashCode 方法也是通过内存位置生成 hashCode 值的。这意味着两个在不同位置但是逻辑上相等的实例返回的 hashCode 会不同。

代码清单 8-11 中 Set 实现的行为不符合预期。代码中的集合不知道如何正确地比较 Person 对象，因为 Person 对象没有实现 equals。只要实现一个比较 name 字符串和 age 整数的 equals 方法即可修复这个实现的问题。

代码清单 8-11：错误的实现破坏 Set 语义

```
public class Person {

    private final String name;
    private final int age;


    public Person(String name, int age) {
        this.name = name;
        this.age = age;
    }

    @Override
    public int hashCode() {
        return name.hashCode() * age;
    }

}

@Test
public void wrongSetBehavior() {
    final Set<Person> people = new HashSet< >();
```

```
final Person person1 = new Person("Alice", 28);
final Person person2 = new Person("Bob", 30);
final Person person3 = new Person("Charlie", 22);

final boolean person1Added = people.add(person1);
final boolean person2Added = people.add(person2);
final boolean person3Added = people.add(person3);

assertTrue(person1Added && person2Added && person3Added);

// 逻辑上等于 person1
final Person person1Again = new Person("Alice", 28);
// 应该返回 false，因为 Alice 已经在集合中了
final boolean person1AgainAdded = people.add(person1Again);

// 但是会返回 true，因为没有实现 equals 方法
assertTrue(person1AgainAdded); assertEquals(4, people.size());
}
```

根据 hashCode 和 equals 方法之间的关系，有这样一条重要规则：如果要重写 hashCode 或 equals 方法，那么这两个方法都必须重写。事实上，像 IntelliJ 和 Eclipse 这样的 IDE 不允许在生成一个方法的情况下不生成另一个方法。

尽管相等的对象必须返回同一个 hashCode，但是反过来不一定是这样。代码清单 8-12 是一个合法的 hashCode 实现。

代码清单 8-12：hashCode() 的一个重写

```
@Override
public int hashCode() {
    return 42;
}
```

不过这种写法是不可取的。因为你现在已经了解了，HashMap(以及 HashMap 支撑的 HashSet)通过 hashCode 方法计算保存对象引用的表索引。如果不相等的对象具有同样的 hashCode 值，那么这些对象都会通过 LinkedList 数据结构保存在同一个索引。

如果所有要保存在一个 HashMap 中的对象都返回同一个 hashCode，那么这个 HashMap 的性能就降级为链表的性能了：所有的对象都保存在 HashMap 中的同一个槽中。寻找值的操作需要遍历所有对象的值，一个一个地判定是否相等。

8.3　Java 数组

数组在 Java 中是怎样表示的？

关于 Java 中的数组，要记住的一件最重要的事情就是：数组也是对象。数组可以像对象一样操作。可以对数组调用 toString()(尽管没什么用)，还可以以多态方式使用数组，例如将数组保存在一个 Object 容器中，如代码清单 8-13 所示。

代码清单 8-13：像使用对象一样使用数组(I)

```
@Test
public void arraysAsObjects() {
    Map<String, Object> mapping = new HashMap<>();
    mapping.put("key", new int[] {0, 1, 2, 3, 4, 5});

    assertTrue(mapping.get("key") instanceof (int[]));
}
```

由于数组就是对象，所以数组是通过引用传递的，因此通过数组的引用就可以以某种方式修改数组。代码清单 8-14 演示了数组的修改。这种方式可能会引起很大的困惑，因为数组可能会在代码的其他位置被修改，甚至可能在不同的线程中被修改。

代码清单 8-14：像使用对象一样使用数组(II)

```
@Test
public void arrayReferences() {
    final int[] myArray = new int[] {0, 1, 2, 3, 4, 5};
    int[] arrayReference2 = myArray

    arrayReference2[5] = 99;

    assertFalse(myArray[5] == 5);
}
```

8.4 String 的使用

> String 在内存中是怎样保存的？

使用 Java 的一大好处就是所有的库实现都可以查看。代码清单 8-15 中列出的 Java 1.7 中 String 的实现看上去不会太出格。String 表示的值使用 char 数组来保存。

代码清单 8-15：String 定义

```
public final class String implements
        java.io.Serializable,
        Comparable<String>,
        CharSequence {

    private final char[] value;
    ...
```

String 类在 Java 语言中的地位非常核心，使用非常广泛，因此尽管 String 只是 Java 库中定义的一个类，但是 JVM 和编译器都会在特定的情形下以特别的方式处理 String。因此几乎可以将 String 看成是原始类型。

在创建 String 字面量时，没有必要，也最好不要调用 new。在编译时，String 字面量——即一对引号之间的所有字符——都会被创建为 String。

代码清单 8-16 中的两个 String 是一样的，在任何运行的程序中都可以当成同一个值来处理。首先看 helloString2 的构建：当编译器看到字符序列",H,e,...,!,"时，编译器就知道要创建一个 String 字面量，其值为双引号之间的字符。

代码清单 8-16：String 的创建

```
@Test
public void stringCreation() {
    String helloString1 = new String("Hello World!");
    String helloString2 = "Hello World!";

    assertEquals(helloString1, helloString2);
}
```

当编译器处理 helloString1 时，看到引号之间的字符，也会为这个值创建一个 String 对象。由于这个 String 字面量出现在一个构造函数的调用中，所以这个对象也被传入构造函数。后面会提到，由于 String 是不可变的，所以构造函数会对传入的值做一份拷贝。构造函数 String(char[])会对这个数组做一次完整拷贝。当试图向 String 构造函数中传入一个 String 字面量时，大部分 IDE 都会生成一条警告——这种操作是没有必要的。

> 可不可以修改一个 String 的值？

查看 String 支持的方法，可以发现所有看上去修改 String 的方法实际上都会返回一个 String 实例。

尽管代码清单 8-17 中的代码并不显得非常意外，但是确实能体现 String 的一个最重要的行为：String 的值永远不会变化。String 是不可变的。

代码清单 8-17：修改 String 的值

```
@Test
public void stringChanges() {
    final String greeting = "Good Morning, Dave";
    final String substring = greeting.substring(4);

    assertTrue(substring.equals("Good"));
    assertFalse(greeting.equals(substring));
```

```
        assertTrue(greeting.equals("Good Morning, Dave"));
    }
```

这段代码表明，看上去"修改" String 的方法，例如上述代码清单中使用的 substring，以及其他的如 replace 和 split 方法，返回的都是新的字符串拷贝，新字符串的内容做了相应的修改。

实例表示的值永远不会发生变化，有了这个关于不可变性的认识可以有很多好处。不可变对象都是线程安全的：这种对象可以用于很多个并发线程中，每一个线程都知道对象的值永远都不会变化，因此不需要使用锁机制或复杂的线程同步机制。

String 并不是 Java 标准库中唯一的不可变类。所有的数值类，例如 Integer、Double、Character 和 BigInteger 都是不可变的。

> **什么是驻留(interning)?**

继续之前对 String 字面量和不可变性的讨论，JVM 在运行时会对字面量有特别的关照。当 JVM 加载类时，会将所有的字面量保存在一个常量池中。如果出现了重复的 String 字面量，那么重复字面量可以通过池中已经存在的相同常量来引用。这种技术称为 String 驻留(interning)。

显然，由于这个池中的常量可以被 JVM 中运行的任意类引用，同时发生的引用可能会轻易达到成百上千，因此 String 的不可变性变得非常有必要。

String 字面量并不是 String 驻留池的唯一用户，任何 String 实例都可以通过 intern()方法添加到这个池中。如果要对来自一个文件或网络连接的大量数据进行解析，而且这些数据可能包含大量的重复内容，那么可以使用 String 驻留技术，这是一种正当的使用场景。想象一下有一个巨大的银行对账单，其中包含很多来自某一方的借贷交易或借记交易，或者包含了类似于多次购买同一个产品的重复相似交易。如果这些条目在读入时都驻留化了，那么在 JVM 中只有一个占用内存的实例。String 类的 equals 方法也会检查两个被比较的实例引用的是否是内存中的同一个位置，因此，String 相等时的比较会非常快。

注意 intern()方法也是有代价的：尽管这些 String 不是保存在堆上，但是也需要保存在其他地方，即 PermGen 空间(参见第 10 章)。

如果对 intern()的滥用导致常量池中存在很多条目，例如数百万条目，那么每一个条目的查询开销也会对应用程序的运行性能造成影响。

String 常量池是享元模式的一种实现，在 Java 库中还有其他地方也使用了类似这样的模式。例如，代码清单 8-18 展示了对于值在-128 和 127 之间的 Integer 对象来说，方法 Integer.valueOf(String)会返回同一个 Integer 对象实例。

代码清单 8-18：Java 库中使用的享元模式

```
@Test
```

```
public void intEquality() {
    // 为了让 String 出现在不同的内存位置中，
    // 显式地调用 new String
    final Integer int1 = Integer.valueOf(new String("100"));
    final Integer int2 = Integer.valueOf(new String("100"));

    assertTrue(int1 == int2);
}
```

通过相等性判定，这段代码确保了这些对象引用的是内存中的同一个实例(JUnit 的 Assert.assertSame()也能实现同样的判定，但是这里结合==使用 assertTrue()看上去更清楚)。

8.5 理解泛型

解释如何结合泛型使用 Collections API。

泛型(generic)也称为模板化类型(parameterized type)。结合泛型使用 Collections 类时，编译器就知道约束集合只允许包含特定类型的对象。

代码清单 8-19 中的代码是完全合法的：代码将 String 添加到一个 List 实例，然后通过这个实例访问 String。get 方法返回一个 Object，因为 List 是多态的。List 类能够处理任意类型的对象。

代码清单 8-19：不结合泛型使用列表

```
private List authors;

private class Author {
    private final String name;
    private Author(final String name) { this.name = name; }
    public String getName() { return name; }
}

@Before
public void createAuthors() {
    authors = new ArrayList();

    authors.add(new Author("Stephen Hawking"));
    authors.add(new Author("Edgar Allan Poe"));
    authors.add(new Author("William Shakespeare"));
}

@Test
public void authorListAccess() {
    final Author author = (Author) authors.get(2);
```

```
        assertEquals("William Shakespeare", author.getName());
    }
```

由于列表没有被约束为只允许包含 Author 类的实例，所以代码清单 8-20 中的代码也是合法的，这反映了一个开发者可能犯的简单错误。

代码清单 8-20：因为没有使用泛型而错误地使用列表

```
@Test
public void useStrings() {
    authors.add("J. K. Rowling");

    final String authorAsString = (String) authors.get(authors.size() - 1);
    assertEquals("J. K. Rowling", authorAsString);
}
```

代码对列表中的实例类型没有任何约束。你也许从代码中可以看出几个问题。是否可以绝对地肯定列表中只有这些类型的对象？如果不是的话，运行时会抛出 ClassCastException 异常。而类型转换本身就是很糟糕的代码。

通过使用泛型，运行时可能发生的异常会转变为编译错误。在开发生命周期中，编译错误会被更早地发现，因此也可以更快地修复错误，并且得到更整洁的代码。代码清单 8-21 展示了泛型的使用。

代码清单 8-21：使用泛型

```
    private List<Author> authors;

    private class Author {
        private final String name;
        private Author(final String name) { this.name = name; }
        public String getName() { return name; }
    }

    @Before
    public void createAuthors() {
        authors = new ArrayList<>();

        authors.add(new Author("Stephen Hawking"));
        authors.add(new Author("Edgar Allan Poe"));
        authors.add(new Author("William Shakespeare"));
    }

    @Test
    public void authorListAccess() {
        final Author author = authors.get(2);
        assertEquals("William Shakespeare", author.getName());
    }
```

这段代码中没有为访问数据而使用的类型转换，读起来更加自然："从作者列表中获得第 3 位作者"。

authors 实例被限定为只能接受类型为 Author 的对象。另一个测试 useStrings 现在根本就通不过编译。编译器会注意到这个错误。将这个测试从使用 String 修改为使用 Author 就可以轻松修复这个错误。

集合 API 中的所有类都使用了泛型。根据现在已经看到的例子，List 接口及其实现接受一个类型参数。Set 也是一样。不出所料，Map 接受两个类型参数，一个表示键的类型，另一个表示值的类型。

泛型类型还可以嵌套。比如说可以这样合法地定义一个 Map：HashMap<Integer, List<String>>，这表示一个将 Integer 类型的键映射到 String 类型的 List 的 HashMap。

> 修改给定的栈 API，使其使用泛型。

假定我们要求代码清单 8-22 使用泛型。

代码清单 8-22：一个操作栈的 API

```
public class Stack {

    private final List values;

    public Stack() {
        values = new LinkedList();
    }

    public void push(final Object object) {
        values.add(0, object);
    }

    public Object pop() {
        if (values.size() == 0) {
            return null;
        }

        return values.remove(0);
    }
}
```

栈的实现是面试中一个非常常见的问题。栈支持的操作集较小，通常包括 push 和 pop，有时候还可能包括 peek。栈通常是使用 Java 集合 API 实现的，不需要其他的库。花一点时间确认自己是否真正理解了为什么这里使用的是 LinkedList——是不是也能使用 ArrayList？两者之间有何区别？

针对这个给定的实现，这是一个全功能的栈，不过还不支持使用泛型。这个实现会遇到前一个问题中讨论的所有问题。

为了将这个类逐步迁徙至使用泛型，可以在编译器的指导下完成。首先，必须将 Stack 类声明为接受被参数化的类型：

```
public class GenericStack<E> {
...
```

E 是参数化的类型变量。类型变量可以使用任何符号。这里使用的 E 表示"元素 (element)"，反映了其在集合 API 中的使用。

其中包含的 List 现在可以使用这个泛型类型了：

```
private final List<E> values;
```

修改之后会立即产生编译器错误。push 方法原本接受 Object 类型，现在要修改为接受类型为 E 的对象：

```
public void push(final E element) {
    values.add(0, element);
}
```

将 values 修改为 List<E> 还会在 Stack 的构造函数中产生一个编译器警告。在创建 values LinkedList 时，也需要参数化：

```
public GenericStack() {
    values = new LinkedList<E>();
}
```

编译器注意不到的一个变化是 pop 方法的变化。pop 方法的最后一行 values.remove(0) 现在返回的是类型为 E 的值。而目前，这个方法返回的是 Object。编译器没有理由对此报错或给出警告，因为 Object 是所有类的超类，而不论 E 表示什么具体类型。对此，可以将返回类型修改为 E：

```
public E pop() {
    if (values.size() == 0) {
        return null;
    }

    return values.remove(0);
}
```

类型变体(type variance)对泛型有什么影响？

假定有以下类层次关系：

```
class A {}
```

```
class B extends A {}
```

B 是 A 的一个子类。但是 List<B>不是 List<A>的一个子类。这种变体称为类型协变 (covariance)，Java 的泛型系统无法对此进行建模。

在使用泛型类型时，有时候可能需要接受一个类的子类作为参数。例如针对前一个问题中的 GenericStack 类，假设有一个工具方法通过 A 的 List 创建一个新的 GenericStack：

```
public static GenericStack<A> pushAllA(final List<A> listOfA) {
    final GenericStack<A> stack = new GenericStack<>();
    for (A a : listOfA) {
        stack.push(a);
    }

    return stack;
}
```

下面这段代码可以正常编译，而且对于 A 的 List 来说运行结果完全符合预期：

```
@Test
public void usePushAllA() {
    final ArrayList<A> list = new ArrayList<>();
    for (int i = 0; i < 10; i++) {
        list.add(new A());
    }

    final GenericStack<A> genericStack = pushAllA(list);

    assertNotNull(genericStack.pop());
    }
}
```

但是如果试图向 B 的 List 添加元素，则无法通过编译：

```
@Test
public void usePushAllAWithBs() {
    final ArrayList<B> listOfBs = new ArrayList<>();
    for(int i = 0; i < 10; i++) {
        listOfBs.add(new B());
    }

    final GenericStack<A> genericStack = pushAllA(listOfBs);

    assertNotNull(genericStack.pop());
}
```

尽管 B 是 A 的子类，但是 List<B>并不是 List<A>的子类。pushAllA 的方法签名应该修改为显式地允许类型 A，以及 A 的任何子类：

```
public static GenericStack<A> pushAllA(final List<? extends A> listOfA) {
```

代码中的问号称为通配符(wildcard)，目的是告诉编译器这里允许 A 的扩展类的任何实例。

具体化(reified)是什么意思？

本质上说，具体化的意思就是在运行时生效。Java 的泛型类型是没有具体化的。意思就是说编译器检查实现代码使用泛型参数是否正确时使用的所有类型信息都不是.class文件中定义的类型信息。

代码清单 8-23 使用了泛型。

代码清单 8-23：泛型的简单应用

```
import java.util.ArrayList;
import java.util.List;

public class SimpleRefiedExample {

    public void genericTypesCheck() {
        List<String> strings = new ArrayList<>();
        strings.add("Die Hard 4.0");
        strings.add("Terminator 3");
        strings.add("Under Siege 2");

        System.out.println(strings.get(2) instanceof String);
    }
}
```

通过 JAD(一款 Java 反编译器)对上述代码生成的类文件进行反编译，得到代码清单 8-24所示的代码。

代码清单 8-24：对代码清单 8-23 反编译得到的代码

```
import java.io.PrintStream;
import java.util.ArrayList;
import java.util.List;

public class SimpleRefiedExample
{

    public void genericTypesCheck() {
        ArrayList arraylist = new ArrayList();
        arraylist.add("Die Hard 4.0");
        arraylist.add("Terminator 3");
        arraylist.add("Under Siege 2");
```

```
        System.out.println(arraylist.get(2) instanceof String);
    }
}
```

所有的类型信息都丢失了。这意味着，如果从一个编译后得到的类文件反编译得到这样的代码，那么必须假定这段代码一定服从编译时使用的泛型参数信息。

从这个例子可以看出，很容易构造出这样的程序：其中使用了一个带有某个泛型类型的 List，但是动态加载的实例却是不同的类型。

代码清单 8-24 中一个有趣的地方

值得注意的是，不出所料，由于代码清单 8-24 中没有提供构造函数，因此编译器生成了一个默认的构造函数。所有的类都必须至少有一个构造函数。

8.6　自动装箱和拆箱

> **原始类型的访问可能抛出 NullPointerException 异常吗？**

这个问题的答案是不可能，但实际上好像会有这样的现象。以代码清单 8-25 为例，有几点需要注意的地方。当给 intObject 赋值 42 时，实际上是在将原始类型值 42 赋值给一个对象。这种行为本来是不合法的，而且在 Java 5 之前，这样确实会产生编译器错误。然而现在的编译器会使用一种称为自动装箱(autoboxing)的技术。编译器知道 int 类型对应的引用类型是 Integer，因此这种行为是合法的。如果编译器不能感知这两种类型之间的关系(在 Java 5 之前就是这样)，那么如果需要一个对 Integer 对象的引用，就需要自己手工完成：既可以使用 new Integer(42)，也可以使用效率更高的 Integer.valueOf(42)。

Integer.valueOf(42)效率更高的原因是小值会被缓存。第 6 章讨论设计模式时讨论过此缓存，这种模式称为享元模式。

代码清单 8-25：自动装箱和拆箱的演示

```
@Test
public void primitiveNullPointer() {
    final Integer intObject = 42;
    assert(intObject == 42);

    try {
        final int newIntValue = methodWhichMayReturnNull(intObject);
        fail("Assignment of null to primitive should throw NPE");
    } catch (NullPointerException e) {
        // 无操作，测试通过
    }
}
```

```
private Integer methodWhichMayReturnNull(Integer intValue) {
    return null;
}
```

自动装箱和装箱的区别

Java 5 引入了自动装箱的概念。自动装箱指的是自动地将原始类型转换为对应的引用类型，例如 boolean 转换为 Boolean，以及 int 转换为 Integer。

在 Java 5 之前，这种操作必须手工完成，即装箱操作。为了将 int 转换为 Integer，必须构造一个(new Integer(42))，或使用工厂模式(Integer.valueOf(42))。

将装箱的引用类型，例如 Float、Integer 和 Boolean 转换为对应的原始类型 float、int 和 boolean 的过程称为拆箱。同样，这也是编译器提供的一个操作。不过你现在应该很警惕的问题是，只要使用引用类型，就必须注意引用为 null 的情况，对于装箱类型来说就是如此。当编译器将 Integer 转换为 int 时，编译器会假定被转换的值不为 null，因此如果被转换的值为 null，那么会立即抛出 NullPointerException 异常。try 代码块中的第一行代码将类型为 Integer 的方法返回值赋给原始类型 int。在这个例子中，这个方法总是返回 null，因此运行这一行时，一定会抛出 NullPointerException 异常，因为无法将 null 赋值给原始类型。

当尝试调试或修复相关问题时，特别是不很清楚哪里发生了装箱和拆箱操作时，这样的行为可能会导致挫败感和混乱感。

原始类型不能用于泛型类型定义，也就是说不能有类似 List<int>这样的类型。在使用泛型的情况下必须使用引用类型。

8.7 使用注记

给出一个使用注记(annotation)的例子。

注记是在 Java 5 中引入的，JUnit 库从 JUnit 4 开始充分利用了这些注记。

代码清单 8-26 展示了在 JUnit 4 之前 JUnit 测试是如何工作的。编写测试套件时，测试的命名采用特定的约定，此外测试运行之前和之后要运行的步骤也采用特定的命名约定。JUnit 运行器会通过反射技术查看 TestCase 子类编译得到的测试。如果找到了 public void setUp()这样的方法签名，那么每一个测试运行之前都会运行这个方法；如果找到了 public void tearDown()方法，那么每一个测试运行之后都会运行这个方法。所有返回类型为 void 的公共方法以及名字以 test 开头的方法都会被当成测试来处理。

代码清单 8-26：JUnit 3 测试剖析

```
public class JUnit3Example extends TestCase {
```

```
    private int myInt;

    public void setUp() {
        myInt = 42;
    }

    public void testMyIntValue() {
        assertEquals(42, myInt);
    }

    public void tearDown() {
        myInt = -1;
    }
}
```

test 前缀的输入错误，或 setUp 以及 tearDown 的拼写错误都可能导致测试无法运行，而且不会有任何错误提示。更糟糕的是，测试可能会失败。

随着注记的引入，这种脆弱的命名约定可以被抛弃了，取而代之的是通过注记来标注相应的方法，因此允许测试使用表达性更好的定义。代码清单 8-27 展示了同一个测试使用注记之后的代码。

代码清单 8-27：JUnit 4 测试剖析

```
public class Junit4Example {

    private int myInt;

    @Before
    public void assignIntValue() {
        myInt = 42;
    }

    @Test
    public void checkIntValueIsCorrect() {
        Assert.assertEquals(42, myInt);
    }

    @After
    public void unsetIntValue() {
        myInt = -1;
    }
}
```

即使你没有任何和 JUnit 相关的经验，也很容易理解使用注记对于测试来说是很好的：方法可以有更好的名字，而且方法可以有多个注记。一个方法既有@Before 又有@After 注记也是可行的，这样可以避免代码重复。有关 JUnit 更详细的内容请参阅第 9 章。

> @Override 注记有什么用？

@Override 注记表示一个非常有用的编译时检查。这条指令告诉编译器，有一个父类的方法要被重写。如果在父类中没有匹配的方法签名，那么表示出现了一个错误，编译应该停止。

一般来说，这是避免在重写方法时产生错误的绝好方式。

```java
public class Vehicle {

    public String getName() {
        return "GENERIC VEHICLE";
    }
}

public class Car extends Vehicle {

    public String getname() {
        return "CAR";
    }
}
```

从以上代码可以看出，getrame()方法貌似被重写为返回描述性更强的内容，但是以下代码实际上会打印出 GENERIC VEHICLE。

```java
Car c = new Car();
System.out.println(c.getName());
```

这是因为 Car 类中有一个拼写错误：类中的方法是 getname()而不是 getName()。Java 中所有的标识符都是大小写敏感的。这种 bug 的追查特别痛苦。

如果在重写 getName()方法时添加标记@Override，那么编译器就会在这里标出一个错误。这个错误很快就可以得到修复。

和往常一样，你应该使用专业水准的 IDE，并且尽可能利用 IDE 提供的帮助。IntelliJ 和 Eclipse 都提供了重写方法的向导对话框，这样就可以准确地选择你想要重写的方法。这些向导会自动添加@Override 注记，因此想错也错不了。

8.8 命名约定

当面试官在看示例代码时，不论代码是来自面试题还是候选人的示例代码(可能是从 Github 或类似网站上摘取的代码)，他们都会考察代码的质量，从 final 关键字的使用到变量命名的约定都会被考察到。IDE 对命名约定的支持是非常棒的，而且几乎没有什么理由要拒绝这些约定。IDE 有助于代码更容易被同事和评审人接受。

8.8.1 类

类总是以大写字母开头，并且采用骆驼命名法(CamelCase)：

- Boolean
- AbstractJUnit4SpringContextTests
- StringBuilder

8.8.2 变量和方法

变量和方法总是以小写字母开头，并且也采用骆驼命名法：

- int myInteger = 56;
- public String toString();

8.8.3 常量

static final 实例变量永远不会变化，因此也称为常量。常量的命名约定是全部大写，单词之间通过下划线隔开：

- public static final int HTTP_OK = 200;
- private static final String EXPECTED_TEST_RESPONSE = "YES";

争论比较多的一个问题是如何通过骆驼命名法对缩写正确地命名。接受度最高的做法是第一个字母大写，其他字母小写，例如 HttpClient 和 getXmlStream()。

这甚至在 Java 自己的标准库中都没有达到共识。例如，HttpURLConnection 在一个类名中使用了两种风格！

从作者的观点来看，大写第一个字母的方法更容易接受，因为这样可以更清楚地看到缩写词在哪里结束以及下一个单词在哪里开始。在现在的很多 IDE 中，可以仅通过输入骆驼命名法中每一个单词的首字母来搜索类。

8.9 处理异常

> 描述 Java 异常层次结构中的核心类。

图 8-1 展示了异常层次结构，并且给每一个类型都附了例子。

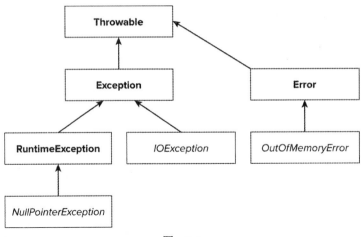

图 8-1

所有可以被抛出的类都是对 Throwable 的扩展。Throwable 有两个直接子类：Error 和 Exception。按照惯例，在必要时抛出并解决 Exception 一般是开发人员的职责。而 Error 则是无法恢复的问题，例如 OutOfMemoryError 和 NoClassDefFoundError。

异常本身的定义分为两类：一个异常既可以指运行时异常(runtime exception)，也可以指检查异常(checked exception)。运行时异常由 RuntimeException 的子类表示。检查异常则是任何其他的异常。

如果一个方法(或构造函数)可能会抛出检查异常，那么在方法定义中应该显式地定义这个异常。这个方法的所有调用者都必须准备好处理这个异常，处理的方法既可以是将异常抛出给调用自己的方法，也可以是将方法调用包装在一个 try/catch/finally 代码块中，并且根据具体情况处理异常。

> 运行时异常和检查异常孰优孰劣？

有关检查异常和运行时异常孰优孰劣是另一个争论很多的问题。显然，两方都有支撑的证据。

在使用检查异常时，必须明确告诉用户哪些地方可能会出错。在编写可能会抛出检查异常的方法时，要尽可能地明确。像 public String getHostName() throws Exception 这样的方法定义给用户关于哪里会出错的信息太少。如果是这样的定义：public String getHostName() throws UnknownHostException，那么用户就应该了解哪里可能会出错，而且可以对方法的工作方式有更深入的理解。

关于运行时异常，在方法上定义异常、重抛异常以及使用 try/catch/finally 代码块都是可选的。作为一般性的原则，RuntimeException 异常是任何一位细心的开发者都应该避免的异常，例如访问数组的索引超出了数组大小的异常 ArrayIndexOutOfBoundsException 或对 null 引用调用方法的异常 NullPointerException。

在定义 API 并决定是使用运行时异常还是使用检查异常时，作者的建议是优先使用运行时异常，并且通过任何形式的文档明确地告诉调用这个方法的客户可能会抛出什么异常。使用 try/catch/finally 代码块会增添大量模式化的代码，即使只是最简单的方法调用，因此未来代码的维护会非常困难。比如说观察一下对 JDBC 的正规调用，就经常会发现在 try/catch/finally 代码块中嵌套了 try/catch/finally 代码块。一些现代的编程语言，例如 Scala，已经摒弃了检查异常，只支持运行时异常。

> 什么是异常链(exception chaining)?

当捕捉一个异常以处理一个错误的情形时，完全可以重新抛出这个异常，甚至还可以抛出一个不同类型的异常。

需要重新抛出异常的原因包括将一个检查异常转换为一个运行时异常，以及对异常执行一些日志操作然后再重新抛出这个异常。当抛出一个之前已经捕捉到的异常时，建议抛出一个新的异常，并且在这个新的异常中添加一个引用。这种技术称为异常链。

在 catch 代码块中抛出一个新的异常采用的也是一样的思想。在新异常的构造函数中传入一个指向老异常的引用。

这样做的原因是：在对没有处理的异常进行调试时，这些异常链非常有价值。栈跟踪记录可以在应用程序控制台输出所有这些信息。

在栈跟踪记录中可以通过"caused by"行找到这些信息。这里可以找到被包装前或重新抛出前的原始异常。

代码清单 8-28 演示了如何创建异常链。catch 代码块中的异常实例将其引用传递给 IllegalStateException 的构造函数，从而链接到了一个新的 IllegalStateException 实例。

代码清单 8-28：处理异常链

```java
public class Exceptions {

    private int addNumbers(int first, int second) {
        if(first > 42) {
            throw new IllegalArgumentException("First parameter must be small");
        }

        return first + second;
    }

    @Test
    public void exceptionChaining() {
        int total = 0;

        try {
            total = addNumbers(100, 25);
```

```
        System.out.println("total = " + total);
    } catch (IllegalArgumentException e) {
        throw new IllegalStateException("Unable to add numbers together", e);
    }
    }
}
```

Java 标准库中的所有异常都可以在构造函数中接受一个 throwable 实例。如果你要创建新的 Exception 类，请一定遵循这个规则。

当这个测试(不可否认这是一个人为编造的例子)运行时，演示了 IllegalStateException 异常确实是因为传入 addNumbers 方法的第一个参数的值太高而引起的：

```
java.lang.IllegalStateException: Unable to add numbers together
  at com.wiley.acinginterview.chapter08.Exceptions.exceptionChaining
      (Exceptions.java:23)
  at sun.reflect.NativeMethodAccessorImpl.invoke0(Native Method)
...
<Exeption truncated>
...
  at sun.reflect.NativeMethodAccessorImpl.invoke
      (NativeMethodAccessorImpl.java:39)
  at com.intellij.rt.execution.application.AppMain.main
      (AppMain.java:120)
Caused by: java.lang.IllegalArgumentException: First parameter must be small
  at com.wiley.acinginterview.chapter08.Exceptions.addNumbers
      (Exceptions.java:9)
  at com.wiley.acinginterview.chapter08.Exceptions.exceptionChaining
      (Exceptions.java:20)
  ... 26 more
```

如果异常没有这样串联在一起，而且 try 代码块中的代码规模大得多，那么要找到最初的异常是从哪里抛出的会是一件非常耗时的体力活。

如果发现 catch 代码块中抛出了一个异常，而且没有链接到原始异常，那么请在这里添加一个指向原始异常的引用。以后你会庆幸自己这么做了！

> **try-with-resources 语句是什么？**

Java 7 为 try/catch/finally 语句引入了一种语法糖。如果一个类实现了 AutoCloseable 接口，那么不需要担心资源关闭的问题，如代码清单 8-29 所示。

代码清单 8-29：try-with-resources 语句演示

```
@Test
public void demonstrateResourceHandling() {
    try(final FileReader reader = new FileReader("/tmp/dataFile")) {
        final char[] buffer = new char[128];
```

```
      reader.read(buffer);
   } catch (IOException e) {
      // ...处理异常
   }
}
```

在引入 try-with-resources 语句之前，reader 实例应该显式地关闭，而如果关闭操作失败的话，关闭本身也会抛出异常或不确定的行为。在更糟糕的情况下，甚至可能会忘记关闭。

AutoCloseable 接口指定了一个方法 close()，这个方法会在 try 代码块之后调用，就好像在代码块的 finally 部分调用一样。

8.10　使用 Java 标准库

Java 标准库中的 API 涵盖了很多领域，从数据库访问到优化的搜索和排序算法，从并发相关的 API 到两个用户界面框架，无所不包。

> 为什么私有字段还需要通过标记 final 设置为不可变？

如果有一个 final 类没有可访问的 setter 方法，而且所有的字段都是私有的，那么你可能会认为这个类是不可变的，如代码清单 8-30 所示。

代码清单 8-30：一个几乎不可变的类

```
public final class BookRecord {

   private String author;
   private String bookTitle;

   public BookRecord(String author, String bookTitle) {
      this.author = author;
      this.bookTitle = bookTitle;
   }

   public String getAuthor() {
      return author;
   }

   public String getBookTitle() {
      return bookTitle;
   }
}
```

遗憾的是，事实并非想象的这样。通过反射 API (Reflection API)依然可以操纵这些字段。反射机制有能力访问并修改所有字段，不论这些字段的可见性如何。final 修饰符可以告诉 JVM 这些字段绝对不允许修改。尽管这种允许访问对外界标记为不可访问的状态的方法看上去有点猥琐，但是确实存在一些合法的情形是这么做的。在 Spring 框架的控制翻转 (Inversion of Control)容器中，当容器在运行时被初始化时会对带有@Autowired 注记的私有字段进行设置。

代码清单 8-31 展示了如何在类定义的外部对私有字段进行修改。

代码清单 8-31：通过反射 API 对私有字段进行修改

```
@Test
public void mutateBookRecordState() throws NoSuchFieldException,
                                    IllegalAccessException {
    final BookRecord record = new BookRecord("Suzanne Collins",
                                    "The Hunger Games");

    final Field author = record.getClass().getDeclaredField("author");
    author.setAccessible(true);
    author.set(record, "Catching Fire");

    assertEquals("Catching Fire", record.getAuthor());
}
```

除非你在编写自己的框架，一般来说很少需要修改私有字段的值，特别是那些自己没有控制权的类。

> 所有的集合 API 类都是从哪些类继承而来的？

大致说来，集合框架包含三大类定义：各种 Set、各种 List 以及各种 Map。如果你需要复习这些集合的概念，请参阅第 5 章。还有一个专门的 Queue 接口，这个接口提供了一些关于队列元素的简单操作，包括添加、删除和查看。ArrayList 类既是一个 List 又是一个 Queue。Java Collections 框架包含在 java.util 包中。所有的单元素集合都实现了 Collection 接口，该接口指定了一些针对整体的方法，例如删除所有元素的 clear()方法和统计集合中有多少条目的 size()方法。映射的实现没有实现 Collection 接口。Java 倾向于将映射和集合区分开。当然，Collection 和 Map 还是有关联的：Map 接口包含的 entrySet()、keySet()和 values()方法都以 Collection 的形式返回 Map 中的不同数据。

图 8-2 展示了集合相关类的层次结构，其中列出了一些对应层次中常见的实现。

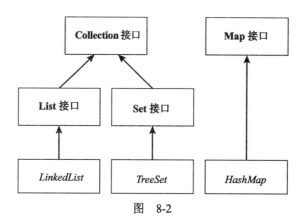

图　8-2

什么是 LinkedHashMap？

LinkedHashMap 的名字看上去令人困扰——到底是不是 HashMap 呢？又是在何种意义上的链接(linked)？

LinkedHashMap 具有 HashMap 的所有特性——即根据键索引快速查找元素——但同时还能保留进入映射数据结构的条目的顺序。代码清单 8-32 演示了如何使用 LinkedHashMap。

代码清单 8-32：LinkedHashMap 的使用

```java
@Test
public void showLinkedHashmapProperties() {
    final LinkedHashMap<Integer, String> linkedHashMap = new
        LinkedHashMap<>();

    linkedHashMap.put(10, "ten");
    linkedHashMap.put(20, "twenty");
    linkedHashMap.put(30, "thirty");
    linkedHashMap.put(40, "forty");
    linkedHashMap.put(50, "fifty");

    // 工作方式和 map 一样
    assertEquals("fifty", linkedHashMap.get(50));

    // 遵循插入的顺序
    final Iterator<Integer> keyIterator = linkedHashMap.keySet().iterator();

    assertEquals("ten",    linkedHashMap.get(keyIterator.next()));
    assertEquals("twenty",    linkedHashMap.get(keyIterator.next()));
    assertEquals("thirty", linkedHashMap.get(keyIterator.next()));
    assertEquals("forty", linkedHashMap.get(keyIterator.next()));
    assertEquals("fifty", linkedHashMap.get(keyIterator.next()));

    // 而 HashMap 却没有这样的特性
```

```java
final HashMap<Integer, String> regularHashMap = new HashMap<>();
regularHashMap.put(10, "ten");
regularHashMap.put(20, "twenty");
regularHashMap.put(30, "thirty");
regularHashMap.put(40, "forty");
regularHashMap.put(50, "fifty");


final ArrayList hashMapValues = new ArrayList<>(regularHashMap.values());
final ArrayList linkedHashMapValues = new ArrayList<>(linkedHashMap.values());

// 列表中仍然有相同的值，但是顺序不同
assertFalse(linkedHashMapValues.equals(hashMapValues));
}
```

既然已经有了 Hashtable，为什么还要引入 HashMap？

Collections 框架和集合类的接口(Collection、Map 和 List 等)最早出现在 Java 1.2 版本中。而 Hashtable 类和等效于列表的 Vector 在最初版本的 Java 中就存在了。这些类在编写时还没有考虑到框架的问题。当引入 Collections 框架时，Hashtable 被重写以符合 Collection 接口。

Hashtable 类是 synchronized，尽管对并行任务很有效，但对单线程任务会有显著的性能开销。而 HashMap 不是 synchronized，因此开发者可以自行将这个类的使用调整为满足任何特定的并发需求。建议在并行环境中需要严肃使用 Map 接口的地方使用 ConcurrentHashMap 类(Java 5 引入)。更多细节参见第 11 章。

8.11 期待 Java 8

Java 8 中有什么值得期待的新特性？

在本书写作时，Java 8 有两个关键的新特性：接口的默认实现和 lambda 表达式。

现在可以定义接口的默认实现。如果默认实现足够用了，那么接口的实现者可以不提供自己的实现，如代码清单 8-33 所示。

代码清单 8-33：Java 8 的接口

```java
public interface Java8Interface {
    void alpha();
    int beta default { return 6; };
```

```
    String omega final { return "Cannot override"; };
}
```

除了默认实现之外，接口中还可以包含 final 实现。现在 Java 的接口工作方式和抽象类非常接近。

过去几年出现了不少能编译到 JVM 上执行的语言。其中有一些语言(例如，Scala 和 Groovy)支持 lambda 表达式，在这些语言中，函数被当成一等公民，函数可以当成变量传入其他函数或方法。lambda 表达式表示的是匿名函数，例如代码清单 8-34 中的例子。lambda 表达式可以用于任何要求只有一个方法的接口的情形。lambda 表达式可以内联在代码中，替代完整的接口实现。注意代码中新出现的语法：参数、箭头，然后是方法体。

代码清单 8-34：Java 8 中的 lambda 表达式

```
public void run() {
    List<Integer> ints = new ArrayList<>();
    ints.add(1);
    ints.add(2);
    ints.add(3);

    List<Integer> newInts = new ArrayList<>();
    ints.forEach(i -> { newInts.add(i+10); });

    for(int i = 0; i < ints.size(); i++) {
        assert ints.get(i) + 10 == newInts.get(i);
    }

    assert ints.size() == newInts.size();
    System.out.println("Validated");
}
```

List 接口，或者更准确地说是 Iterable 接口，添加了一个新的方法：forEach。如果接口不支持默认实现，那么这个方法需要添加到 Iterable 接口的所有实现中——不仅仅是 Java 标准库中的实现需要，所有的第三方代码都需要！

forEach 方法接受的一个参数是新的 Consumer 接口的实例。这个接口有一个方法 accept，这个方法的返回类型为 void，并且接受一个参数。由于只有一个方法，因此这里可以使用 lambda 表达式。当 forEach 被调用时，传入这个方法的参数是 Consumer 的一个实例，而这个方法的参数类型和列表中元素的类型相同。当遍历列表时，每一个元素都被传递给 Consumer 的实现。由于 Consumer 返回的是 void，所以 lambda 表达式不能向调用的方法返回任何值。在代码清单 8-34 中，lambda 表达式接受每一个元素作为参数，加上 10，然后将得到的值放到新的 List 实例中。Java 4 的 assert 关键字在这里的作用是：检查原始的 List 没有通过任何途径修改；检查新的 List 中保存了正确的值；检查两个 List 中都没有多余的元素。

在附录 A 中还会涉及 lambda 表达式。

这里需要注意的一件最重要的事情是，Java 的面貌一直在变化，在 Java 8 发布之前这些实现的细节也有可能变化。一定要努力跟上业界的最新变化而不仅仅是 Java 的新版本。

8.12 本章小结

如果已经在 Java 和 JVM 上有了几年的经验，那么这一章的问题和讨论对于你来说应该都不陌生。希望在阅读这一章时你已经尝试运行过代码。如果还没有的话，现在就动手吧。修改一些变量，观察在测试中会有什么样的效果。根据所做的修改，修改测试使其依然能够通过。

理解这一章确实非常重要，本书的其他章节以及在面试场合中都会假定这一章的内容已经完全理解，因为那些内容都是建立在本章概念的基础上。

本章涵盖的主题并不详尽。在运行本章的示例时，如果遇到了不理解的地方，首先通过单元测试试验自己的假设，然后充分利用网上大量有用的资源看看别人是否提出了类似的问题。和你的伙伴们和同事们讨论——从身边的人学习通常是最高效最有用的方法。

如果还没有使用 IDE，现在可以开始用了。如今越来越多的面试官会让你在真实的计算机上通过真实的工具编写真实的代码。如果你在面试时已经了解怎样使用展示给你的 IDE，那么 IDE 可以帮助你节省很多重活，比如说填入 getter 和 setter 方法和提供实用的 hashCode 和 equals 方法等。IDE 还提供了非常强大的重构工具，这在像编码测试这样时间紧迫的情况下进行大规模代码修改是非常有帮助的。如果在面试过程中对 IDE 不熟悉的话，那么就会在编写代码的工具上浪费大量时间。

一定要熟悉 Collections 框架。在 IDE 中打开这些类的实现看一看(大部分 IDE 都会自动加载 Java 库源代码)。看一看公共代码是怎样实现的——比如说原始类型对应的引用类型的 hashCode 方法(Boolean.hashCode()就很有趣)。看一看 HashSet 是如何通过 HashMap 实现的。看一看能找到多少种面向对象的设计模式。

不过最重要的是，不要把这一章或这本书当成是征服 Java 面试的速效对策。通过实现最佳实践以及接受同事对代码和实践的评审意见才能够学习和进步。如果在面试中陷入了一些棘手的边界情形，那么通过面试的机会会更少。经验是关键。

第 9 章关注的是单元测试库 JUnit。编写单元测试往往能在面试中表现突出并且给面试官很好的印象，因为并不是每一位候选人都会编写单元测试，这一点令人感到意外。

第 9 章

基于 JUnit 的测试

测试是任何软件产品专业性的保证。测试本身可以有多种形式，也包含多种层面的测试。尽管软件是作为一个整体构件进行测试的，但是分解下去时，软件中的每一个独立组件都要进行测试，因此这些组件也应该是可测试的。

如果在开发过程开始时就考虑测试的问题，那么对于全职的测试团队(如果有幸有这样的团队)以及自动化测试来说，整个软件测试会更简单一些。对于用 Java 编写的代码，有大量功能完善的完整测试方案。其中有一个使用最广泛且被理解最深的库，那就是 JUnit。JUnit 为单元测试、集成测试、系统测试以及用户界面这种外部测试等各个层次的测试提供了轻量而简单的接口。JUnit 本身也很好地集成在很多构建工具中，例如 Ant 和 Maven，甚至集成在一些更新的构建工具中，例如 Gradle 和 SBT。这些工具会在任何测试失败时自动停止构建并标记错误。

通过事先编写测试，保证测试被完整地集成在一个构建中，这就意味着不论何时创建构建(例如，签入代码之前或构建发布构件时)，测试都会被运行。这样可以帮助开发者有信心认为系统能够正常工作。如果某个时候测试因为某个看不出来的原因失败了，这通常是因为系统中其他地方的新代码引入了 bug。这种现象称为回归(regression)。

利用 JUnit 开发一个好处，那就是大多数 IDE 都很好地整合了这个库，因此只需要几次鼠标点击就可以运行单项测试甚至多个测试集。通过这种方式，可以快速获得关于任何小的修改是否能通过测试的反馈。测试运行之间的修改越小，那么对于修改可使测试通过的信心就越大，而不会导致某些环境的变化甚至某段看上去完全没有关联的代码的变化。

本章讨论如何在开发生命周期的不同阶段使用 JUnit，从小段独立代码的单元测试，到整合这些片段的集成测试，到通过单元测试对完整运行系统的测试。

单元测试是在任何类型的评估中展示意图的绝好方式。后面我们可以看到，JUnit 的 Assert 类为代码的阅读者提供了很好的对话途径，能够精准地展示编写测试的意图以及代码中所有的预期和假设。

JUnit 测试有什么价值？

JUnit 测试通常和一种称为测试驱动开发(Test-Driven Development，TDD)的开发方法结合使用。TDD 的开发过程包含的是短小的、可迭代的循环：根据代码要完成的工作设定预期的结果和断言，在此基础上编写测试。如果还没有为这些测试编写代码，那么这些测试应该不会通过。然后编写代码使得这些测试能够通过。一旦这些测试通过了，重复这个过程，编写新功能的代码。如果编写的测试能够完整地覆盖你想要达到的目标的规范，那么只要这些测试全部都能通过，你就有信心认为编写的代码能够正常工作而且是正确的。

测试不仅局限于功能性测试，还可以指定非功能性需求，只有满足这些需求才能通过测试。非功能性需求的例子包括要求服务器在有负载的情况下能在指定时间内响应请求，以及满足某些安全性要求等。

对于任何达到一定规模的项目来说，很可能需要使用像 Maven 或 Ant 这样的构建系统。你可以也应该将编写的测试集成到构建过程中，通过这种方式，代码中任何导致测试失败的代码都会中止构建过程，因此为了能够让构建过程继续进行下去，你必须将错误修复。这样可以避免在代码发布之后引入 bug。在 Maven 中，测试是作为构建过程的一部分自动运行的。在 Ant 中，测试整合在一条命令中。

对代码的正确性有信心意味着可以更加信赖自动化工具。如果在开发服务端应用架构，那么可以采用一种持续交付(continuous delivery)的模型，在这种模型中，通过完整测试的代码可以自动发布到生产服务器上，在签入代码之后就不需要人工干预了。

JUnit 测试是怎样运行的？

根据之前提到的，JUnit 能够很好地整合在构建工具中，但是 JUnit 也可以通过命令行人工调用。

在 JUnit 库中，JUnitCore 类包含了通过命令行启动测试的主方法。方法的参数是一个包含要测试的类的列表：

```
$ /path/to/java -cp /path/to/junit.jar:. [classes to test]
```

Maven 的项目布局遵循特定的约定，因此只要在项目的根目录下运行 mvn test 即可，Maven 会找到并运行项目中所有的测试。Maven 本身是高度可定制化的，只要指定一条对 JUnit 库的依赖就可以选定 JUnit 用作测试框架。第 19 章描述了如何设置 Maven 以及如何声明项目的依赖。

在运行 Maven 时，可以声明运行哪一些测试。如果设置了系统属性 test，那么只有这个属性中设置的测试才会被运行：

```
mvn test -Dtest=SystemTest
```

test 参数中可以使用通配符，因此将这个系统属性设置为像-Dtest=*IntegrationTest 这样的值就可以运行所有以 IntegrationTest 为后缀的测试。

9.1　JUnit 测试的生命周期

在运行测试集时，每一个测试都会遵循既定的测试步骤。通过这些步骤的设定，你可以将测试模块化，并尽可能复用代码。

> 一个 JUnit 测试的运行过程是怎样的？

一个测试集通常限定在一个类中。在支持注记的 JUnit 4 出现之前，测试类需要扩展 TestSuite 类。

在测试集中可以定义一个类或一组类在整个测试集运行之前运行一次。这些方法可以进行一些耗时很长的计算操作，例如为后面的测试准备文件系统，或者某些需要向构建服务器发送的测试前通知，或者是其他类似操作。

如果要运行这种在测试集开始运行时运行一次的代码，要指定一个返回 void 的 public 静态方法，并且标注上@BeforeClass。由于这个方法是静态的，所以在这个方法中不能访问完整构建的测试集类实例中的内容，例如实例变量和实例方法。

和这个注记对应的是@AfterClass 注记。带有这个注记的方法会在所有测试运行结束之后运行。

当@BeforeClass 标注的方法成功完成执行之后，测试运行器会对测试集中的每一个测试执行以下步骤：

(1) 创建一个新的测试集实例。和所有 Java 类一样，构造函数中的所有代码都会执行。测试集类可能只声明一个不带参数的构造函数。

(2) 在对象构造之后，带有@Before 注记并返回 void 的方法会运行。这些方法通常对所有测试都需要的一些公共基础进行设置，例如模拟对象或带有状态的对象等。由于这在每一个测试之前都会运行，因此可以利用这个方法将有状态的对象返回到正确的状态，或者将文件系统设置到测试之前所需的状态等。由于构造函数和@Before 标注的方法在每一个测试之前都会运行，因此在这些地方可以进行一些和测试相关的设置工作。约定的做法是在@Before 方法中执行设置工作，这样可以和对应的@After 方法保持对称。

(3) 运行测试。测试是由带@Test 注记的 public 方法定义的，同样，这些方法也返回 void 类型。

(4) 在成功或不成功的测试运行之后，都会调用@After 标注的方法(同样也是 public void 方法)。这个方法需要清理测试中产生的任何垃圾，例如在数据库或文件系统中留下的痕迹，也可以执行一些测试后的日志记录。

@Before、@After 和@Test 方法运行的顺序是不保证的，因此不可以在一个@Before 方法中完成部分设置工作然后在源文件的另一个@Before 方法中完成整个设置工作。JUnit 的一个核心思想是：测试必须独立且原子。

代码清单 9-1 展示了一个带有两个测试的测试集中的所有步骤，通过一个计数器验证所有组件运行的顺序。

代码清单 9-1：一个 JUnit 测试的生命周期

```java
public class JUnitLifecycle {

    private static int counter = 0;

    @BeforeClass
    public static void suiteSetup() {
        assertEquals(0, counter);
        counter++;
    }

    public JUnitLifecycle() {
        assertTrue(Arrays.asList(1, 5).contains(counter));
        counter++;
    }

    @Before
    public void prepareTest() {
        assertTrue(Arrays.asList(2, 6).contains(counter));
        counter++;
    }

    @Test
    public void peformFirstTest() {
        assertTrue(Arrays.asList(3, 7).contains(counter));
        counter++;
    }

    @Test
    public void performSecondTest() {
        assertTrue(Arrays.asList(3, 7).contains(counter));
        counter++;
    }

    @After
    public void cleanupTest() {
        assertTrue(Arrays.asList(4, 8).contains(counter));
        counter++;
    }
```

```
    @AfterClass
    public static void suiteFinished() {
        assertEquals(9, counter);
    }
}
```

代码中使用的计数器是一个静态变量，因为在这个测试集运行时，测试运行器会为每一个@Test 初始化一个 JUnitLifecycle 实例(因此初始化两次)。

标记为@Ignore 的测试方法会被忽略。@Ignore 注记通常用于标注那些知道会失败因而会破坏持续集成构建的测试。@Ignore 通常意味着代码异味(code smell)：测试负责的代码变化了，但是测试还没有跟进。代码异味通常表示可能会有更深层次的问题。这种现象可以导致没有被测试覆盖的代码，从而降低代码基(codebase)正确的置信度。在代码评审中，标注为@Ignored 的测试都应该引起注意。

如果有足够的理由需要将某些测试标注为@Ignore，那么一定要包含一条带有日期的注释，用来解释为什么要忽略这个测试，并且解释这个问题应该在何时如何解决。

在类层面也可以使用@Ignore 注记，告诉 JUnit 运行器跳过整个测试集。

9.2　使用 JUnit 的最佳实践

如今 JUnit 已经无处不在，JUnit 库的表达能力可以很好地帮助你在面试中表现自己的实力。

> 如何验证测试成功？

Assert 类是 JUnit 库中的一个核心类。这个类包含很多用于表示假设的静态方法，这些方法可以验证这些假设是否为真。下面列出了一些关键方法及其功能：

- assertEquals——通过 equals 方法判断两个对象是否相等。
- assertTrue 和 assertFalse——判断给定的表达式是否匹配预期的布尔值。
- assertNotNull——判断一个对象是否不为 null。
- assertArrayEquals——判断两个数组是否包含同样的值，如果比较的是 Object 数组，则通过对象的 equals 进行比较。

如果断言判定不成功，则会抛出一个异常。除非异常是预期会抛出的，或者被捕捉到了，否则这个异常会导致 JUnit 测试失败。

还有一个 fail 方法，如果测试进入了一个表示失败的状态，则可以使用这个方法。大部分 assertXXX 方法都会在必要时调用 fail。

下面看一下 Assert 类中还有什么方法以及如何使用这些方法。

每一个 assertXXX 方法都是成对重载的，其中有一个带有一个额外的 String 参数：

```
public static void assertTrue(String message,boolean condition)
public static void assertTrue(boolean condition)
```

String 参数表示在断言失败时要显示的一条信息。代码清单 9-2 展示了其用法的简单示例。

代码清单 9-2：带有失败消息的断言

```
@Test
public void assertionWithMessage() {
    final List<Integer> numbers = new ArrayList<>();
    numbers.add(1);

    assertTrue("The list is not empty", numbers.isEmpty());
}

junit.framework.AssertionFailedError: The list is not empty
```

代码清单 9-3 展示了调用 assertTrue 方法不提供消息字符串的情况。

代码清单 9-3：不带有失败消息的断言

```
@Test
public void assertionWithoutMessage() {
    final List<Integer> numbers = new ArrayList<>();
    numbers.add(1);

    assertTrue(numbers.isEmpty());
}

junit.framework.AssertionFailedError: null
```

这种情况下，消息只是一句 null。在大型的带有多个 assertTrue 或 assertFalse 断言的测试中，这可能会导致混淆，难以判断具体是哪一个断言失败了。如果使用 assertEquals 时没有提供消息，那么只能得到关于两个值比较不相等的消息，错误信息中没有任何解释。

很少有不需要提供这个消息参数的情形，在面试中更要在被评估的代码中提供这些信息。

不过还有一点可以做得更好。尽管这些消息只在断言失败的情形下打印出来，但是在浏览代码时，这些信息还可以读作是期望中发生的事情，而不是对失败的解释。

这种混淆不可否认是不对的，但是可以通过编写测试所使用的语言来纠正。如果通过错误消息来表达应该发生的事情，那么代码读起来没问题，而且作为错误消息显示出来时，仍然是讲得通的。以代码清单 9-2 中的断言为例：

```
assertTrue("The list is not empty", numbers.isEmpty());
```

粗看上去这可能自相矛盾。第一个参数说的是"列表不为空"，但是第二个参数说的是 numbers.isEmpty——这两个观点是对立的。如果像下面这样写：

```
assertTrue("The numbers list should not be empty", numbers.isEmpty());
```

那么出现在失败断言栈跟踪信息顶层的消息仍然是讲得通的，而且不论是在代码评审中还是在面试官评估代码测试时，这样的代码在大家看来更加清晰。

为了简洁起见，本书约定在 JUnit 测试中都不包含表示失败消息的字符串参数，因为在讨论中应该可以明确看出测试的意图。

> 怎样预期一些特定的异常？

如果要测试代码中一处会失败的情形，你预期有一个异常要发生，那么你可以让测试知道你预期的异常类型是什么。如果在测试中抛出了这个异常，测试会通过。如果测试结束了还没有抛出这个异常，则测试失败。代码清单 9-4 展示了一个实例。

代码清单 9-4：预期的异常

```
@Test(expected = NoSuchFileException.class)
public void expectException() throws IOException {
    Files.size(Paths.get("/tmp/non-existent-file.txt"));
}
```

传递给@Test 注记的参数告诉测试运行器这一个测试应该会抛出一个异常。这个方法在这里仍然需要声明 throws IOException，因为 IOException 是一个 checked 异常。

如果代码清单 9-4 中的测试长度超过了一行，而且预期的异常也更加一般化，例如 RuntimeException，甚至是 Throwable，那么就很难区分预期的异常和其他地方的问题，例如测试环境中的问题，如代码清单 9-5 所示。

代码清单 9-5：一个设计糟糕的预期异常测试

```
@Test(expected = Exception.class)
public void runTest() throws IOException {
    final Path fileSystemFile = Paths.get("/tmp/existent-file.txt");

    // Paths.get 的错误使用
    final Path wrongFile = Paths.get("http://example.com/wrong-file");

    final long fileSize = Files.size(fileSystemFile);
    final long networkFileSize = Files.size(wrongFile);

    assertEquals(fileSize, networkFileSize);
}
```

这个测试中的每一行代码都有可能抛出异常，包括断言本身也可能抛出异常。事实上，如果断言失败的话，断言会抛出一个异常，而这个测试会错误地通过！

明智的做法是尽可能少地在@Test 注记中使用 expected 参数。使用这个参数的最可靠的测试应该是在方法体中只有一行代码的测试：这一行代码应该抛出异常。因此，这样可以很明确地确定测试是怎样失败的以及失败的原因是什么，如代码清单 9-4 所示。

当然，方法是可以抛出异常的，而且我们仍然可以对这些异常进行测试。代码清单 9-6 详细展示了处理这种异常的一种更清晰的方法。假设有一个工具方法 checkString，当传入这个方法的 String 为 null 时会抛出一个异常。

代码清单 9-6：显式地检查异常

```
@Test
public void testExceptionThrowingMethod() {
    final String validString = "ValidString";
    final String emptyValidString = "";
    final String invalidString = null;

    ParameterVerifications.checkString(validString);
    ParameterVerifications.checkString(emptyValidString);
    try {
        ParameterVerifications.checkString(invalidString);
        fail("Validation should throw exception for null String");
    } catch (ParameterVerificationException e) {
        // 测试通过
    }
}
```

这段代码显式地检查哪一行代码应该抛出异常。如果没有抛出异常，就会执行下一行代码，该行代码包含了 fail 方法。如果抛出的异常和 catch 代码块预期的异常类型不同，那么这个异常会传播到调用的方法。由于没有预期会有异常离开这个方法，因此测试会失败。catch 代码块中的注释非常重要，因为这段注释可以告诉读者这里是故意留空的。任何时候代码块需要留空时都建议这么做。

> 如何让不能足够快速完成的测试失败？

@Test 注记可以接受两个参数。一个是 expected(之前已经看过了)，这个参数表示在收到特定异常之后通过测试。另一个参数是 timeout，这个参数接受一个类型为 long 的值，表示的是毫秒数，如果测试运行超过了这个时间值，则测试失败。

这个测试条件测试的是非功能类的条件。比如说，你在编写一个要求在 1 秒钟内响应的服务，而且想要编写一个集成测试以确保这个条件可以满足。代码清单 9-7 演示了这个测试。

代码清单 9-7：运行时间过长而失败的测试

```
@Test(timeout = 1000L)
public void serviceResponseTime() {
```

```
    // 通过真实的服务构建
    final HighScoreService realHighScoreService = ...
    final Game gameUnderTest = new Game(realHighScoreService);
    final String highScoreDisplay = gameUnderTest.displayHighScores();
    assertNotNull(highScoreDisplay);
}
```

　　这个集成测试调用了一个真实世界的游戏高分榜服务，如果这个测试不能在 1 秒钟内完成，那么会抛出一个异常表示测试超时。

　　当然，这个超时表示的是整个测试完成的时间，而不是某个具体的长时间运行的方法调用。和预期异常测试一样，如果需要显式地检测某个方法调用在指定时间内完成运行，那么既可以在一个测试中单独测试这个方法调用，也可以在一个独立的线程中运行这个方法调用，如代码清单 9-8 所示。

代码清单 9-8：显式的超时测试

```
@Test
public void manualResponseTimeCheck() throws InterruptedException {
    final HighScoreService realHighScoreService =
            new StubHighScoreService();

    final Game gameUnderTest = new Game(realHighScoreService);

    final CountDownLatch latch = new CountDownLatch(1);
    final List<Throwable> exceptions = new ArrayList<>();

    final Runnable highScoreRunnable = new Runnable() {
        @Override
        public void run() {
            final String highScoreDisplay =
                    gameUnderTest.displayHighScores();
            try {
                assertNotNull(highScoreDisplay);
            } catch (Throwable e) {
                exceptions.add(e);
            }
            latch.countDown();
        }
    };

    new Thread(highScoreRunnable).start();
    assertTrue(latch.await(1, TimeUnit.SECONDS));

    if(!exceptions.isEmpty()) {
        fail("Exceptions thrown in different thread: " + exceptions);
    }
}
```

为了管理定时测试，我们添加了不少代码。如果对线程以及 CountDownLatch 还不熟悉，可以参考第 11 章。这里的具体做法是，主执行线程等待运行测试的线程完成，如果后者耗时超过 1 秒钟，那么 latch.await 外边的断言就返回 false，因而测试失败。

此外，JUnit 只有在运行测试的线程上发生了失败的断言才会让一个测试失败，因此应该捕捉和比对来自断言或派生出的线程中的异常，如果有任何异常抛出，则使测试失败。

> @RunWith 注记是如何工作的？

@RunWith 注记是一个类层次的注记，提供了一种机制可以修改测试运行器的默认行为。这个注记接受的参数是 Runner 类的子类。JUnit 本身自带了几个运行器，默认的是 JUnit4，另一个常见的运行器是 Parameterized 类。

JUnit 测试标记了@RunWith(Parameterized.class)时，测试的生命周期以及测试的运行方式会有一些变化。这个运行器要求定义一个提供测试数据的类级别的方法，这个方法返回的是一个包含测试数据的数组。这个数据可以硬编码在测试代码中，对于更复杂的测试，这个数据可以动态生成，甚至可以从文件系统、数据库或其他相关的存储机制中获取。

不论数据是通过什么方法生成的，这个方法返回的数组中的每一个元素都会被作为参数传递给测试集的构造函数，所有的测试都会运行这些数据。

代码清单 9-9 展示了一个通过 Parameterized 运行器运行的测试集。这段代码为测试提供了一个抽象层，所有的测试都针对每一组数据集进行测试。

代码清单 9-9：使用 Parameterized 测试运行器

```
@RunWith(Parameterized.class)
public class TestWithParameters {

    private final int a;
    private final int b;
    private final int expectedAddition;
    private final int expectedSubtraction;
    private final int expectedMultiplication;
    private final int expectedDivision;

    public TestWithParameters(final int a,
                    final int b,
                    final int expectedAddition,
                    final int expectedSubtraction,
                    final int expectedMultiplication,
                    final int expectedDivision) {
        this.a = a;
        this.b = b;
        this.expectedAddition = expectedAddition;
        this.expectedSubtraction = expectedSubtraction;
```

```
        this.expectedMultiplication = expectedMultiplication;
        this.expectedDivision = expectedDivision;
    }

    @Parameterized.Parameters
    public static List<Integer[]> parameters() {
        return new ArrayList<Integer[]>(3) {{
            add(new Integer[] {1, 2, 3, -1, 2, 0});
            add(new Integer[] {0, 1, 1, -1, 0, 0});
            add(new Integer[] {-11, 2, -9, -13, -22, -5});
        }};
    }

    @Test
    public void addNumbers() {
        assertEquals(expectedAddition, a + b);
    }

    @Test
    public void subtractNumbers() {
        assertEquals(expectedSubtraction, a - b);
    }

    @Test
    public void multiplyNumbers() {
        assertEquals(expectedMultiplication, a * b);
    }

    @Test
    public void divideNumbers() {
        assertEquals(expectedDivision, a / b);
    }
}
```

　　这段代码引入了一些新概念。首先是一个新的注记@Parameterized.Parameters，这个注记需要放在一个 public 类方法前面，并且返回一个数组列表。数组中的每一个元素都会传入测试的构造函数，传入构造函数的顺序和数组中的顺序一致。

　　有一点需要记在心上的是，对于要求很多参数的测试集，提供的数组中的元素的位置和构造函数参数的位置之间的对应关系比较难处理而且不清晰。

　　对于这段代码，parameters() 类方法返回的是一个已经构造好的 ArrayList 实例。

　　　　如果想要自定义测试的运行过程，应该怎么办？

　　有时候可能需要创建自定义的测试运行器。

　　一个好的单元测试套件应该具有的一个特点是原子性。也就是说，单元测试应该可以以任何顺序运行，测试集中的测试之间不应该有依赖关系。

使用双花括号

代码清单 9-9 中的测试参数使用了一个语法糖，即构造函数后面跟着双花括号。双花括号内调用的是实例的方法。这段代码完成的事情是创建了一个 ArrayList 的匿名子类，然后在这个实现内定义了一个代码块，当对象被创建时会运行这个代码块。由于这个匿名代码块不是定义为静态的，而是定义在实例层面，因此可以调用实例参数并访问实例变量。下面的代码展示的是同样的逻辑，但是代码更冗长，因此如果还不清楚代码清单 9-9 中相应的那段代码完成的事情，那么通过下面这段代码应该可以准确地了解了：

```java
public class ListOfIntegerArraysForTest
                    extends ArrayList<Integer[]> {
    {
        this.add(new Integer[]{1, 2, 3, -1, 2, 0});
        this.add(new Integer[]{0, 1, 1, -1, 0, 0});
        this.add(new Integer[]{-11, 2, -9, -13, -22, -5});
    }

    public ListOfIntegerArraysForTest() {
        super(3);
    }
}

@Parameterized.Parameters
public static List<Integer[]> parameters() {
    return new ListOfIntegerArraysForTest();
}
```

如果还不明白其工作原理，可以试着添加一些日志语句来运行这段代码，或者在熟悉的 IDE 中通过调试器单步跟踪运行。

不建议在生产系统的代码中使用这种双花括号的技术，因为使用这种技术时，每一次声明都会创建一个新的匿名类，而每一个匿名类都会在 JVM 内存的 PermGen 区域中占用空间。在加载这个类时也会有开销，例如类的验证和初始化带来的开销。但是对于测试目的来说，这是一种创建不可变对象的优雅简洁的方法，因为对象的声明和构造都组织在一起了。不过要小心，这种代码可能会给不熟悉这种构造的人造成一些困惑，因此可以在这里添加一条注释或者直接告诉团队成员让他们注意这一点。

尽管这是一条普遍暗含的规则，但是 JUnit 库中没有任何机制来强制执行这个规则。不过你也可以编写自己的测试运行器，允许以随机的顺序运行测试方法。如果存在任何依赖于其他测试的测试，那么以不同的顺序运行测试就会暴露出这个问题。

JUnit 运行器是对抽象类 Runner 的具体实现。代码清单 9-10 展示了这个类的结构，其中包含了自定义运行器必须实现的方法。

代码清单 9-10：Runner 类

```
public abstract class Runner implements Describable {
    public abstract Description getDescription();
    public abstract void run(RunNotifier notifier);

    public int testCount() {
        return getDescription().testCount();
    }
}
```

自定义的 Runner 实现只需要遵循一条规则：必须提供一个接受 Class 对象的单参数构造函数。JUnit 会调用一次这个构造函数并传入测试集的类。然后你就可以根据自己的需求随意处置这个类了。

Runner 抽象类中有两个必须实现的方法：getDescription 方法和 run 方法，前者表示要运行哪些方法以及这些方法以什么顺序运行，后者真正运行测试。

有了表示测试集的类以及这两个方法之后，就可以完全灵活自由地控制要运行的测试、运行的方式以及报告测试结果的方式。

Description 类比较简单，定义了具体需要运行哪些测试以及以什么顺序运行。通过调用静态方法 createSuiteDescription，可以创建一个描述一组 JUnit 测试的 Description 实例。在添加实际测试时，调用 addChild 方法添加子 Description 对象。通过另一个静态方法 createTestDescription 创建真正的测试描述实例。考虑到 Description 对象本身也包含 Description，因此可以创建深度为数个实例的 Description 树。事实上，Parameterized 运行器就是这么干的：对于一个测试集，为每一个参数创建一个子节点，然后再在每一个子节点中，为每一个测试创建一个子节点。

由于 Runner 接口中的 getDescription 方法没有参数，因此在这个方法被调用之前还需要创建要返回的实例，即在构造运行器时创建。代码清单 9-11 展示了 RandomizedRunner 的构造函数和 getDescription 方法。

代码清单 9-11: RandomizedRunner 生成测试描述的过程

```
public class RandomizedRunner extends Runner {

    private final Class<?> testClass;
    private final Description description;

    private final Map<String, Method> methodMap;

    public RandomizedRunner(Class<?> testClass)
                    throws InitializationError {

        this.testClass = testClass;
        this.description =
```

```
                Description.createSuiteDescription(testClass);

        final List<Method> methodsUnderTest = new ArrayList<>();

        for (Method method : testClass.getMethods()) {
            if (method.isAnnotationPresent(Test.class)) {
                methodsUnderTest.add(method);
            }
        }

        Collections.shuffle(methodsUnderTest);

        methodMap = new HashMap<>();

        for (Method method : methodsUnderTest) {
            description.addChild(Description.createTestDescription(
                    testClass,
                    method.getName())
            );

            System.out.println(method.getName());
            methodMap.put(method.getName(), method);
        }
    }

    @Override
    public Description getDescription() {
        return description;
    }

    @Override
    public void run(RunNotifier runNotifier) {
        // 暂未实现
    }

    public static void main(String[] args) {
        JUnitCore.main(RandomizedRunner.class.getName());
    }
}
```

　　这里通过反射获得给定 testClass 测试集中的所有方法，并对每一个方法测试是否存在 @Test 注记，如果存在，则将这个方法设置为之后要运行的一个测试。

　　注意，对于通过@Test 注记来标记要运行测试的方法并没有强制规定。你可以使用任何类型的注记,还可以使用任何形式的表达方式,例如在测试相关的方法上添加前缀 test(在 Java 语言还没有引入注记之前，JUnit 4 的标准做法就是添加 test 前缀)。事实上，在 9.4 节中，你可以看到不通过@Test 注记运行测试的例子。

　　为简单起见，这个 Runner 实现相比 JUnit 中的默认实现有太多局限。这个 Runner 假

设所有标记了@Test 的方法都作为测试运行。这个 Runner 不能理解其他类型的注记，例如
@Before、@After、@BeforeClass 和@AfterClass。此外，这个 Runner 也没有检查@Ignore
注记：仅仅支持将标记了@Test 的方法用做测试。

这个 Runner 对类中的每一个方法进行@Test 注记测试，并将带有@Test 注记的方法放
在一个集合中，然后对这个集合通过工具类方法 Collections.shuffle 进行随机排序。

接着这些方法被按照上述随机顺序添加到 Description 对象。description 实例通过方法
名称来跟踪要运行的测试。因此为了方便起见，方法对象本身被加入到一个从方法名到方
法的映射，从而可以通过 description 实例的方法名称查找方法对象。

Description 对象本身会告知 JUnit 框架有什么测试需要运行。测试的实际运行以及测
试集的成功与否依然是由运行器决定的，如果测试不成功，为何失败也是由运行器判定的。
当 JUnit 框架准备好运行测试之后，会调用 Runner 的 run 方法。代码清单 9-12 列出了
RandomizedRunner 类提供的实现。

代码清单 9-12：RandomizedRunner 的 run 方法

```
@Override
public void run(RunNotifier runNotifier) {
    runNotifier.fireTestStarted(description);
    for (Description descUnderTest : description.getChildren()) {
        runNotifier.fireTestStarted(descUnderTest);
        try {
            methodMap.get(descUnderTest.getMethodName())
                    .invoke(testClass.newInstance());

            runNotifier.fireTestFinished(descUnderTest);
        } catch (Throwable e) {
            runNotifier.fireTestFailure(
                    new Failure(descUnderTest, e.getCause()));
        }
    }
    runNotifier.fireTestFinished(description);
}
```

run 方法有一个参数：RunNotifier 对象。这是 JUnit 框架提供的一个钩子，用于通知每
一个测试是成功还是失败，以及失败的具体原因。

注意对于 RandomizedRunner 来说，Description 对象有两个层次：顶层表示的是测试集，
然后每一个子节点表示每一个测试。run 方法需要通知框架测试集已经开始运行了。然后
依次调用每一个子节点。这些子节点加入 description 的顺序是随机的。

对于每一个子节点来说，都会创建一个测试集类的新实例，然后通过反射调用测试方
法。在调用之前，会通知框架将要运行哪一个测试。

> **JUnit 和 IDE**
>
> 你可能发现了，IntelliJ 和 Eclipse 这样的 IDE 和 JUnit 的结合非常紧密：在测试运行时，界面上会显示具体在运行的测试、准备运行的测试、通过的测试以及失败的测试。IDE 通过调用 RunNotifier 更新自己的测试运行器显示界面。

如果测试通过了，那么在测试通过时会通知 RunNotifier 测试已经完成。但是如果调用过程中抛出了任何类型的异常，那么 catch 块会向 RunNotifier 通知错误。这里有一点要注意，Failure 对象接受两个参数：一个是失败的 description 对象，另一个是导致失败的异常实例。由于测试方法是通过反射调用的，因此所有捕捉到的异常都是 java.lang.reflect.InvocationTargetException，导致失败的异常会被串接在这个异常上。因此，RandomizedRunner 的用户应该忽略来自反射的异常，而显示导致问题的异常，这样可以更清晰。

好了，现在任何标记了@RunWith(RandomizedRunner.class)的测试集都可以充分利用以不确定顺序运行测试方法带来的好处。如果多次运行一个测试集会产生变化的结果，那么说明一个或多个测试中出现了问题：可能是这些测试依赖于某个特定的顺序，也可能是测试在运行之前或之后没有清理自己的环境。

这个运行器还可以进行一些扩展，例如可以添加找出哪个测试发生问题这样的功能。在创建 Description 对象时，可以在对所有方法的列表进行排序之前将每一个方法添加到测试中数次。另一种可行的方法是对测试执行二分搜索。如果有测试失败了，可以将测试列表分为两个列表，然后重新运行每一个列表。如果一个子列表中的所有测试都通过了，那么有问题的测试出现在另一半中的可能性就很大。然后可以利用同样的方式进一步划分列表，直到完全找到导致问题的测试。

9.3 通过 Mock 消除依赖

> 单元测试和集成测试有什么区别？

JUnit 这个名字其实不是很恰当，因为 JUnit 既可以用于单元测试，也可以用于集成测试，还可以有其他用途。通常，对单元测试的定义指的是单纯地测试单一的功能单元。单元测试应该没有副作用。定义良好的单元测试在运行多次的情况下，如果没有其他条件发生变化，那么每一次都应该产生完全相同的结果。

集成测试则要复杂得多。从名字就可以看出，集成测试考查的是系统中多个部分的功能，目的是确保当这些组件集成在一起时都能以期待的方式工作。这些测试通常都会涵盖类似调用和读取数据库的操作，甚至还会涉及调用其他服务器的操作。在数据库中通常都会插入一些假数据，然后在测试中验证这些数据。这种方式的测试不可靠，因为数据库的模型和 URL 端点都可能会发生变化。可以在集成测试中使用内存数据库来测试数据库的交互。有关数据库的内容请参见第 12 章。

对于不复杂的系统来说，独立地测试单个类可能会很困难，因为这些类会对外部因素有依赖，或这些类依赖的类对外部因素有依赖。毕竟，任何没有外部依赖的应用程序都不可能对外部世界产生影响，而这种程序本质上是没有任何实用价值的。

为了打破类和外部世界的依赖关系，可以做两件事情：使用依赖注入和 mock。这是两件齐头并进的事情。第 16 章会详细介绍依赖注入，并专门介绍如何在集成测试中使用依赖注入。代码清单 9-13 给出了一个简单的例子。

代码清单 9-13：一个依赖高分榜的游戏

```java
public interface HighScoreService {
    List<String> getTopFivePlayers();
    boolean saveHighScore(int score, String playerName);
}

public class Game {

    private final HighScoreService highScoreService;

    public Game(HighScoreService highScoreService) {
        this.highScoreService = highScoreService;
    }

    public String displayHighScores() {
        final List<String> topFivePlayers =
                highScoreService.getTopFivePlayers();
        final StringBuilder sb = new StringBuilder();

        for (int i = 0; i < topFivePlayers.size(); i++) {
            String player = topFivePlayers.get(i);
            sb.append(String.format("%d. %s%n", i+1, player));
        }

        return sb.toString();
    }
}
```

可以想象，HighScoreService 类的实现会调用一个数据库，数据库会在返回高分玩家之前对结果进行排序，这个类也有可能是通过调用一个 Web 服务获得的数据。

Game 类依赖的是 HighScoreService，因此应该不用关心高分榜是通过什么方式从何处获取的。

为了测试 displayHighScores()方法中的算法，需要一个 HighScoreService 实例。如果测试中使用的实现被配置为调用外部 Web 服务，而这个服务因为种种原因挂掉了，那么这个测试就会失败，而且也没什么办法纠正这个错误。

然而，如果为这个测试专门创建一个特殊的实例，这个实例完全能按照预期方式工作，那么这个实例就可以在构造之后传递给对象，而且应该可以用于测试 displayHighScores() 方法。代码清单 9-14 就是这样一个实现。

代码清单 9-14：通过桩测试 Game 类

```java
public class GameTestWithStub {

    private static class StubHighScoreService
            implements HighScoreService {
        @Override
        public List<String> getTopFivePlayers() {
            return Arrays.asList(
                    "Alice",
                    "Bob",
                    "Charlie",
                    "Dave",
                    "Elizabeth");
        }

        @Override
        public boolean saveHighScore(int score, String playerName) {
            throw new UnsupportedOperationException(
                    "saveHighScore not implemented for this test");
        }
    }

    @Test
    public void highScoreDisplay() {
        final String expectedPlayerList =
                "1. Alice\n" +
                    "2. Bob\n" +
                    "3. Charlie\n" +
                    "4. Dave\n" +
                    "5. Elizabeth\n";

        final HighScoreService stubbedHighScoreService =
                new StubHighScoreService();
        final Game gameUnderTest = new Game(stubbedHighScoreService);

        assertEquals(
                expectedPlayerList,
                gameUnderTest.displayHighScores());
    }
}
```

使用 HighScoreService 的一个桩(stub)实现意味着 Game 类每一次都会返回同一个列表，没有网络和数据库查询的延迟，而且对测试时是否运行了高分服务没有要求。不过这种方法并不是解决一切问题的银弹。你也许需要验证这个调用高分榜服务的其他属性，例如，验证高分榜服务会被调用一次而且只会被调用一次生成高分列表，并验证 Game 实例没有进行某些低效率的操作(例如对 5 位玩家中的每一位都调用一次服务)，或者根本没有调用高分榜服务，而是在使用过期的缓存值。

引入 mock 对象可以满足这些条件的需求。你可以将 mock 想象为一个更智能的桩。mock 有能力对不同的方法调用给出不同的响应，不论传入的参数是什么。还可以记录每一次调用，以验证调用的情况是否完全符合预期。

有一个这样的 Java 类，名为 Mockito。代码清单 9-15 是对代码清单 9-14 的扩充，更完整地测试了 Game 类。

代码清单 9-15：通过一个 mock 对象测试 Game 类

```java
import static org.mockito.Mockito.mock;
import static org.mockito.Mockito.times;
import static org.mockito.Mockito.verify;

public class GameTestWithMock {

    private final Game gameUnderTest;
    private final HighScoreService mockHighScoreService;

    public GameTestWithMock() {
        final List<String> firstHighScoreList = Arrays.asList(
                "Alice",
                "Bob",
                "Charlie",
                "Dave",
                "Elizabeth");
        final List<String> secondHighScoreList = Arrays.asList(
                "Fred",
                "Georgia",
                "Helen",
                "Ian",
                "Jane");

        this.mockHighScoreService = mock(HighScoreService.class);

        Mockito.when(mockHighScoreService.getTopFivePlayers())
                .thenReturn(firstHighScoreList)
                .thenReturn(secondHighScoreList);

        this.gameUnderTest = new Game(mockHighScoreService);
    }

    @Test
    public void highScoreDisplay() {
        final String firstExpectedPlayerList =
```

```
                    "1. Alice\n" +
                    "2. Bob\n" +
                    "3. Charlie\n" +
                    "4. Dave\n" +
                    "5. Elizabeth\n";

        final String secondExpectedPlayerList =
                    "1. Fred\n" +
                    "2. Georgia\n" +
                    "3. Helen\n" +
                    "4. Ian\n" +
                    "5. Jane\n";

        final String firstCall = gameUnderTest.displayHighScores();
        final String secondCall = gameUnderTest.displayHighScores();

        assertEquals(firstExpectedPlayerList, firstCall);
        assertEquals(secondExpectedPlayerList, secondCall);

        verify(mockHighScoreService, times(2)).getTopFivePlayers();
    }
}
```

这个测试大体可以分为三部分：设置测试和mock(在测试集构造函数中完成)、运行测试本身以及检查断言。

在构造函数中，通过mock框架Mockito创建了一个用于mock的HighScoreService类。这里创建了一个特殊的实例，这个实例是对HighScoreService接口的实现。在创建了这个mock之后，接下来对这个mock进行设置，告诉这个mock应该如何针对getTopFivePlayers()调用做出响应。这里要求第一个调用和第二个调用有不同的响应，模拟了从真实服务获取数据时每次调用之间的变化。尽管和这个测试没有关系，但是接下来再对getTopFivePlayers()进行后续调用时，这个mock对象会重复返回第二个列表。配置好mock对象之后，将mock这个配置好的实例传递给Game类的构造函数。

然后就是执行测试。displayHighScores()方法被调用了两次，而且期望每一次调用displayHighScores()时，都会对HighScoreService实例的getTopFivePlayers()方法调用。每一次调用的结果被mock本身捕捉到。

然后将Game对头5名玩家格式化的字符串的预期值和得到的响应进行断言比较。最终，这个测试会通过Mockito对mock对象进行检查，判断mock对象的使用方式是否正确。这个测试预期mock对象的getTopFivePlayers()方法会被调用两次。如果这个验证不正确，则会抛出一个对应的Mockito异常，导致测试失败。

花一点时间思考，确保自己完全理解了mock对象和Game类的交互方式。注意，至少对于这里的测试用例来说，Game类已经被验证可以正确地工作，获得高分榜，而且不需要考虑HighScoreService的实现问题。以后对HighScoreService实现的任何改变只要不改变接口定义就不会对这个测试产生影响。Game和HighScoreService之间已经划分了明确的界限。

Mockito 提供的 mock 非常灵活。其他的库只能提供 mock 接口，而 Mockito 的 mock 还可以模拟具体的实现。如果要使用遗留代码，则 Mockito 非常有用，因为在遗留代码中可能没有正确地使用依赖注入，也可能根本就没有使用接口。

鉴于 final 类在 JVM 中保存和构造的方式，Mockito 不能模拟 final 类。JVM 在安全上采取了防范措施以确保 final 类不会被替换。

> 测试的表达能力有多强？

将 Hamcrest 匹配器(matcher)库和 JUnit 结合使用有助于提供更清晰的断言和提升测试的可读性。Hamcrest 匹配器的构建使用的实际上是某种形式的领域特定语言(Domain-Specific Language，DSL)。代码清单 9-16 展示了一个简单的例子。

代码清单 9-16：使用 Hamcrest 匹配器

```java
import static org.hamcrest.MatcherAssert.*;
import static org.hamcrest.Matchers.*;

public class HamcrestExample {

  @Test
  public void useHamcrest() {
     final Integer a = 400;
     final Integer b = 100;

     assertThat(a, is(notNullValue()));
     assertThat(a, is(equalTo(400)));
     assertThat(b - a, is(greaterThan(0)));
  }
}
```

这些断言的代码行试图做到英语的表达能力。这个库中带有一些返回 Matcher 实例的方法。对匹配器求值时，如果得到的结果不是 true，那么 assertThat 方法会抛出一个异常。和 JUnit 中的 Assert 类方法类似，assertThat 方法可以接受一个额外的 String 参数，在断言失败时可以显示这个字符串。同样，尽可能让失败的原因在代码中更易读，并且通过描述应该发生什么事情来突出发生的错误。

is 方法更像是一个语法糖。尽管它不会增加任何功能性的值，但是可以帮助开发人员或其他任何阅读代码的人员理解代码。由于 is 方法的作用仅仅是将匹配操作委托给方法内部的匹配器，因此这个方法是可选的，目的只是为了让代码的可读性更强。

是否使用 Hamcrest 匹配器通常有两种对立的观点。喜欢就用。如果不喜欢，就不要用，除非有人特别要求你用这个库。

9.4　通过行为驱动的开发进行系统测试

行为驱动的开发(Behavior-Driven Development，BDD)是一种和单元测试相关的较新的概念。BDD 测试由两个部分构成：一个是测试脚本，这是一种在编写方式上尽可能接近自然语言的脚本；另一部分则是支撑测试脚本运行的代码。

这些测试背后的一个基本动机是提供一个非常高层次的测试，它和任何实现代码都没有关系，本质上是将一个系统看成一个黑盒子。这些测试通常称为系统测试。代码清单 9-17 列出的是一个脚本，这个脚本表示的是一个用于 BDD 测试的 feature。

代码清单 9-17：一个用于 BDD 测试的 feature

```
Feature: A simple mathematical BDD test

  Scenario Outline: Two numbers can be added
    Given the numbers <a> and <b>
    When the numbers are added together
    Then the result is <result>

  Examples:
    |  a  |  b  | result |
    |  1  | 10  |    11  |
    |  0  |  0  |     0  |
    | 10  | -5  |     5  |
    | -1  |  1  |     0  |
```

这个脚本是配合 Cucumber 库使用的。Cucumber 最初是为 Ruby 语言设计的一个 BDD 框架，后来被重写，能够原生地运行在 JVM 上。其他 BDD 框架，例如 JBehave，工作方式也类似。

很容易想象，非技术背景的系统用户(例如，产品的所有者或主要利益相关人，如果有关系的话甚至可以是客户)都可以编写类似这样的脚本。

脚本包含一组预定好的指令，这些指令称为步骤(step)。步骤分为三类：Give、When 和 Then。

- Given 步骤将系统设置在一个已知的状态，这个状态是后续步骤的必要状态。
- When 步骤执行测试中所需的动作。这个步骤应该在被测系统中产生可度量的效果。
- Then 步骤度量的是 When 步骤是否执行成功。

步骤的顺序非常重要。Given 的后面是 When，然后再是 Then。每一个这样的关键字都可以包含多条要执行的步骤，但是采用的方法不是使用多条 Given/When/Then 步骤，而是使用 And：

```
Given a running web server
And a new user is created with a random username
... etc
```

当然，这样的脚本背后需要实际运行代码的支撑，这样才能验证测试是否通过。代码
清单 9-18 是代码清单 9-17 中所列 feature 的一个可能的实现。

代码清单 9-18：Cucumber 步骤

```java
public class CucumberSteps {

    private int a;
    private int b;
    private int calculation;

    @Given("^the numbers (.*) and (.*)$")
    public void captureNumbers(final int a, final int b) {
        this.a = a;
        this.b = b;
    }

    @When("^the numbers are added together$")
    public void addNumbers() {
        this.calculation = a + b;
    }

    @Then("^the result is (.*)$")
    public void assertResult(final int expectedResult) {
        assertEquals(expectedResult, calculation);
    }
}

@RunWith(Cucumber.class)
public class CucumberRunner { }
```

每一个步骤都定义在自己的带有注记的方法中。注记带有一个字符串参数，这个字符
串本身是一个正则表达式。当运行测试时，运行器会搜索这些方法的注记，找到正则表达
式能匹配对应步骤的方法。

代码清单 9-17 对场景进行了参数化，使用的是一种称为场景提纲(scenario outline)的表
达方法。这意味着调用每一个步骤时都可以提供一个变量输入。这个输入可以通过正则表
达式中的分组来提取。方法会要求正确类型的参数，使得代码能够访问不同的测试输入。

注意，Cucumber 场景的实现要求一个特定的 JUnit 运行器，这个运行器是由 Cucumber
jar 包提供的。@RunWith 注记必须放置在一个独立的类定义上，而不是放在步骤上。即使
这些 Cucumber 测试是通过 JUnit 库运行的，使用这个运行器也意味着不需要使用@Test
注记。

如果一个方法可以被多种步骤分类使用，那么只要在方法上添加一个新的注记就可以

让代码在相应的步骤中运行。

写了几个测试之后，就可以建立起一个小型词汇表了，并且可以重用这些 Given/When/Then 脚本行来创建新的测试，编写新代码的工作量很小(甚至不需要任何新代码)。通过这种方式设计测试可以给那些编写测试脚本的人留下广阔的空间思考自己的场景，并且可以从已经实现好的步骤出发编写测试。继续前文那个测试加法的例子，假设有一个新的需求要求能够支持减去数字。你可以编写新的脚本，而且只需要添加一个新的方法即可：

```
@When("^the first number is subtracted from the second$")
public void subtractAFromB() {
    this.calculation = b - a;
}
```

在多重步骤中使用 And，并且注意使用正确的 Given/When/Then 注记。

BDD 测试是一种管理多种状态变化测试的有用工具。这种测试非常适合数据库交互的测试。Given 步骤可以使数据库做好测试准备，检查数据或插入必要的数据。When 步骤执行测试，Then 步骤验证测试是否成功。和普通的 JUnit 运行器一样，在每一个场景中可以提供@Before 和@After 标注的方法，表示在每一个场景之前和之后运行的方法。

9.5 本章小结

如果在编写代码时还没有编写测试，那么现在就应该开始编写测试了。你会发现随着编写测试的经验越来越丰富，编写生产代码时也会觉得越来越轻松。你会将问题分解为可管理可测试的小块。任何可能破坏既有代码的未来修改都会尽早被发现。最终，编写测试会成为一种习惯。

试着将你要编写的测试分解为逻辑单元。为每一个单独的功能编写单元测试，这些单独的功能模块应该没有副作用。所有依赖都通过 mock 的方式仿真。为具有副作用的测试代码编写集成测试，例如写入文件或数据库的代码，在测试完成之后，不论测试成功与否，清理产生的所有副作用。一个惯例是给所有集成测试的类添加 IntegrationTest 后缀，而单元测试只是添加 Test 后缀。

应对面试中的技术测试时，编写测试可以很好地展现你为什么以某种特定的方式编写代码的原因。即使是在时间有限的测试中，编写基本的测试代码也可以帮助你组织代码结构，还能帮助在最后的重构中避免错误。

Assert 类方法中的错误消息参数是你和代码阅读者之间对话的绝佳途径。这是你可以准确表达自己思想以及准确描述代码完成的工作的空间。利用这个空间交流你的想法。

在 IntelliJ 和 Eclipse 中导入 JUnit 的 jar 包是一件非常简单的事情。这些 IDE 都能识别出你正在编写测试代码，而且会给出选项让你直接导入库：没有必要编写 Maven 的 POM 文件，也没有必要重新导入整个项目。

　　我目前雇主采用的技术测试根本没提及要编写测试，但是当测试完成，我们收到结果之后，所做的第一件事情就是看应聘者写了什么测试。如果根本没有写测试，那么这位应聘者收到面试邀约的可能性就非常低了。

　　第 10 章讨论 Java 虚拟机、Java 和虚拟机的交互方式以及面试官可能会问的有关优化性能及内存使用量的问题。

第 10 章

理解 Java 虚拟机

Java 虚拟机(Java Virtual Machine，JVM)是 Java 程序运行的平台。JVM 是为具体的操作系统和架构构建的，是操作系统和已编译程序或应用程序之间的中间层，在 JVM 帮助下，你编写的应用程序和底层平台无关。Java 程序被编译为字节码(bytecode)的形式(通过 javac)。JVM 将字节码解释为适合底层架构和操作系统运行的具体指令。

其他编译型语言，例如 C++和 Objective-C 语言，都需要编译为能运行在预定义的主机架构和操作系统上，而 Java 则不属于这一类语言。不论是在什么平台编译的 Java 代码，都可以在同一版本或更新版本的任何一个 JVM 上运行。

由于 Java 代码运行在 JVM 上，因此理解 JVM 的工作原理以及如何调整特定的参数以得到最优运行性能就成为一件特别重要的事情。

本章讨论 JVM 内存模型相关的一些重要问题，例如对象的内存是如何分配的，以及一旦不需要对象之后对象的内存如何回收。然后本章讨论了 JVM 中不同的内存区域以及 JVM 对这些区域的使用方式。最后，本章列举了一些特殊的在语言层面的钩子，通过这些机制可以让运行的代码和底层 JVM 进行交互。

10.1 垃圾回收

> 内存是如何分配的？

new 关键字在 Java 堆(heap)中分配内存。堆是主要的内存池，整个应用程序都可以访问。如果无法为某个对象分配内存，那么 JVM 会尝试通过垃圾回收机制回收一些内存。如果仍然无法获得足够的内存，那么 JVM 会抛出 OutOfMemoryError 异常并退出。

堆被分为一些不同的区域，这些区域称为代(generation)。随着对象在越来越多次的垃圾回收中生存下来，它们会被提升至不同的代中。越老的代的垃圾回收频率越低。由于事实证明这些对象的生存期更长，因此它们被垃圾回收的可能性更低。

对象刚创建时被分配在 Eden Space 中。如果在一次垃圾回收中存活下来了，那么这些对象会被晋升到 Survivor Space 中。如果对象在 Survivor Space 中生存了更长的时间，那么这些对象会被分配到 Tenured Generation 中。这一代垃圾回收的频率要低得多。

还有一个第 4 代，称为 Permanent Generation，或简称为 PermGen。在这一代中的对象是不会被垃圾回收的，这些对象通常包含 JVM 运行时必不可少的不可变状态数据，例如类的定义和 String 常量池。要注意的是，Java 8 计划要将 PermGen 区域移除，取而代之的是一个新的名为 Metaspace 的空间，这个空间会放在原生内存中。

使用 PermGen 空间

对于大部分应用程序来说，PermGen 区域中包含的主要是传统的类定义和 String 常量，其他就没什么了。一些较新的语言，例如 Groovy，具有创建动态类定义的能力，因此在负载较重时，很容易填满 PermGen 空间。因此在需要创建很多动态类定义时要特别小心，可能需要调整 PermGen 空间的默认内存分配。

什么是垃圾回收(garbage collection)?

垃圾回收指的是一种重新回收之前分配过的内存的机制，回收的内存可以重新给未来的内存分配使用。在大部分语言中，垃圾回收都是自动进行的，开发者不需要自己释放内存。在 Java 中，当新构造一个对象时(通常是通过 new 关键字构造)，JVM 会为对象及其要保存的数据分配足够多的内存。

当这个对象不再需要时，JVM 需要重新回收这块内存，以便其他对象在构造时可以使用这块内存。

在使用 C 和 C++这类语言时，需要手动地管理这些内存，内存的管理通常是通过 malloc 和 free 这些函数调用完成的。更为现代的语言，例如 Java 和 C#语言，有自动化的系统可以负责内存的管理，因此减轻了程序员的负担，而且也避免了任何潜在的错误。

尽管有一些不同的实现垃圾回收的算法，但是这些算法都有一个共同的目标，那就是要找出不再被活动代码引用的已分配内存，并且将这些内存返回到可用内存池供以后的内存分配使用。

Java 传统使用的垃圾回收算法是标记-清理算法。运行代码中的每一个对象引用都标记为活跃，这些对象中的每一个引用都会被遍历，并且也被标记为活跃，直到从活跃对象出发的所有路径都被跟踪了。

这个过程完成之后，堆中的每一个对象都会被扫描，那些没有被标记为活跃的内存位置都会被设置为可回收。在这个过程中，为了能够成功地回收内存，JVM 中的所有线程都会被暂停，这种方式称为"停止一切(stop-the-world)"的回收。当然，垃圾回收器会试图让这种回收的数目降到最低。从 Java 最初发布以来，垃圾回收的算法已经经历过数次迭代，尽可能地用并行的方式完成回收工作。

Java 6 引入了一个新的算法名为 Garbage First(G1)。这个算法通过了 Java 6 测试的验证，在 Java 7 中用于生产环境。G1 仍然是一个基于标记-回收的算法，并且并行运行，但是 G1 首先关注的是几乎为空的内存区域，为的是能够尽量保证大块可用的空闲区域。

在垃圾回收过程中还会执行一些其他操作，例如对象在不同代之间的晋升，以及将一些经常访问的对象通过内存移动的方式组织在一起，从而维持尽可能多的可用空间。这种组织在一起的操作称为压缩(compaction)。内存压缩发生在 JVM 处于停止一切的阶段，因为活动对象有可能被移动到不同的物理内存位置。

10.2　内存调优

> 栈和堆有什么区别？

内存主要被分为两个部分：栈和堆。到目前为止，本章的大部分讨论都是围绕着对象分配产生的，也就是堆的作用。

栈中保存的内存包括原始值、指向对象的引用以及方法。栈上变量的生命期是由代码作用域决定的。代码的作用域通常是由一对花括号中的代码定义的，例如一个方法调用，或一个 for 循环或 while 循环。一旦执行流程离开了作用域，那么这个作用域中声明的变量就都会从栈中移出。

当调用一个方法时，这些声明的变量会被放置在栈的顶部。在一个栈中调用另一个方法时，新方法的变量会被压入栈中。

递归方法指的是直接或间接调用自己的方法。如果一个方法调用自己的次数太多，栈内存就会被填满，最终新的方法调用就无法给自己所需的变量分配内存了。这样的结果就是抛出 StackOverflowError 异常。从这样的异常中得到的栈跟踪通常包含大量对同一个方法的调用。在编写递归方法时，方法中一定要有一个称为基础情形的状态，在这个状态时停止进行新的递归调用。

与对应的迭代版本相比，递归的方法通常都会占用更多的栈空间，也即更多的内存空间。尽管递归的方法看上去更优雅简洁，但是一定要注意由于栈溢出而导致的内存不足的错误。代码清单 10-1 展示了同一个算法分别用递归和迭代风格编写的代码。

代码清单 10-1：利用栈实现循环

```java
@Test
public void listReversals() {
    final List<Integer> givenList = Arrays.asList(1, 2, 3, 4, 5);
    final List<Integer> expectedList = Arrays.asList(5, 4, 3, 2, 1);

    assertEquals(expectedList.size(), reverseRecursive(givenList).size());
        assertEquals(expectedList.size(), reverseIterative(givenList).size());
}

private List<Integer> reverseRecursive(List<Integer> list) {
    if (list.size() <= 1) { return list; }
    else {
        List<Integer> reversed = new ArrayList<>();
        reversed.add(list.get(list.size() - 1));
        reversed.addAll(reverseRecursive(list.subList(0, list.size() - 1)));
        return reversed;
    }
}

private List<Integer> reverseIterative(final List<Integer> list) {
    for (int i = 0; i < list.size() / 2; i++) {
        final int tmp = list.get(i);
        list.set(i, list.get(list.size() - i - 1));
        list.set(list.size() - i - 1, tmp);
    }

    return list;
}
```

　　比较这两个翻转数组的算法。每一个算法都需要多少空间呢？在递归的方法定义中，每一次方法被递归调用时，都会创建一个新的列表。每一次方法调用创建的这些列表都必须保持在内存中，直到整个列表被完全翻转。尽管实际的列表保存在堆中(因为对象都存储在堆中)，但是每一次方法调用都需要栈空间。

　　在迭代式版本中，唯一需要的空间就是一个保存当前要和列表另一端对应值进行交换的值的变量。这里没有递归调用，因此栈不会增长到很深。这里也不需要分配新的对象，因此堆中也不需要额外的空间。

　　自己试试不同大小的列表。看看什么时候递归版本的方法会抛出 StackOverflowError 异常？

> **怎样定义 JVM 堆的大小？**

　　JVM 提供了一些命令行参数可以定义 JVM 为不同的内存区域所分配的内存大小。

在启动 JVM 时，通过命令行标志**-Xmx** 和具体的大小值可以指定堆的最大值。例如，通过命令 java **-Xmx512M** <classname>启动 JVM 时会创建一个最大堆大小为 512MB 的 JVM。内存大小值的后缀中，G 表示 GB、M 表示 MB、K 表示 KB。一定要注意的是，JVM 在启动时并不会完整地分配这么多内存，而是在需要时增加内存的使用量，直到达到这个设置的最大值。在 JVM 扩展内存分配之前，会尽可能地通过垃圾回收获得更多内存。

通过**-Xms** 参数指定初始分配给 JVM 的内存，使用方法和**-Xmx** 一样。建议在明确知道完成应用程序功能所需的具体内存量时使用这个参数，在这种情况下，可以节省为了将内存扩展为所需大小而进行的大量的慢速的垃圾回收。

如果这两个参数设置为同一个值，那么 JVM 在启动时会从操作系统申请完整的内存分配，而且这个内存不会有任何增长。

在初始内存分配时，分配的默认值是计算机上所安装内存的 1/64，最高至 1GB。最大值的默认值是 1GB 和计算机物理内存的 1/4 中较小的那个值。由于这些值在计算机之间的差异可能会很大，因此对于任何要在生产环境中运行的代码，都应该显式地指定这些值，并且确保这些值能保证代码执行的需求。

和初始堆大小及最大堆大小类似，JVM 的启动参数中还包括设置栈大小的参数。对于大部分运行的程序来说，应该避开这些参数的设置。如果发现经常出现 StackOverflowException 异常，应该检查代码，并尽可能将递归的方法替换为对应的迭代版本。

其他相关的 JVM 参数还包括设置永生代的**-XX:Permsize** 和**-XX:MaxPermSize**。如果需要创建大量的类或字符串常量，或使用某种会创建很多动态类定义的语言，那么可能需要调整这些参数。

> 在 Java 中可能发生内存泄露吗？

有一个对 Java 语言的常见误解就是，由于语言带有垃圾回收机制，因此绝不可能发生内存泄露。不可否认，如果你之前的背景是 C 或 C++，那么你会为不需要显式地释放任何已分配的内存而感到放松，但是如果你不够小心的话，还是会产生过多的内存使用。代码清单 10-2 是一个会产生内存泄露的简单栈实现。

代码清单 10-2：一个会产生内存泄露的集合

```java
public class MemoryLeakStack<E> {

    private final List<E> stackValues;
    private int stackPointer;

    public MemoryLeakStack() {
        this.stackValues = new ArrayList<>();
        stackPointer = 0;
```

```
    }

    public void push(E element) {
        stackValues.add(stackPointer, element);
        stackPointer++;
    }

    public E pop() {
        stackPointer--;
        return stackValues.get(stackPointer);
    }
}
```

不考虑任何并发相关的问题或任何基本的异常处理(例如对空栈调用 pop),你能不能找到发生内存泄露的地方? 在弹出元素时, stackValues 实例保留了一份对弹出元素的引用,因此弹出的元素不会被垃圾回收。当然, 弹出的对象会在下次压入对象时被覆盖, 因此之前弹出的对象再也不可见了, 但是直到此时, 被弹出的对象都不会被垃圾回收。

如果你还搞不清楚为什么这会有问题, 请想象一下这个栈中的每一个元素都是一个在内存中保存了一个巨大文件内容的对象。当这些对象仍然在栈中被引用时, 对象占用的内存完全无法用作他用。再想象一下, push 方法被调用数百万次, 然后又调用同样次数的 pop。

更好的 pop 方法实现可以是调用 stackValues 列表的 remove 方法。remove 方法不仅返回列表中的对象, 还会将对象从列表中完全移出, 也就是说只要客户代码没有对弹出的对象有任何引用的话, 这个对象就可以被垃圾回收。

10.3　JVM 和 Java 语言之间的互操作性

这一节内容涵盖了一些特殊的方法和类。

> 从开始编写一段 Java 代码到这段代码真正运行在 JVM 上的生命周期是怎样的?

当你希望 Java 代码在 JVM 上运行时, 首先要做的就是编译代码。编译器有多种职责, 例如检验你编写的程序是合法的, 并检验程序中使用的类型是正确的。编译器输出字节码, 并保存在.class 文件中。字节码是一种二进制格式的代码, 类似于具体平台和操作系统的可执行机器码指令, 字节码是针对 JVM 的指令。

将类定义的字节码装入正在运行的 JVM 的内存的过程称为类加载(classloading)。JVM 带有类加载器(classloader), 负责解析.class 文件并将文件加载到内存中。类加载器是一种抽象, 能从磁盘、网络接口甚至诸如 JAR 这类存档文件中加载类文件。类只会在运行中的 JVM 需要某个类的定义时被加载。

也可以实现自己的类加载器，启动使用自定义类加载器的应用程序时可以在某些特殊的位置查找类。当然，使用自定义的类加载器可能会有安全隐患，因此不可以允许恶意的类加载器运行任意应用程序。例如，Java 小应用程序(applet)就不允许使用自定义类加载器。

一旦一个类完成了加载，JVM 自己就会对字节码进行验证以确保是合法的。这些检查包括验证字节码不会分支访问到其类字节外部的内存位置，还包括检查所有的代码指令都是完整的指令。

一旦完成代码验证，JVM 就可以将字节码解释为底层平台和操作系统上对应的指令代码。然而这个过程很慢，有一些早期的 JVM 就因为这个原因而臭名昭著，特别是运行 GUI 程序时。不过，即时(Just In Time，JIT)编译器能够动态地将当前运行的字节码翻译为原生的指令，从而避免了对字节码的解释。由于这个转换是动态进行的，因此 JIT 可以根据当前应用程序的状态生成高度优化的机器代码。

能不能显式地要求 JVM 执行垃圾回收？

System 类中的静态方法 gc 的用途是告诉 JVM 运行一次垃圾回收，但是调用这个方法并不能保证一定会进行一次垃圾回收。gc 方法的文档说道：

gc 方法建议 Java 虚拟机努力回收未使用的对象，以便这些对象目前占用的内存可以快速得到重用。当控制权从这个方法返回时，Java 虚拟机已经尽了最大的努力从所有废弃的对象回收空间。

尽管不可能强制执行一次垃圾回收，但是调用 gc 时，JVM 会重视这个请求，只要可能的话，就会执行一次垃圾回收。调用这个方法会导致代码运行变慢，在垃圾回收的过程中，整个应用程序都会处于停止一切的状态。

显式地调用 System.gc 通常表明代码中出现了坏味道。如果通过调用这个方法来释放内存，说明出现了内存泄露的可能性更大，这时更应该想办法解决内存泄露问题，而不是在代码中布满显式的垃圾回收请求。

finalize 方法的作用是什么？

finalize 方法是继承自 Object 的一个 protect 方法。当 JVM 要对一个对象进行垃圾回收时，会首先调用这个对象的 finalize 方法。这个方法的作用是完成任何未了解的事情，以及关闭被垃圾回收的对象所依赖的所有资源。

重写这个方法时应该考虑到，你对何时调用这个方法并没有控制权：当且仅当 JVM 决定对这个对象施行垃圾回收时才会调用这个方法。如果你想要通过这个方法关闭数据库连接或文件句柄，那么你无法保证这个事件发生的准确时间。如果有很多对象都是这样设计的，那么就有耗尽数据库连接池或同时拥有大量处于打开状态的文件的风险。

如果你正在编写的代码依赖需要显式地关闭的外部资源(例如数据库、文件系统或网络接口等)，那么你应该尽快关闭这些资源。根据具体情况，可以使用 Java 7 新引入的 try-with-resources 代码块，资源被占用的时间应该尽可能地短。

> WeakReference 是什么？

WeakReference 是一个泛型的容器类，当包含的实例没有强引用时，就可以被垃圾回收。

代码清单 10-1 展示的栈实现可以采用的另一种方法就是在列表中保存元素的 WeakReference。然后在垃圾回收时，没有其他引用的元素都会被设置为 null。代码清单 10-3 展示的是一个可行的声明，其中还添加了一个方法 peek。

代码清单 10-3：通过 WeakReference 对象实现的栈

```java
public class WeakReferenceStack<E> {

    private final List<WeakReference<E>> stackReferences;
    private int stackPointer = 0;

    public WeakReferenceStack() {
        this.stackReferences = new ArrayList<>();
    }

    public void push(E element) {
        this.stackReferences.add(
                stackPointer, new WeakReference<>(element));
        stackPointer++;
    }

    public E pop() {
        stackPointer--;
        return this.stackReferences.get(stackPointer).get();
    }

    public E peek() {
        return this.stackReferences.get(stackPointer-1).get();
    }
}
```

新元素压入栈时是以 WeakReference 的形式保存的，当弹出时，取出的是 WeakReference，然后通过 get 获得实际对象。现在，当客户代码对这个对象没有引用时，这个对象就会在下一次垃圾回收时被移除。

peek 方法只是返回栈顶层的元素，而不会删除这个元素。

代码清单 10-4 展示的是当所有指向值的强引用都被移除时，栈中的引用会被设置为 null。ValueContainer 类的作用只是保存一个字符串，但是通过重写 finalize 方法来展示被垃圾回收器调用过。如果删去 System.gc()这一行代码，这个测试就会失败。

代码清单 10-4：使用了 WeakReference 的栈的应用

```java
@Test
public void weakReferenceStackManipulation() {
    final WeakReferenceStack<ValueContainer> stack = new WeakReferenceStack<>();

    final ValueContainer expected = new ValueContainer("Value for the stack");
    stack.push(new ValueContainer("Value for the stack"));

    ValueContainer peekedValue = stack.peek();
    assertEquals(expected, peekedValue);
    assertEquals(expected, stack.peek());
    peekedValue = null;
    System.gc();
    assertNull(stack.peek());
}

public class ValueContainer {
    private final String value;

    public ValueContainer(final String value) {
        this.value = value;
    }

    @Override
    protected void finalize() throws Throwable {
        super.finalize();
        System.out.printf("Finalizing for [%s]%n", toString());
    }

    /* 略去了 equals、hashCode 和 toString 方法 */
}
```

这个测试演示了一些非常复杂的概念。注意有一点非常重要，那就是 expected 引用和传入栈的引用是不一样的。如果压栈的语句类似于 stack.push(expected)，那么在整个测试期间都会保存一个强引用，也就是说在测试期间不会被垃圾回收，因此会导致测试失败。

这个测试通过 peek 方法查看栈，检查栈顶的元素是否符合预期。然后将 peekedValue 引用设置为 null。现在除了栈中的 WeakReference 之外，没有针对这个值的引用，因此在下次垃圾回收时，内存应该会被回收。

向 JVM 发出执行垃圾回收的指令之后，这个引用在栈中就再也不可用了。在控制台应该可以看到打印出了一句表示调用了 finalize 方法的输出。

上述示例栈的使用

如果你确实需要栈具有上述功能，那么 pop 方法在调用时应该反复递减栈指针，直到找到一个非 null 的值为止。为了简单起见，所有由于 WeakReference 被垃圾回收而产生的栈优化在这里都省略了。

什么是原生方法？

普通的 Java 类定义会被编译为字节码，并保存在类文件中。这个字节码是平台无关的，在运行时被翻译为对应底层平台和操作系统的具体指令。

然而，有时候需要运行一些平台相关的代码，可能是要引用一个平台相关的库，或者是要做一些操作系统层次的调用，例如写磁盘或写网络接口。幸运的是，最常见的操作已经在 JVM 支持的每一个平台上都实现了。

对于例外的情况，还可以编写原生方法(mative method)。原生方法带有一个定义明确的 C 或 C++头文件，其中标识了类的名字、Java 方法名以及参数和返回类型。当你写的代码被加载到 JVM 中时，需要注册自己编写的原生代码，这样 JVM 在调用原生方法时就明确知道需要运行什么代码。

关闭钩子(shutdown hook)是什么？

当 JVM 终止时，允许在退出之前执行一些代码，有点类似于对象被垃圾回收之前运行的 finalize 方法。关闭钩子是指向 Thread 对象的引用。通过调用当前 Runtime 实例的 addShutdownHook 方法可以添加新的钩子引用。代码清单 10-5 列出了一个简单的例子。

代码清单 10-5：添加一个关闭钩子

```java
@Test
public void addShudownHook() {
    Runtime.getRuntime().addShutdownHook(new Thread() {
        @Override
        public void run() {
            System.err.println(
                    "Shutting down JVM at time: " + new Date());
        }
    });
}
```

关闭钩子运行时表示虚拟机正在以表示成功或不成功的代码退出。尽管代码清单 10-5

中的代码只是记录 JVM 终止的时间，不过可以想象一下这个功能还可以有其他功能，例如通知支持团队 JVM 终止的消息，在这种终止是意外情况时特别有用。

10.4　本章小结

JVM 是一个使用范围异常广泛的软件。从桌面应用程序到在线实时交易系统，到处都能看到 JVM 的身影。

对于任何复杂的 Java 应用来说，都需要考察其和 JVM 的交互情况，也需要搞清楚应用程序在很多不同的情形下能否按照预期的方式运行。对运行的 JVM 进行优化更像是一门艺术而不是科学，很少有人教你怎样使用相关的命令行参数。请阅读 JVM 相关文档，在 Mac 或 UNIX 上对应的是 java 命令行程序，在 Windows 上对应的则是 java.exe。实验一下各种命令行参数，看看对程序有什么影响，然后试着让程序崩溃。

注意不同的 JVM 厂商会提供不同的命令行参数。根据惯例，以 "-XX:" 为前缀的参数都是非标准参数，因此不同厂商之间这些参数的使用方法可能会不同，甚至某个参数是否提供也是不统一的。

第 11 章讨论并发，介绍 Java 和 JVM 怎样尽量简化并发的编程。该章还讨论一种使用 actor 的异步编程新方法。

第 **11** 章

并　发

本章讨论与使用并发相关的一些概念，内容从创建自己的线程到要求 JVM 代为创建线程。

本章还介绍了 Akka 框架，这个框架代表了一种比较新的并发编程方式，这种方式关注的是消息的创建和处理，而处理的并行性则是由框架进行管理的。

11.1　使用线程

> 如何并行地运行代码?

Java 代码是运行在线程中的。当启动一个简单的应用程序(例如最典型的 Hello World 应用程序)时，代码运行在主线程中。如你所想，应用程序至少需要一个线程来运行。

应用程序可以创建自己的线程。创建一个新线程的时候，提供给这个线程的代码会立即开始运行。由于从物理上不可能同时在一个 CPU 核心上运行一份以上的代码，因此 JVM 要负责管理这些线程，即调度何时运行哪一个线程。

代码清单 11-1 展示了一个在独立线程中运行代码的简单示例。

代码清单 11-1：同时运行两个代码块

```
public class Threads {

    public static void main(String[] args) throws InterruptedException {

        final Thread separateThread = new Thread(new ThreadPrinter());
        separateThread.start();
        for(int i = 0; i < 5; i++) {
```

```
        System.out.println("From the main thread: "
                + Thread.currentThread().getName());
        Thread.sleep(1000);
        }
    }
}

public class ThreadPrinter implements Runnable {
    @Override
    public void run() {
        for(int i = 0; i < 5; i++) {
            System.out.println("From the new thread: "
                    + Thread.currentThread().getName());
            try {
                Thread.sleep(1000);
            } catch (InterruptedException e) {
                e.printStackTrace();
            }
        }
    }
}
```

创建一个新线程之前首先要构建一个新的 Thread 对象。Thread 对象构建的时候接受 Runnable 接口的一个实例。Runnable 接口只有一个方法：public void run()。注意在启动线程的时候，千万不要自己调用这个 run 方法，而是应该调用线程对象的 start 方法，当 JVM 创建好了运行代码的新线程之后会转而调用 run 方法。

Thread 类是一个特殊的类，因为这个类会调用 JVM 创建新的线程以支持并行执行。如果看一下 start 方法的源码，可以发现这个方法最终调用了一个私有方法 start0，而这个私有方法本身是一个原生方法，即通过 Java Native Interface 实现的一个方法，具体实现和主机操作系统相关。

仔细观察代码清单 11-1，可以发现这段代码主要完成了 3 个操作：创建新线程，启动新线程，然后在两个线程中都打印出线程的名字，每秒打印一次，一共持续 5 秒钟。如果运行这段代码多次，可能会发现两个线程执行的顺序会有变化：有时候主线程会先打印出文字行，而有时候新线程会先打印出文字行。JVM 负责判定哪一个线程先调度运行。

---

try/catch 代码块

注意，不能给代码清单 11-1 中的 ThreadPrinter 类的 run 方法添加 throws 声明，因此 Thread.sleep 调用必须包装在 try/catch 代码块中。由于 Runnable 接口没有 throws 声明，所以实现这个接口的类也不能有。

在 Java 5 引入 Callable 接口的时候，call 方法的定义允许抛出任何类型的异常，因此允许代码本身抛出异常，而不需要在 try/catch 代码块中处理异常。

Thread 和 Executor 之间的区别是什么？

Java 5 引入的并发框架提供了一系列操作并发代码的类，这些类可以帮助你使用 Java 的线程模型。

在 Java 中创建一个运行的线程是一项开销很高的操作，此外，操作系统也有可能会限制一个正在运行的应用程序同时运行的线程数。通过使用线程池，我们可以在需要线程的时候有线程使用，而且不是创建新的线程，而是复用已经运行完其他代码的线程。

幸运的是，Java 的并发框架为常见用例提供了一组线程池，而且还可以对线程池进行扩展以满足自己的需求。代码清单 11-2 展示的例子使用了代码清单 11-1 中的 ThreadPrinter 类。

代码清单 11-2：使用 Executor

```java
public class UsingExecutor {

    public static void main(String args[]) {
        final Executor executor = Executors.newCachedThreadPool();
        executor.execute(new ThreadPrinter());
        executor.execute(new ThreadPrinter());
        executor.execute(new ThreadPrinter());
    }
}
```

在这段代码中，和创建及启动线程相关的样板化代码都不见了，这些操作全部都由负责管理带缓存的线程池的 Executor 实例完成。

Executor 接口是针对并行计算的一种抽象。Executor 允许并发代码以一种受管的方式运行。接口中有一个方法：void execute(Runnable)。任何 Executor 的实现都会负责管理由哪一些线程运行具体的 Runnable 对象。

从代码清单 11-2 的输出可以看出 3 个不同的线程输出了文本行。带缓存的线程池管理这些线程的创建。

实际上，Executors.newCachedThreadPool 返回的不是一个 Executor，而是一个 ExecutorService。ExecutorService 的主要优势在于并行计算可以返回一个结果，而 Executor 使用的 Runnable 对象只有一个 void 返回类型。此外，和代码清单 11-2 中的 Executor 的另一个不同之处在于，ExecutorService 还支持关闭操作。代码清单 11-2 中的代码实际上是不能终止的。代码清单 11-3 展示了一个如何使用 ExecutorService 的例子。

代码清单 11-3：在一个独立的线程中计算 π

```java
public class UsingExecutorService {

    public static void main(String[] args) throws InterruptedException,
                                    ExecutionException,
                                    TimeoutException {
```

```
final ExecutorService executorService =
        Executors.newCachedThreadPool();
final long startTime = System.currentTimeMillis();
final Future<Double> future =
        executorService.submit(new PiCalculator());

final double pi = future.get(10, TimeUnit.SECONDS);

final long stopTime = System.currentTimeMillis();
System.out.printf("Calculated Pi in %d milliseconds: %10.9f%n",
        stopTime - startTime,
        pi);

executorService.shutdown();
}

private static class PiCalculator implements Callable<Double> {

public Double call() throws Exception {
    double currVal = 1.0;
    double nextVal = 0.0;
    double denominator = 1.0;

    for(int i = 0;
        Math.abs(nextVal - currVal) > 0.000000001d;
        denominator += 2.0, i++) {
        currVal = nextVal;
        if(i % 2 == 1) {
            nextVal = currVal - (1 / denominator);
        } else {
            nextVal = currVal + (1 / denominator);
        }
    }

    return currVal * 4;
}
}
}
```

这段代码通过低效的莱布尼茨法计算 π 的值，并通过 ExecutorService 将计算放在一个独立的线程中执行。PiCalculator 类实现了参数化的 Callable 接口，这个接口只有一个方法，即 call，该方法返回的是参数化类型的值。

提交了计算之后，就可以执行其他任务，之后尽可能迟地调用 Future 的 get 方法获得计算结果。

> 如何测试并发代码？

先看代码清单 11-4。

代码清单 11-4：带有一个独立线程的测试

```
@Test
public void executorExample() {
    final ExecutorService executor = Executors.newCachedThreadPool();
    final Runnable threadNamePrinter = new InfiniteThreadNamePrinter();

    System.out.println("Main thread: " +
            Thread.currentThread().getName());
    executor.execute(threadNamePrinter);
}

private static class InfiniteThreadNamePrinter implements Runnable {
    @Override
    public void run() {
        while (true) {
            System.out.println("Run from thread: " +
                    Thread.currentThread().getName());
        }
    }
}
```

研究一下这段代码，会发现这段代码永远不会终止，不过这是情有可原的。这段代码在一个线程中不停地打印出线程名。

然而，实际运行这段代码的时候你会发现在控制台打印了几行之后很快就会终止。

在 JUnit 中，当主线程中的代码结束的时候，测试就结束了。在这个例子中，executorExample 方法的最后一行语句将一个 Runnable 传递给了 Executor。当操作结束的时候，JUnit 认为测试已经完成。JUnit 并不会等待其他任何线程完成。如果你需要在一个独立的线程中进行更复杂的测试，这种方式是得不到预期结果的。

即使不使用 cachedThreadPool 而使用 singleThreadedExecutor，也不能解决这个问题。singleThreadedExecutor 仍然在一个独立的线程中运行，尽管这个 Executor 中只能有一个线程。

这个问题基本上有两种解决方案：要么让 Executor 在同一个线程中运行，要么等待线程完成运行。代码清单 11-5 给出了一个等待支持线程完成运行的例子。

代码清单 11-5：等待支持线程完成运行

```
@Test
public void waitToComplete() throws InterruptedException {
    final ExecutorService executor = Executors.newCachedThreadPool();
```

```java
    final CountDownLatch latch = new CountDownLatch(1);
    executor.execute(new FiniteThreadNamePrinterLatch(latch));
    latch.await(5, TimeUnit.SECONDS);
}

private static class FiniteThreadNamePrinterLatch implements Runnable {
    final CountDownLatch latch;

    private FiniteThreadNamePrinterLatch(final CountDownLatch latch) {
        this.latch = latch;
    }

    @Override
    public void run() {
        for (int i = 0; i < 25; i++) {
            System.out.println("Run from thread: " +
                    Thread.currentThread().getName());
        }
        latch.countDown();
    }
}
```

这段代码中的 final 代码行通过 CountDownLatch 实例来挂起线程的执行，直到另一个线程将计数器置零。

代码清单 11-6 展示了在同一个线程中运行 Runnable 代码。

代码清单 11-6：提供一个在同一个线程中运行代码的 Executor

```java
@Test
public void sameThread() {
    final Executor executor = new Executor() {
        @Override
        public void execute(final Runnable command) {
            command.run();
        }
    };

    System.out.println("Main thread: " +
            Thread.currentThread().getName());
    executor.execute(new FiniteThreadNamePrinter());
}

private static class FiniteThreadNamePrinter implements Runnable {
    @Override
    public void run() {
        for (int i = 0; i < 25; i++) {
            System.out.println("Run from thread: " +
                    Thread.currentThread().getName());
```

```
        }
    }
}
```

这里没有必要使用 Executor 库，只要提供一个运行 Runnable 的 Executor 实现即可。运行这个测试的时候，可以发现 FiniteThreadNamePrinter 代码所在的线程名和发起这个测试的线程的名字是一样的。

这里提供自定义 Executor 的好处在于测试更容易阅读，没有其他任何样板代码的负担，不像代码清单 11-5 中使用 CountDownLatch 的例子那样。

如果在生产代码中需要通过构造函数参数的方式提供 Executor(构造函数所在的类依赖于提供的 Executor)，那么只需要在测试代码中提供不同的 Executor 实现，而不需要对生产代码做任何修改。

等待其他作业完成

当需要阻塞一个线程等待其他工作完成的时候，例如代码清单 11-5 展示的 CountDown-Latch 示例，绝对不要让线程永远阻塞。

await 方法有两种重载，一种是不接受参数，另一种是接受一对表示要等待多长时间的参数，这一点和 Future.get 方法是一样的。如果使用了等待特定时间的版本，那么如果指定时间内没有响应，就会抛出一个 InterruptedException 异常。

如果使用的是不带参数的版本，那么这个方法会永远阻塞下去。因此，如果正在等待的操作因为崩溃等原因永远都不返回，那么应用程序也就永远不会继续了。

如果需要等待一个并行操作结束执行，那么不论这个操作是在另一个线程中还是其他情况(例如一个要返回数据的 Web 服务)，都要考虑应该如何应对操作永不返回的情形。

11.2　使用并发

如何管理线程间的共享状态？

先看代码清单 11-7。

代码清单 11-7：共享状态

```
public class SharedState {

    @Test
    public void sharedState() {
        final ExecutorService executorService =
                Executors.newCachedThreadPool();

        final SimpleCounter c = new SimpleCounter();
```

```
        executorService.execute(new CounterSetter(c));

        c.setNumber(200);
        assertEquals(200, c.getNumber());
    }

    private static class CounterSetter implements Runnable {
        private final SimpleCounter counter;

        private CounterSetter(SimpleCounter counter) {
            this.counter = counter;
        }

        @Override
        public void run() {
            while(true) {
                counter.setNumber(100);
            }
        }
    }
}

public class SimpleCounter {

    private int number = 0;

    public void setNumber(int number) {
        this.number = number;
    }

    public int getNumber() {
        return number;
    }
}
```

这个有趣的测试创建了一个新的线程，并且传入一个 Counter 对象，这个线程不断地将值设置为 100。主线程也对 Counter 对象进行操作，将值设置为 200。然后这个测试判定这个值是否确实为 200。

运行多次这个测试，会发现有时候能通过，有时候又不能通过。同样，这是由于 JVM 会自行调度线程的运行而引起的。如果主线程在设置完 counter 对象之后 JVM 中断主线程并调度 CounterSetter 线程运行，那么这个值就会被设置为 100。

为了确保共享变量在另一个线程试图读写的时候不会被修改，必须对这个共享状态加锁。代码清单 11-8 对这个测试进行了改进，保证了 CounterSetter 不会影响主线程的测试断言。

代码清单 11-8：为共享状态上锁

```
public class LockedSharedState {

    @Test
    public void lockedSharedState() {
        final ExecutorService executorService =
                Executors.newCachedThreadPool();

        final SimpleCounter c = new SimpleCounter();
        executorService.execute(new CounterSetter(c));

        synchronized (c) {
            c.setNumber(200);
            assertEquals(200, c.getNumber());
        }
    }

    private static class CounterSetter implements Runnable {
        private final SimpleCounter counter;

        private CounterSetter(SimpleCounter counter) {
            this.counter = counter;
        }

        @Override
        public void run() {
            while(true) {
                synchronized (counter) {
                    counter.setNumber(100);
                }
            }
        }
    }
}
```

　　每一个 Java 对象都能给上锁。如果将代码块包装在 synchronized(object)中，那么同一时刻只能有一个线程运行这个代码块。被 synchronized 代码块标记的对象被当成锁使用。在代码清单 11-8 中，实际的计数器对象本身被当成锁使用。

　　所有和读写这个计数器实例有关的代码都被包装在一个 synchronized 代码块中，因此主线程更新并重读计数器值的时候，CounterSetter 的代码不会干扰这段代码的执行。这样的测试永远都能通过。

　　当然，使用锁是需要权衡利弊的。当线程被锁定的时候，需要等待其他线程释放锁，因此可能会有性能影响。因此建议只锁定读和写操作，其他任何操作都不要上锁，而且要尽快释放锁。

　　　　Atomic 类提供了什么功能？

　　Java 的并发框架中加入了各种 Atomic 类，这些类对所有的原生类型进行了封装，例如 AtomicInteger 和 AtomicBoolean，还有一个对引用类型的封装 AtomicReference。

　　这些类都提供了确定的原子操作。也就是说，当你在对这些类进行方法调用的时候，其他任何线程都不会修改这些类内部保存的引用。代码清单 11-9 是对代码清单 11-7 中测试的改进，利用了 AtomicInteger 作为计数器。这个测试中有一个线程不停地将计数器设置为同一个值。测试线程试图从计数器中获得值，然后加 1，最后再取出新值，在这个过程中，CounterSetter 类所在的线程不会重置计数器的值。

代码清单 11-9：使用 AtomicInteger

```java
public class AtomicSharedState {

    @Test
    public void atomicSharedState() {
        final ExecutorService executorService =
                Executors.newCachedThreadPool();

        final AtomicCounter c = new AtomicCounter();
        executorService.execute(new CounterSetter(c));

        final int value = c.getNumber().incrementAndGet();
        assertEquals(1, value);
    }

    private static class CounterSetter implements Runnable {
        private final AtomicCounter counter;

        private CounterSetter(AtomicCounter counter) {
            this.counter = counter;
        }

        @Override
        public void run() {
            while(true) {
                counter.getNumber().set(0);
            }
        }
    }
}

public class AtomicCounter {

    private final AtomicInteger number = new AtomicInteger(0);

    public AtomicInteger getNumber() {
        return number;
    }
}
```

这里不再需要使用 synchronized 代码块了，因为 AtomicInteger 类可以确保值在读写过程中不会被修改，而且会将 incrementAndGet 作为一个操作来执行。

AtomicInteger 经常被用做计数器，从而避免使用原始的前递增和后递增操作。

使用递增和递减操作符

注意，当 x++和 x--这样的语句在编译的时候，生成的字节码中包含了 3 个操作：将 x 中保存的值从内存中取出来，将这个值递增 1，然后将 x 值写回内存。在这 3 操作之间，JVM 可能会中断操作，而切换至的线程可能会修改 x 值。如果发生这种情况，那么当 JVM 切换回原来的线程时，写回内存的值就是错误的，因此被中断的线程得到的就是错误的值。

为什么要用不可变(immutable)对象？

在第 8 章中，代码清单 8-30 和代码清单 8-31 展示了如何创建不可变对象。

使用不可变对象的一个主要优势在于，由于对象的值永远不可变化，因此可以随意在线程之间传递，而不需要使用锁。

这意味着，由于需要同步的代码块之间没有锁，所以当多个线程需要访问某一个不可变值的时候就不会产生瓶颈。

当需要更新某个不可变对象中的值的时候，通常都需要生成一份带有更新值的新拷贝。

11.3 actor

什么是 Akka？

Akka 是一个框架，为编写并发代码提供了一种不同的思路。Akka 受到函数式编程语言 Erlang 的影响，使用了 actor 模型。Akka 本身是使用 Scala 编写的，但是提供了一套完整的 Java API。Akka 可以在 www.akka.io 下载，在 Maven 中可以包含以下代码定义依赖关系：

```
<dependency>
    <groupId>com.typesafe.akka</groupId>
    <artifactId>akka-actor_2.10</artifactId>
    <version>2.2.3</version>
</dependency>
```

根据设计，actor 的任务是处理消息，Akka 框架关注的是传播和分发这些消息。因此在设计应用程序的时候，可以围绕消息流来进行设计，而不用关注线程和锁的并发。

代码清单 11-10 给出了一个简单的示例。

代码清单 11-10：在 Java 中使用 actor

```java
public class Message implements Serializable {
    private final String message;

    public Message(String message) {
        this.message = message;
    }

    public String getMessage() {
        return message;
    }
}

public class MessageActor extends UntypedActor {

    @Override
    public void onReceive(Object message) {
        if (message instanceof Message) {
            Message m = (Message) message;
            System.out.printf("Message [%s] received at %s%n",
                    m.getMessage(),
                    new Date().toString());
        }
    }

    public static void main(String[] args) {
        final ActorSystem system = ActorSystem.create("actorSystem");
        final ActorRef actorRef = system.actorOf(
                Props.create(MessageActor.class),
                "messageProcessor");

        actorRef.tell(new Message("Hello actor system"), null);
    }
}
```

MessageActor 类表示的是一个 actor。actor 实现了一个 onReceive 方法，当 actor 系统将一条消息分发给这个 actor 的时候会调用这个方法。

actor 是由 actor 系统创建的，而不是由客户代码通过 ActorSystem.actorOf 方法创建的。通过这种方式，系统可以管理 actor，并且一直保存着指向 actor 的引用。如果通过普通的调用 new 的方式构造一个 actor 实例，则会抛出异常。

actor 系统本身负责管理如何运行代码。通常的方式是创建新的线程，因为线程是 Java

运行并发代码的原始方式。在每一个线程内，Akka 会交错执行不同的代码块，从而产生多个并发代码块在同时运行的效果。

> 使用 ActorRef 对象而不是 Actor 对象有什么好处？

　　actor 系统让开发者操作 ActorRef，而实际的 actor 则是由 actor 系统创建的，这一层的间接作用是，如果 actor 崩溃了，actor 系统会为对应的 ActorRef 创建一个新的 actor。实际上，使用 actorRef 的客户代码甚至不知道 actor 是否崩溃了，可以认为 actor 一直在运行并且发送消息。代码清单 11-11 展示了一个实际工作的例子，这个例子同时还介绍了如何向调用的代码返回值。

代码清单 11-11：让 actor 崩溃

```java
public class ActorCrash extends UntypedActor {

    public static void main(String[] args) {
        final ActorSystem system = ActorSystem.create("actorSystem");

        final ActorRef crashRef =
                system.actorOf(Props.create(ActorCrash.class));
        final ActorRef dividingActorRef =
                system.actorOf(Props.create(DividingActor.class));

        dividingActorRef.tell(5, crashRef);
        dividingActorRef.tell(0, crashRef);
        dividingActorRef.tell(1, crashRef);
    }

    @Override
    public void onReceive(Object message) {
        System.out.printf("Received result: [%s]%n", message);
    }
}

public class DividingActor extends UntypedActor {
    @Override
    public void onReceive(Object message) {
        if(message instanceof Integer) {
            Integer number = (Integer) message;
            int result = 10 / number;
            this.getSender().tell(result, getSelf());
        }
    }

    @Override
    public SupervisorStrategy supervisorStrategy() {
```

```
return new OneForOneStrategy(
    10,
    Duration.Inf(),
    new Function<Throwable, SupervisorStrategy.Directive>() {
        @Override
        public SupervisorStrategy.Directive apply(Throwable t) {
            return SupervisorStrategy.restart();
        }
    });
    }
}
```

这个 actor 系统包含了两个类。当 DividingActor 接收到一条整数消息的时候，这个 actor 用这个接收到的整数除以 10。当然，如果接收到的整数为 0，那么这个计算就会因为除以零错误而抛出一个 ArithmeticException 异常。

默认情况下，actor 是不会重启的，不过在这个例子中，将 SupervisorStrategy 定义为总是重启。

ActorCrash 中的代码不知道会发生崩溃。这个 actor 只是简单地将消息发送给另一个 actor，而且由于它本身也是一个 actor，所以也能接收消息。这种将发送消息和接收消息进行解耦可以得到更好的灵活性，因为不会阻塞等待结果。actor 的 onReceive 方法在结果返回的时候会被调用。

通过使用这种消息处理方式，而不是调用然后阻塞等待收到回应的命令式方式，可以创建出高响应度的系统。

怎样实现并行消息处理？

---

actor 系统可以管理和创建 actor，因此在必要时可以将其配置为创建多个 actor。由于 actor 是消息处理器，因此 actor 的实例一般可以看成是独立的。先看一下代码清单 11-12。

代码清单 11-12：多消息的处理

```
public class MultiActors {

    public static void main(String[] args) {
        final ActorSystem system = ActorSystem.create("actorSystem");
        final ActorRef ref = system
            .actorOf(Props.create(LongRunningActor.class)

        System.out.println("Sending m1");
        ref.tell("Message 1", null);
        System.out.println("Sending m2");
        ref.tell("Message 2", null);
        System.out.println("Sending m3");
        ref.tell("Message 3", null);
```

```
        }

    }

class LongRunningActor extends UntypedActor {
    @Override
    public void onReceive(Object message) {
        System.out.printf("Being run on ActorRef: %s%n", getSelf());
        try {
            Thread.sleep(10000);
        } catch (InterruptedException e) {
            e.printStackTrace();
        }

        System.out.printf("Received %s%n", message);
    }
}
```

运行这段代码应该得到以下输出：

```
Sending m1
Sending m2
Sending m3
Being run on ActorRef: Actor[akka://actorSystem/user/$a#-1672686600]
Received Message 1
Being run on ActorRef: Actor[akka://actorSystem/user/$a#-1672686600]
Received Message 2
Being run on ActorRef: Actor[akka://actorSystem/user/$a#-1672686600]
Received Message 3
```

这段代码的输出表示 3 条消息同时发出，然后同一个 actor 实例依次对这些消息进行处理。由于 actor 处理每条消息需要耗费 10 秒钟的时间，因此这种方式并不是最高效的方式。

通过引入一个路由器(router)，系统可以创建多个 actor，然后可以将消息分发给每一个实例。整个这些过程都隐藏在 actor 系统中，因此自己的代码不需要管理这些。

只需要将创建 actor 的那一行改为：

```
final ActorRef ref = system
    .actorOf(Props.create(LongRunningActor.class)
    .withRouter(new RoundRobinRouter(3)));
```

这样就可以创建 actor 的 3 个实例，然后以 round-robin 轮转的方式给每一个 actor 发送消息。

运行这段代码应该得到类似以下的输出：

```
Sending m1
Sending m2
Sending m3
Being run on ActorRef: Actor[akka://actorSystem/user/$a/$a#-644282982]
```

```
Being run on ActorRef: Actor[akka://actorSystem/user/$a/$c#-1755405169]
Being run on ActorRef: Actor[akka://actorSystem/user/$a/$b#-935009175]
Received Message 1
Received Message 2
Received Message 3
```

ActorRef 有了新的名字，所有 3 条消息都同时得到了处理。

通过将消息的路由和不同的 actor 实例耦合起来，再加上能够自动重启的能力，就可以构建高度并发且容错的消息处理系统。注意，这一节构建的小系统都不需要任何创建线程或管理共享状态的代码。通过提供不可变对象作为消息，并且允许 actor 系统创建并管理并发的任务单元，你自己的代码可以更加合理，而且样板代码更少，使得代码更容易理解和维护。

11.4 本章小结

不论是 Web 服务器还是带有自己的用户界面的独立应用程序，每一个有用的应用程序都会有代码在并行运行。

理解不同代码块在并行运行时的相互交互方式是关键所在，而且不同线程在执行时的交互方式和交互位置都是不清楚的。

在现代 Web 应用中，你通常会认为，由于每一个请求都在自己的线程中处理，因此不需要考虑并发问题。而事实上并不是这样。你需要和数据库或文件系统进行交互。同样，如果使用了任何依赖注入框架，例如 Spring 或 Guice 等，就可能会创建各种服务访问的单实例对象和数据访问对象，这些对象会被整个应用程序中运行的代码共享访问。

要尽可能减少并发带来的问题。在可能的时候，总是使用不可变对象，即使并不打算以并发的方式使用这些对象。将 IDE 设置为当变量可以标记为 final 的时候发出提醒。如果养成了这些习惯，那么这种特质在面试中会非常有用。

本书的第 III 部分讨论一些常见的库和框架，大部分 Java 开发者在职业生涯的某个阶段可能会使用到，因此需要知道并理解这些内容。此外，第 III 部分还讨论了如何对应用程序编程，使其能访问外部的世界，例如通过 HTTP 访问因特网，或者通过 JDBC 或 SQL 访问数据库。

第Ⅲ部分

组件和框架

在 Java 面试中，只理解语言本身是不够的。对于大部分职位来说，都会假定面试者已经知道 Java 语法并且知道如何运行 Java 应用程序，这些都属于如何利用语言来交互、操作和显示数据的知识。

很多可重用的代码，例如算法的代码、连接因特网的代码，以及写磁盘的代码等都被模块化，并且抽象在自己的库中。Java 的一个主要优势在于足够成熟，因此大部分常见的场景都有对应的库可以使用，所以不需要每一次都从头开始重写这些功能，从而节省了时间和精力。本书第Ⅲ部分关注的是常见的库和应用框架，通过这些内容可以帮助你构建专业的、可靠的应用程序，这些应用程序以各种方式和外部世界进行通信，包括生成网页的服务器，也包括通过数据库持久化信息的应用程序。

- 第 12 章讨论数据库，介绍数据库存储的概念以及 Java 和数据库交互的方式。
- 第 13 章介绍不同的 Web 应用服务器，讨论如何设置这些服务器以提供网页的动态内容。
- 第 14 章讨论 HTTP 和 REST，即 Java 应用程序如何与因特网上其他服务进行通信。
- 第 15 章讨论序列化，以及 Java 对象在 JVM 外部的表示形式。
- 第 16 章讨论 Spring 框架，这是一个非常流行的库，可以帮助很多组件和服务(从数据库到 Web 应用)进行整合，同时还专注于可测试的代码。
- 第 17 章讨论一个用于对象关系映射的库 Hibernate。Hibernate 允许应用程序对 Java 对象和数据库表进行双向转换。
- 第 18 章讨论各种场合常用的一些库，从 I/O 访问到时间和日期的操作等。你可以把这些库看成是可以包含进 Java 标准库的重要功能。
- 第 19 章讨论的是构建工具 Maven 和 Ant。当你的应用程序太庞大而无法简单地通过 javac 管理的时候，通过这些构建工具可以帮助将应用程序构建为可直接用于生产环境的二进制构件。
- 第 20 章是第Ⅲ部分的最后一章，简单地讨论了 Android 的开发。随着功能强大的智能手机的广泛使用，移动电话应用开发得到了极大发展。尽管 Android 手机并不运行 JVM，但是 Android 应用开发使用的是 Java。

第12章

Java 应用程序和数据库的整合

面向对象语言能够用丰富的方式对真实世界的对象进行建模。关系数据库将数据持久化在表格中，而表格通常是一种更平坦的数据结构，对同样的对象的表达能力更具有局限性。

本章讨论如何连接和使用关系数据库，以及如何将 Java 数据类型持久化到数据库中。本章所有示例都使用 MySQL 数据库，包括通过 MySQL 控制台访问(用 mysql>提示符表示)，以及通过 Java 的数据库接口访问。

12.1 SQL 简介

SQL 是一种抽象的声明式语言，用于在关系数据库中执行查询和数据操作。SQL 是一种标准，和具体的数据库实现无关。如今基本上所有正在使用的成熟的关系数据库产品都支持 SQL。

> 如何通过 SQL 从关系数据库检索数据？

关系数据库中的数据保存在很多表中，而表是由行和列组成的。每一个表通常都描述了一个逻辑的实体(entity)，也可称为关系(relation)，例如一个人、一个地址或一个库存清单项。数据库中的每一行称为一条记录(record)，每一条记录都可以被唯一地标识。唯一标识符称为主键(primary key)。表 12-1 展示的是一个表示员工记录的数据库表的节选。

表 12-1　employees 表

employee_number	name	title	home_address	hire_date	office_location_id
1	Bob Smith	CEO	1, Pine Drive	2010-01-25	1
2	Alice Smith	CTO	1, Pine Drive	2010-01-25	1
3	Cassandra Williams	Developer	336, Cedar Court	2010-02-15	2
4	Dominic Taylor	Receptionist	74A, High Road	2011-01-12	2
5	Eric Twinge	Developer	29, Acacia Avenue	2012-07-29	1

从表中可以看出，每一条记录都可以通过 employee_number 列标识。这个表只保存了和员工相关的信息。

SQL 是一种用于解释和操作关系数据库数据的灵活语言，提供了一种对问题域有意义的表达形式。如果要查询某张表，应该使用 SQL SELECT 语句：

```
SELECT name, office_location_id FROM employees;
```

这条查询语句返回的是 employees 表中的所有行，但是只包含 name 和 office_location_id 列：

```
mysql> SELECT name, office_location_id FROM employees;
+--------------------+--------------------+
| name               | office_location_id |
+--------------------+--------------------+
| Bob Smith          |                  1 |
| Alice Smith        |                  1 |
| Cassandra Williams |                  2 |
| Dominic Taylor     |                  2 |
| Eric Twinge        |                  1 |
+--------------------+--------------------+
5 rows in set (0.00 sec)
```

SQL 语句和大小写敏感性

通常说来，SQL 语句是大小写敏感的。大小写敏感的不仅包括语句的关键字(例如 SELECT、FROM 和 WHERE 等)，还包括查询语句中的对象，例如列和表名等。

一个常用的约定是 SQL 关键字用大写，对象名称用小写。这种约定可以帮助代码的读者根据大小写变化将查询语句分解为不同的逻辑块。

有时候需要检索某一指定的行或某一些特定的行。为此，需要在 SELECT 语句中加上 WHERE 子句。这个子句会对一个布尔表达式求值，而且会针对每一行进行求值。如果表达式对某一行求值为真，那么这一行就会被包含在结果集中：

```
mysql> SELECT name, office_location_id FROM employees WHERE employee_number > 2;
```

```
+------------------ +------------------ +
| name             | office_location_id |
+------------------ +------------------ +
| Cassandra Williams |                2 |
| Dominic Taylor   |                2 |
| Eric Twinge      |                1 |
+------------------ +------------------ +
3 rows in set (0.00 sec)
```

注意这个例子中的 WHERE 子句对并不包含在结果集中的一个列进行求值，也就是说在查询语句中可以访问任意列，即使被访问的列不在最终的结果集中。

如果要在查询中返回所有的列，那么可以使用通配符*表示所有的列：

```
SELECT * FROM employees WHERE employee_number = 1;
```

如果在表中添加、删除或修改了列，此查询都可以正常工作，只不过返回的结果不同。

假设这个表隶属于一个公司的大型数据库，那么可以想象这个数据库中还有其他表示不同实体的表，例如表示公司所有办公地点的信息以及每个人工作地点的信息，甚至还有各个管理层结构的信息。数据库的迷人之处和威力就在于这些关系之间的交互。

表 12-2 定义了这个公司数据库中的另外一个名为 office_locations 的表。

表 12-2　office_locations 表

office_location_id	location_name	address	lease_expiry_date
1	New York	Union Plaza	NULL
2	Paris	Revolution Place	NULL
3	London	Piccadilly Square	2014-05-30

尽管这个表中的信息从逻辑上和 employees 表是分离的，但是这两个表之间肯定是有关系的。对两个表检索可以得到以下结果：

```
mysql> select employees.name, office_locations.location_name
    -> from employees, office_locations;
+------------------ +---------------- +
| name             | location_name  |
+------------------ +---------------- +
| Bob Smith        | New York       |
| Bob Smith        | Paris          |
| Bob Smith        | London         |
| Alice Smith      | New York       |
| Alice Smith      | Paris          |
| Alice Smith      | London         |
| Cassandra Williams | New York     |
| Cassandra Williams | Paris        |
| Cassandra Williams | London       |
| Dominic Taylor   | New York       |
| Dominic Taylor   | Paris          |
| Dominic Taylor   | London         |
```

```
| Eric Twinge        | New York       |
| Eric Twinge        | Paris          |
| Eric Twinge        | London         |
+------------------- +--------------- +
15 rows in set (0.00 sec)
```

这些数据并不是我们想要的。为什么会得到这样的结果呢?因为数据库并不知道应该怎样将这些行组织在一起,因此只能从 employees 表中取出每一行,然后将每一行和 office_locations 表中的每一行进行配对。如果需要更有意义的结果,必须告诉数据库怎样组织这些表的关系,如代码清单 12-1 所示。

代码清单 12-1: 两个表的连接

```
SELECT *
 FROM employees
 JOIN office_locations
  ON employees.office_location_id = office_locations.office_location_id;
```

这条查询可以返回我们所需要的数据集:

```
mysql> select employees.name, office_locations.location_name
    -> from employees
    -> join office_locations
    -> on employees.office_location_id = office_locations.office_location_id;
+------------------- +--------------- +
| name               | location_name  |
+------------------- +--------------- +
| Bob Smith          | New York       |
| Alice Smith        | New York       |
| Cassandra Williams | Paris          |
| Dominic Taylor     | Paris          |
| Eric Twinge        | New York       |
+------------------- +--------------- +
5 rows in set (0.00 sec)
```

两个或多个表上的查询称为连接(join)。执行连接还可以使用另一种语法。可以在 SQL 语句的 FROM 部分列出所有的表,然后在 WHERE 子句中连接这些表即可:

```
SELECT *
 FROM employees, office_locations
 WHERE employees.office_location_id = office_locations.office_location_id;
```

尽管两者看上去区别并不大,但是前一种连接查询(称为 ANSI Join)对于关系的区分更为清晰。如果上述查询中有 WHERE 子句,那么这个子句中的每一个部分都会用于数据行的过滤,而不会用于定义表之间的关系。

employees 表的 office_location_id 列引用了 office_locations 表中同名的列。这一列称为外键(foreign key),表示引用其他表中列的列。在数据库中设置外键关系是可选的操作,然而这么做可以优化查询性能,因为数据库会知道针对这个列的连接操作和过滤操作是预料之中的。

定义外键还可以强制保证引用的完整性：在 employees 表中，office_location_id 的取值不可以超出 office_locations 表中对应列的取值范围。反过来，在 employees 表中存在的 office_location_id 不可以在 office_locations 表中删除，每一个员工都必须有合法的办公地点。

如果在定义表时忽略了外键关系，那么两个表之间就没有引用完整性：引用的列中可以包含被连接的表中不存在的数据。不过有时候这正是你所需要的。

> 什么是内连接？什么是外连接？

默认情况下，两个表中满足匹配条件的行都会包含在连接内。此外还可以指定连接操作中的一个或两个表中的所有行都包含在连接中，用 NULL 填补缺失的匹配。

office_locations 表中包含一些在 employees 表中没有引用的数据行。这可能是因为这家公司目前还有空的办公地点。代码清单 12-1 的运行结果中没有出现这个办公地点。

在查询的 JOIN 子句中，如果指定的是 LEFT OUTER JOIN，那么结果中会包含来自查询中左侧的所有行，在右侧没有匹配的地方则填上 NULL。RIGHT OUTER JOIN 则是相反的操作。代码清单 12-2 展示了 employees 和 office_locations 表的右外连接查询。

代码清单 12-2：右外连接查询

```
SELECT *
  FROM employees
  RIGHT OUTER JOIN office_locations
    ON employees.office_location_id = office_locations.office_location_id;
```

此查询为每一个 location_name 都返回了一条结果，不论其对应的位置有没有雇员在办公：

```
mysql> select employees.name, office_locations.location_name
    -> from employees
    -> right outer join office_locations
    -> on employees.office_location_id = office_locations.office_location_id;
+-------------------+---------------+
| name              | location_name |
+-------------------+---------------+
| Bob Smith         | New York      |
| Alice Smith       | New York      |
| Eric Twinge       | New York      |
| Cassandra Williams| Paris         |
| Dominic Taylor    | Paris         |
| NULL              | London        |
+-------------------+---------------+
6 rows in set (0.00 sec)
```

左外连接和右外连接还可以同时进行，在两个表中对于不存在的项都填入 NULL，使用的语法是 FULL OUTER JOIN。在 employees 表和 office_locations 表之间不能执行这种连接，因为 office_location_id 是一个外键关系：不可能有员工工作在数据库中不存在的地点。

图 12-1 展示了两个表之间的不同连接的可视化形式。

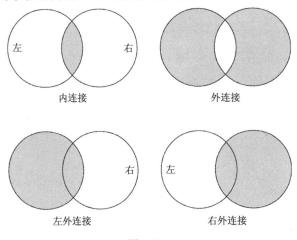

图　12-1

> SQL 能对数据库中的数据进行分析吗？

SQL 包含了很多可以对列执行计算的函数。如果你有使用关系式数据库的经验，那么你可能使用过计算表中行数的 COUNT 函数：

```sql
SELECT COUNT(*) from employees;
```

此查询返回的是 employees 表中行的数目。

表 12-3 定义了一个员工工资表。

表 12-3　salaries 表

employee_number	annual_salary	last_update_date
1	20 000	2013-06-29
2	12 000	2013-06-29
3	6000	2012-06-10
4	6000	2013-06-16
5	12 000	2013-05-26

SUM 函数计算某一指定列的所有行的总和。财务部门可以通过对 annual_salary 应用这个函数计算年工资总开销，如代码清单 12-3 所示。

代码清单 12-3：计算一列的总和

```
mysql> select sum(annual_salary) from salaries;
+------------------+
| sum(annual_salary) |
+------------------+
|            56000 |
+------------------+
1 row in set (0.00 sec)
```

还可以首先将一些具有同样特征的行分组，然后再利用这些函数对某个类进行计算操作。例如，如果想要查看公司中每一个职位的平均工资，需要使用 AVG 函数，并且根据员工的职位进行分组，如代码清单 12-4 所示。

代码清单 12-4：使用 GROUP BY 子句

```
mysql> select e.title, avg(s.annual_salary)
    -> from employees e
    -> join salaries s
    ->   on e.employee_number = s.employee_number
    -> group by e.title;
+--------------+----------------------+
| title        | avg(s.annual_salary) |
+--------------+----------------------+
| CEO          |           20000.0000 |
| CTO          |           12000.0000 |
| Developer    |            9000.0000 |
| Receptionist |            6000.0000 |
+--------------+----------------------+
4 rows in set (0.00 sec)
```

在查询中包含了 title 列之后，需要指定 GROUP BY 子句，否则数据库不知道如何为不同的职位组织数据。如果没有这个子句，则产生的数据是无意义的：计算了年度工资栏的平均值，然后将原表中的第一行的数据(即 CEO)用作 title 列。

> **注意：** 上述示例中使用的表和列都包含一些很长很啰唆的名字。代码清单 12-4 使用了表的别名，别名的作用是可以在查询过程中对表重命名，在这个例子中将表重命名为更短的名字。
>
> 如果要将一个表和自己连接，那么需要为每一个表创建一个别名，否则在连接或使用 WHERE 子句时数据库不知道引用的是哪一个实例。

> 怎样将数据持久化到数据库中？

到现在为止，我们只是通过 SQL 查询表中已有的数据。通过 INSERT 语句可以向表中插入数据，通过 UPDATE 语句可以修改已有的行，通过 DELETE 语句可以删除行。

INSERT 语句包含要插入某张表的数据：

```
INSERT INTO employees VALUES (1, "Bob Smith", "CEO", "1, Pine Drive",
    CURDATE(), 1);
```

插入多行数据可以使用同样的方法，提供的是用逗号隔开的表示行的元组的列表：

```
INSERT INTO employees VALUES
 (2, "Alice Smith", "CTO", "1, Pine Drive", CURDATE(), 1),
 (3, "Cassandra Williams", "Developer", "336, Cedar Court", CURDATE(), 2),
 (4, "Dominic Taylor", "Receptionist", "74A, High Road", CURDATE(), 2),
 (5, "Eric Twinge", "Developer", "29, Acacia Avenue", CURDATE(), 1);
```

还可以插入行的部分内容，前提是没有提供的列用 NULL 代替不会影响约束条件，或者是有默认值。在语句中要给出具体要更新的列：

```
INSERT INTO employees (employee_number, name, title, office_location_id)
VALUES (6, "Frank Roberts", "Developer", "2");
```

更新数据时，需要指定具体要更新的列以及新的值，还可以提供表示要更新的行的匹配条件：

```
UPDATE employees
set home_address = "37, King Street"
where employee_number = 6;
```

如果通过主键匹配行，那么根据定义，只更新一行数据，因为主键唯一标识一行。此外，表也会针对主键建立索引，因此数据库应该可以瞬时定位要更新的行。

如果在 UPDATE 语句中提供了 WHERE 子句，那么更新操作会针对所有行进行。

删除行也可以通过 WHERE 子句来指定要删除的行：

```
DELETE FROM employees WHERE name = "Frank Roberts";
```

一定要小心！如果忽略了 WHERE 子句，那么所有的行都会被删除：

```
mysql> select count(*) from employees;
+----------+
| count(*) |
+----------+
|        5 |
+----------+
1 row in set (0.00 sec)

mysql> delete from employees;
Query OK, 5 rows affected (0.00 sec)
```

如果要修改表中的数据，总是应该使用事务。这样的话，在提交事务之前，数据库允许你 ROLLBACK(回滚)任何错误。

什么是视图？

为了方便起见，我们可以将一个常用的查询或连接设置为一个"虚拟表"，这个虚拟表称为视图(view)。对于需要在数据库控制台直接运行多个查询的开发者或运维人员来说，视图往往可以提供帮助。

如果经常需要通过一条查询来查找员工及其工作地点，那么通过下面的语句可以创建一个反映这些信息的视图：

```
CREATE VIEW employees_and_locations AS
SELECT employee_number, name, location_name, address
  FROM employees
  JOIN office_locations
    ON employees.office_location_id = office_locations.office_location_id;
```

然后就可以像查询普通表一样查询这个视图了：

```
mysql> select * from employees_and_locations;
+----------------+-----------------+--------------+----------------+
| employee_number| name            | location_name| address        |
+----------------+-----------------+--------------+----------------+
|              1 | Bob Smith       | New York     | Union Plaza    |
|              2 | Alice Smith     | New York     | Union Plaza    |
|              3 | Cassandra Williams| Paris      | Revolution Place|
|              4 | Dominic Taylor  | Paris        | Revolution Place|
|              5 | Eric Twinge     | New York     | Union Plaza    |
+----------------+-----------------+--------------+----------------+
5 rows in set (0.00 sec)
```

还可以从一个视图中删除数据行。当然，引用完整性的一般性原则在这里也要遵循。此外还可以添加行。如果视图定义中的列有缺失，那么会使用 NULL 值。如果对应的列不允许使用 NULL 值，那么这一行数据就不能插入到视图中。

一般情形下，不建议从视图中删除数据。视图太轻量级了，很容易修改其定义，因此当某个列定义从视图中移除时很容易连带地插入 NULL 值。

DDL 和 DML 是什么？

到目前为止，我们讨论的例子仅仅和数据的操纵有关。SQL 还可以用于创建、删除和修改表。数据操纵语言(Data Manipulation Language，DML)通过 SELECT、INSERT、UPDATE 和 DELETE 关键字操纵数据。数据定义语言(Data Definition Language，DDL)的用途则是创

建和操纵表的结构。

创建表的语句是 CREATE TABLE 语句。这个语句包含了列的列表以及每一列的数据类型定义：

```
CREATE TABLE meeting_rooms (
  meeting_room_id    INT,
  office_location_id INT,
  meeting_room_name  VARCHAR(100)
);
```

这条语句会创建一个带有 3 个列的表，其中两列的类型为 INT，另外一列的类型为 VARCHAR(100)，即最长为 100 个字符的字符串。注意，不同数据库中的合法数据类型可能会有所不同。你需要在数据库供应商提供的最新文档中查看哪些类型是合法的。

在这个表中尽管有一个名为 office_location_id 的列，但是没有指向 office_locations 表的引用，在此列中没有针对可接受数据的引用完整性规则。

如你所想，DDL 不只可以创建表，还可以修改表的定义，例如添加一个列：

```
ALTER TABLE meeting_rooms ADD COLUMN telephone_extension VARCHAR(100);
```

对 meeting_rooms 表执行 SELECT 操作时会显示这一列，就好像这一列一直存在一样。如果这个表已经有数据了，那么这一列就会为空，因此显示一个 NULL 值。在 ALTER TABLE 语句中可以指定默认值。

要删除(drop)一列，可以运行下列语句：

```
ALTER TABLE meeting_rooms DROP COLUMN telephone_extension;
```

还可以在线修改某一列的定义。例如，可以对表增加一个外键约束：

```
ALTER TABLE meeting_rooms
ADD FOREIGN KEY (office_location_id)
REFERENCES office_locations(office_location_id);
```

创建了这个约束之后，只有合法的 office_location_id 值才能插入 meeting_rooms 表中的那一列。如果在这一列中已经有数据不满足约束条件，那么这条语句会被拒绝。

还可以增加其他任何类型的约束。例如定义一个不允许 NULL 值的列，或定义一个列只允许接受某个范围内的整数值。

如何加速低效的查询？

看一下之前的 employees 表，记录会按顺序保存在磁盘上，很可能是按照 employee_number 列的顺序保存的，因此 101 号员工的数据会保存在 100 号员工之后，以此类推。

在大部分情况下，通过这种方式保存数据的意义不是太大，因为很少有情况需要根据员工号的顺序获得员工列表。

针对这些数据的一个可能的查询是查找所有在某个特定办公地点工作的员工：

```
SELECT * FROM employees WHERE office_location_id = 2;
```

此查询需要按顺序检查每一行是否满足 WHERE 子句。如果表中有数千行数据时，这条查询会耗费一阵子时间，特别是在没有任何一行与条件匹配时。

通过给这一列增加索引，数据库可以直接查询这一列，得到指向行位置的直接引用。图 12-2 展示了这个索引的工作原理。

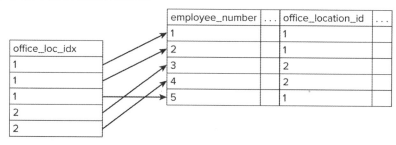

图　12-2

这张表还会额外保存 office_location_id 的分组信息，数据库会通过这些信息查找办公地点对应的数据行。这里需要付出的代价是需要更多的磁盘空间来保存这些索引。代码清单 12-5 展示了这个索引的创建。

代码清单 12-5：创建索引

```
create index office_loc_idx on employees (office_location_id);
```

创建了索引之后，向 employees 表插入数据时还会在索引中创建一个条目，可能会导致插入数据耗费的时间更长。带来的好处是查询更快了，特别是在表增长到数千行的规模时。

> 如果 SQL 不能满足需求怎么办？

存储过程(stored procedure)提供的功能比 SQL 提供的简单创建、读取、更新和删除功能更为强大。在存储过程中可以执行更多的过程式步骤。

下面给出一个需要创建存储过程的例子：为超过一年没有加薪的员工加薪。代码清单 12-6 展示了如何在 MySQL 中实现这个存储过程。

代码清单 12-6：创建一个存储过程

```
CREATE PROCEDURE annual_salary_raise (
  IN percent INT,
  OUT total_updated INT
)
BEGIN
```

```
SELECT COUNT(*)
INTO total_updated
FROM salaries
WHERE last_update_date > DATE_SUB(CURDATE(), INTERVAL 1 YEAR);

UPDATE salaries
SET annual_salary = annual_salary * ((100 + percent) / 100),
    last_update_date = CURDATE()
WHERE last_update_date > DATE_SUB(CURDATE(), INTERVAL 1 YEAR);
END;
```

这个存储过程接受两个参数：一个 IN 参数，表示工资增长的百分数；一个 OUT 参数，可以看成是存储过程的返回值。这里传入一个句柄，存储过程通过句柄设置值，然后在运行完存储过程之后就可以通过句柄读取值。在这个例子中，OUT 参数保存的是更新的行数。IN 参数和 OUT 参数的数目可以根据自己的需求随意指定。

SELECT 语句的形式也不同，将 COUNT 函数的结果填入 total_updated OUT 参数。如果 SELECT 语句返回 0 行或多于 1 行数据，则这条查询会失败。

这个存储过程对那些已经超过一年没有更新的行应用百分比更新。MySQL 提供了一个用于操纵 DATE 数据类型的 DATE_SUB 函数——在这个例子中，这个函数计算的是 CURDATE(表示今天的日期)之前一年的日期。这条更新语句还会将最后更新日期设置为 CURDATE，因此被更新的行在一年之内不会被更新。代码清单 12-7 展示了这个存储过程在 MySQL 控制台中的执行结果，这个例子实现的是 4%的涨薪。

代码清单 12-7：调用 MySQL 存储过程

```
mysql> select curdate();
+----------- +
| curdate() |
+----------- +
| 2013-06-29 |
+----------- +
1 row in set (0.00 sec)

mysql> select * from salaries;
+--------------- +-------------- +----------------- +
| employee_number | annual_salary | last_update_date |
+--------------- +-------------- +----------------- +
|               1 |         20000 | 2013-06-29       |
|               2 |         12000 | 2013-06-29       |
|               3 |          6000 | 2012-06-09       |
|               4 |          6000 | 2013-06-15       |
|               5 |         12000 | 2013-05-25       |
+--------------- +-------------- +----------------- +
5 rows in set (0.00 sec)

mysql> call annual_salary_raise(4, @updated_count);
Query OK, 1 row affected (0.05 sec)
```

```
mysql> select * from salaries;
+-----------------+---------------+------------------+
| employee_number | annual_salary | last_update_date |
+-----------------+---------------+------------------+
|               1 |         20000 | 2013-06-29       |
|               2 |         12000 | 2013-06-29       |
|               3 |          6240 | 2013-06-29       |
|               4 |          6000 | 2013-06-15       |
|               5 |         12000 | 2013-05-25       |
+-----------------+---------------+------------------+
5 rows in set (0.00 sec)

mysql> select @updated_count;
+----------------+
| @updated_count |
+----------------+
|              1 |
+----------------+
1 row in set (0.00 sec)
```

存储过程特别适合于批量操作一系列语句，通过某种定制的方式操纵数据，上述存储过程就是这样一个例子。另一种用法是在触发器(trigger)中使用。当某个特定的数据库事件发生时，例如删除或更新一行数据时，可以配置在动作发生之前或之后运行一个存储过程，也可以用一个存储过程替代相应的动作。

触发器的一个实际用法是记录数据库事件。当一个敏感的表(例如记录员工工资的财务表)被更新时，可以设置一个存储过程，在向这张表插入数据之前和之后向一张辅助的审计表中插入数据，如果事后有任何分歧时可以在审计表中有据可查。

> 什么是事务?

代码清单 12-6 所展示的存储过程存在一个问题，即 OUT 参数中返回的更新的行数可能和实际更新的行数不一致。这个存储过程执行了两个操作：首先，计算要更新的行的数目，然后执行实际的更新操作。如果有一个客户在运行 annual_salary_raise 存储过程的同时，另一个客户对 salaries 表进行更新并且更新的数据会被存储过程中的更新语句影响，那么第二个客户的更新操作可能会发生在第一个客户通过 SELECT 统计行数之后，第一个客户通过 UPDATE 更新薪资数据之前。

通过将这个过程事务化，就可以避免以上竞争条件的发生。

不论在什么领域(数据库领域或其他领域)中，事务(transaction)都要满足 4 个条件，这 4 个条件统称为 ACID：

- **原子性(Atomic)**——事务中的内容要么全部以一个整体完成，要么完全没有做。不可能在数据库中看到事务只执行了一半的状态。

- **一致性(Consistent)**——执行完事务之后，数据库满足作用域的所有要求。例如，当有两方进行支付时，从一方借记的金额应该匹配另一方存入的金额。
- **隔离性(Isolated)**——每一个并行运行的事务其行为看上去都应该好像只有这一个事务在数据库中运行。
- **持久性(Durable)**——事务一旦被提交之后，就永久地提交了。数据库中任何后续的修改，例如更新或崩溃，都不会对已提交的事务造成影响。

为了将代码清单 12-6 中的存储过程持久化，必须通过 START TRANSACTION 语句开始一个事务，并最终通过 COMMIT 语句成功提交事务，如代码清单 12-8 所示。

代码清单 12-8：使用事务

```
CREATE PROCEDURE annual_salary_raise_transactional (
    IN percent INT,
    OUT total_updated INT
)
BEGIN
  START TRANSACTION;
  SELECT COUNT(*)
...
... <参见代码清单 12-6>
...
  WHERE last_update_date < DATE_SUB(CURDATE(), INTERVAL 1 YEAR);
  COMMIT;
END;
```

当这个事务在运行时，其他连接在尝试更新 salaries 表时都会被阻塞，直到这个事务完成执行。

在运行存储过程的过程中，如果发现数据库处在不一致的状态，或者存储过程中有一些条件没有满足，可以自己中止事务。通过 ROLLBACK(回滚)语句中止事务。

回滚通常是由数据库日志管理的，回滚时反向执行从事务开始时的所有日志。其他运行的事务可能依赖于被回滚的事务的结果，在这种情况下，这些依赖的事务也会被回滚。

什么是 NoSQL？

NoSQL 是一个覆盖性的术语，指的是所有不严格遵循关系式数据库模型的数据库。这些数据库处理的通常是非范式化的数据，通常以键-值对、全文档或图的形式保存数据，目的是让数据的检索速度尽可能地快，从而使得应用程序的响应能力更强。在操纵海量数据时，例如 TB 级的数据甚至 PB 级的数据时，对响应能力有特别的要求。

在 NoSQL 领域，没有和 SQL 对应的访问标准，因为每一个数据库都以自己的方式存储数据。NoSQL 的一个缺点就是一旦开始使用某个 NoSQL 数据库产品，那么就会被绑定到某个特定的厂商，因为迁移的过程需要在不同数据库的模型之间映射，因此会有特异性而且非常费劲。

下面是一些流行的 NoSQL 数据库产品：

- MongoDB——数据以 JSON 对象的形式保存，而且类似的对象之间不一定有相同的字段。
- Cassandra——数据保存在列族(column family)中。和表类似，但是不要求所有的行有相同的列。
- Memcached——分布式键-值存储缓存。
- Redis——集群化的持久化键-值存储。

12.2　JDBC：整合 Java 和数据库

如何通过 Java 连接一个关系数据库？

Java Database Connectivity(JDBC)是构建在 Java 标准库中的数据库连接机制。在使用 JDBC 连接数据库时，必须确保供应商的 JDBC 实现位于 classpath 中。在 Java 6 之前，需要通过调用 Class.forName("<Vendor class>")确保类加载器已经加载了数据库供应商为 JDBC 编写的驱动程序。现在这个过程已经被服务提供者机制自动化了，后者会在 JAR 的 META-INF/services 目录中提供一个查找项。

要创建连接，必须以 URL 的形式向 JDBC 提供相关的连接参数，如代码清单 12-9 所示。

代码清单 12-9：验证一个活跃的数据库连接

```
@Test
public void connectToDb() throws SQLException {
    final Connection connection = DriverManager.getConnection(
        "jdbc:mysql://localhost:3306/company_db", "nm", "password");
    assertFalse(connection.isClosed());
    connection.close();
    assertTrue(connection.isClosed());
}
```

传递给 DriverManager.getConnection 的连接字符串传入了一个名为 company_db 的数据库的完整 URL，这个数据库运行在本地服务器上，端口号为默认的 3306，用户名为 nm，密码为 password。这个测试证实了可以创建连接，验证连接成功，然后关闭连接。

如何通过 Java 执行 SQL 查询？

建立好了数据库连接后,就可以通过执行 SQL 操作来检索和操纵数据。代码清单 12-10 展示了一个简单的数据库查询,并且将查询结果填入普通的 Java 类型。

代码清单 12-10:通过 JDBC 查询数据库

```
@Test
public void retrieveRows() throws SQLException {
    final Connection connection = DriverManager
            .getConnection(
                    "jdbc:mysql://localhost:3306/company_db",
                    "nm",
                    "password");
    final Statement stmt = conn.createStatement();
        final ResultSet rs = stmt.executeQuery(
                "select employee_number, name from employees");

    final Map<Integer, String> employeeMap = new HashMap<>();

    while (rs.next()) {
        final int employeeNumber = rs.getInt("employee_number");
        final String name = rs.getString("name");
        employeeMap.put(employeeNumber, name);
    }

    final Map<Integer, String> expectedMap = new HashMap<Integer, String>() {{
        put(1, "Bob Smith");
        put(2, "Alice Smith");
    }};

    assertEquals(expectedMap, employeeMap);

    rs.close();
    stmt.close();
}
```

数据库连接提供了语句,语句运行查询,查询返回结果集。

ResultSet 接口具有类似 Iterator 的访问方式。当 ResultSet 实例打开时,数据库有一个打开的游标(cursor),每一次调用 next 时都会将游标移动至下一行。这个方法返回一个 Boolean 值,如果返回 false 则表明该查询中没有更多的行。

每一个数据库厂商都提供了自己的 JDBC 类的实现,例如 Statement、ResultSet 和 Connection 类。因此,厂商应该自行提供从数据库数据类型到 Java 类型的映射。通常情况下,这都不会是大问题,因为大部分数据类型都有逻辑上等价的类型。在代码清单 12-10 的例子中,employee_number 列是 MySQL 数据库中的 Integer 类型,因此对 ResultSet 调用 getInt 会将数据转换为 Java 的 int 类型。类似地,name 列的类型是 VARCHAR,它会被映射为一个 String。

getXXX 方法是被重载的方法,可以接受表示列名的字符串作为参数,也可以接受表示列索引(从 1 开始)的 int 作为参数。

> 如何避免 SQL 注入攻击？

如果有某条查询需要反复运行，数据库可以协助完成查询准备，从而得到更快且更安全的查询。

使用查询参数(query parameter)可以让数据库编译查询，并对查询做好预处理，然后只要提供参数就可以执行实际的查询。代码清单 12-11 展示了这种工作方式。

代码清单 12-11：使用查询参数

```java
@Test
public void queryParameters() throws SQLException {
    final PreparedStatement pStmt = conn.prepareStatement(
            "insert into office_locations values (?, ?, ?, NULL)");

    final Map<String, String> locations = new HashMap<String, String>() {{
        put("London", "Picadilly Square");
        put("New York", "Union Plaza");
        put("Paris", "Revolution Place");
    }};

    int i = 1;
    for (String location : locations.keySet()) {
        pStmt.setInt(1, i);
        pStmt.setString(2, location);
        pStmt.setString(3, locations.get(location));
        pStmt.execute();
        i++;
    }

    pStmt.close();

    final Statement stmt = conn.createStatement();
    final ResultSet rs = stmt.executeQuery(
            "select count(*) from office_locations " +
            "where location_name in ('London', 'New York', 'Paris')");
    assertTrue(rs.next());
    assertEquals(3, rs.getInt(1));

    rs.close();
    stmt.close();
}
```

在代码清单 12-10 中，查询是通过一个 Statement 对象执行的，但是在这个例子中，查询使用了一个 PreparedStatement 对象。创建一个 PreparedStatement 对象时，需要提供要运行的查询。不同的查询调用要使用的变量参数通过问号表示。

每一次要执行查询时，通过 setXXX 方法设置参数，指明查询中对应数据的类型。setXXX 方法可以看成是 ResultSet 中对应的 getXXX。同样，要注意这里的参数索引是从 1 而不是从 0 开始的。

使用带有特定数据类型的 setXXX 方法而不是将参数值硬编码为 String 可以实现一定程度的安全性，避免类似 SQL 注入这类攻击。

假设有一个 Web 服务要根据某一个列的 ID 显示数据库表中的内容。这个网络服务的URL 可能具有这样的形式：/showResults?id=3。这个网络服务可以简单地实现：接收解析后的查询参数，然后放在查询内直接传入数据库：

```
stmt.executeQuery("select * from records where id = " +
    queryParameters.get("id"));
```

然而，恶意的用户可以将 id 参数的值替换为 "3; DROP TABLE USERS;"。这样的话，以上代码就变成了两条查询：

```
SELECT * FROM records WHERE id = 3; DROP TABLE users;
```

如果刚好不幸有一个名为 users 的表，那么这个表就会被删除。

然而，如果这个查询是通过 PreparedStatement 执行的：

```
final PreparedStatement ps = conn.prepareStatement("select * from records
    where id = ?);
ps.setInt(1, queryParameters.get("id"));
ps.execute();
```

当查询参数尝试将值设置为 int 时，会在运行时抛出异常，因为恶意的字符串无法转换为 int。

对于要进入数据库的输入，总是应该进行审查，而且只要条件允许，就尽量使用类型系统的帮助。

> 如何通过 Java 运行存储过程？

调用存储过程的方式和创建预处理语句的方式类似。通过代码清单 12-12 中的测试可以运行之前定义好的 salary_update 存储过程。

代码清单 12-12：调用一个存储过程

```
@Test
public void callStoredProc() throws SQLException {
    final CallableStatement stmt = conn.prepareCall("{call
        annual_salary_raise(?, ?)}");
    stmt.setInt(1, 4);
```

```
stmt.registerOutParameter(2, Types.INTEGER);

stmt.execute();

int updatedEmployees = stmt.getInt(2);
assertEquals(1, updatedEmployees);
}
```

对于这个测试，假定在运行之前，数据库中只有一名员工满足涨薪条件，即对应表 12-3 中的数据。

对 Connection 对象调用 prepareCall 创建了一个 CallableStatement 对象。和 Prepared-Statement 对象类似，这里提供的是要在数据库中运行的语句，参数用问号表示。

所有不同的参数都要设置，同时设置数据类型。注意 JDBC 对输出参数是区别对待的。在语句执行结束之后收集这些输出参数的值。

调用存储过程的字串和具体的数据库相关：

```
{call ANNUAL_SALARY_RAISE(?, ?)}
```

对于不同的厂商，这个字符串的结构会有所不同。要注意不同厂商发起调用的方式可能不同。例如，在 Oracle PL/SQL 中调用同名存储过程的字串如下所示：

```
conn.prepareCall("BEGIN ANNUAL_SALARY_RAISE(?, ?); END;");
```

这个调用是由 BEGIN...END 块而不是花括号包围。参数仍然通过问号来设置。

如何管理数据库连接？

数据库的连接是一种有限的资源，而且创建连接的过程非常耗时，特别是连接需要在网络上协商建立时。创建数据库连接的过程往往比数据库操作本身还要耗时。

和线程池采用的方法类似，应用程序通常会管理一个数据库连接池。

有多个开源的库能够创建和管理连接池。这些库都遵循类似的方式：你要告诉库关于连接建立的细节，然后需要连接时，库就可以提供连接。库既可能创建一个新的连接，也可能会重用一个之前创建的连接，从而节省建立连接的时间。

C3P0 是一个管理连接的开源项目。代码清单 12-13 展示了一个获取连接的例子。

代码清单 12-13：使用连接池

```
@Test
public void connectionPools() throws SQLException {
    final ComboPooledDataSource cpds = new ComboPooledDataSource();
    cpds.setJdbcUrl("jdbc:mysql://localhost:3306/company_db");
    cpds.setUser("nm");
    cpds.setPassword("password");
```

```
final Connection conn = cpds.getConnection();
final Statement stmt = conn.createStatement();
final ResultSet rs = stmt.executeQuery(
        "select count(*) from office_locations " +
        "where location_name in ('London', 'New York', 'Paris')");
assertTrue(rs.next());
assertEquals(3, rs.getInt(1));

DataSources.destroy(cpds);
}
```

结束操作时不要关闭连接。连接池保存了对其创建的连接的引用，并且会周期性地通过一条简单的查询(例如 SELECT 1 或 SELECT 1 FROM DUAL 等，取决于具体的数据库)检查连接的健康状况。

使用连接池的好处是让应用程序更能应对数据库中止服务的情形。如果数据库崩溃或重启，则所有的连接都会丢失，因此这些连接的所有引用都会失效。当应用程序对这些连接发出新请求时，连接池会对重启后的数据库创建新的连接，因为连接池会探测到旧的连接已不可用。

> 如何管理应用程序的数据库发布？

发布 Java 应用程序时，通常是以单元的方式构建和发布应用程序，任何升级也是以一个整体的形式进行升级，用升级版本替换现有的二进制版本。

而对于数据库来说并不总是可以这么做，因为数据库中存储的数据必须在版本之间持久存在。

幸好，有一些可以和现有构建系统很好地整合的工具，这些工具可以管理和执行数据库部署和升级。

DBDeploy 就是这样一种工具，这个工具可以直接和 Maven 或 Ant 协作(如果不熟悉这些工具，请参阅第 19 章)。

每一次要在新版本中修改数据库时，请在构建中添加一个带计数的文件，这个计数比上一次数据库变更文件的计数大 1。DBDeploy 在数据库中管理一个表，在一个名为 changelog 的表中记录运行脚本的列表。如果 DBDeploy 发现在 changelog 表中有任何没有被记录的文件，那么 DBDeploy 就会按照数字顺序执行这些脚本，如代码清单 12-14 所示。

代码清单 12-14：数据库有新变化时运行 DBDeploy

```
update-database:
 [dbdeploy] dbdeploy 3.0M3
 [dbdeploy] Reading change scripts from directory /javainterviews/chapter12...
 [dbdeploy] Changes currently applied to database:
```

```
[dbdeploy]   (none)
[dbdeploy] Scripts available:
[dbdeploy]   1, 2
[dbdeploy] To be applied:
[dbdeploy]   1, 2
[dbdeploy] Applying #1: 001_database_creation.sql...
[dbdeploy] Applying #2: 002_stored_proc.sql...
[dbdeploy]  -> statement 1 of 2...
[dbdeploy]  -> statement 2 of 2...
```

之后再次运行 DBDeploy 就会忽略这些文件，因为这些文件被记录为已经成功执行过，如代码清单 12-15 所示。

代码清单 12-15：数据库无新变化时运行 DBDeploy

```
update-database:
[dbdeploy] dbdeploy 3.0M3
[dbdeploy] Reading change scripts from directory /javainterviews/chapter12...
[dbdeploy] Changes currently applied to database:
[dbdeploy]   1, 2
[dbdeploy] Scripts available:
[dbdeploy]   1, 2
[dbdeploy] To be applied:
[dbdeploy]   (none)
```

12.3　利用内存数据库进行测试

在开发数据库时能不能维护一个一致的环境？

在对一个需要访问数据库的应用程序进行活跃开发时，不容易将数据库维持在一个可维护的状态。有一种方法是使用一个和产品和集成环境中不同的数据库发行版：内存数据库。

顾名思义，内存数据库中的内容在 JVM 关闭时会丢失。因此特别适合使用测试数据，因为我们并不关心测试数据的持久化，而是更关心应用程序和数据库之间的交互是否符合预期。内存数据库也运行在本地机器，因此也不需要管理网络流量，数据库也不需要处理多个客户端的复杂连接问题。

一些开源的关系数据库提供了和 SQL 兼容的内存选项。H2 就是一个这样的数据库。H2 的设计很简单，不需要特别的代码启动数据库。代码清单 12-16 展示了创建和连接 H2 数据库是一件多么简单的事情。

代码清单 12-16：创建和使用内存数据库

```
@Test
public void connectToH2() throws SQLException {
    final Connection conn = DriverManager.getConnection(
            "jdbc:h2:mem:test;MODE=MySQL", "nm", "password");
    final Statement stmt = conn.createStatement();
    stmt.executeUpdate("create table teams (id INTEGER, name VARCHAR(100))");
    stmt.executeUpdate("insert into teams values (1, 'Red Team')");
    stmt.executeUpdate("insert into teams values (2, 'Blue Team')");
    stmt.executeUpdate("insert into teams values (3, 'Green Team')");

    final ResultSet rs = stmt.executeQuery("select count(*) from teams");
    assertTrue(rs.next());
    assertEquals(3, rs.getInt(1));
}
```

H2 通过连接字串 jdbc:h2:mem:test 就可以创建名为 test 的内存数据库，操作行为和其他 JDBC 连接是一样的。teams 表只有在测试运行时才可用——这个表没有保存在任何位置，因此这个测试每一次都可以运行成功。如果连接的是真实数据库，那么在运行任何针对 teams 表的测试之前，都要确定这个表的当前状态。username 和 password 参数在这里不重要。

通过配置连接字串中的设置可以自定义数据库的行为。连接字串 jdbc:h2:mem:test;MODE=MySQL 表示要求 H2 数据库理解 MySQL 的特性，即 MySQL 数据类型以及 MySQL 特有的 SQL 语言特性。

将内存数据库和 DBDeploy 结合使用，在测试集运行之前可以将 DBDeploy 脚本导入新创建的 H2 数据库，然后测试就可以像连接到普通 MySQL 数据库一样运行。

另一种针对真实关系数据库测试的方式是在一个打开的事务中运行，然后在测试结束(不论失败还是成功)时回滚事务。这种测试方式可能很高效，但是有风险。如果测试中会提交事务，那么就不能通过这种方式测试。此外，这种测试也依赖于正确的数据库状态。

12.4 本章小结

Java 有一个容易理解和使用的数据库接口用于在数据库中表示 Java 的对象。本章讲解的是与连接和操纵数据库相关的一些难题，既包括普通的 SQL 查询，也包括表达能力更强的存储过程。

尽管 SQL 是数据库查询和操纵的标准语言，但是各个厂商的数据库发行版会有一些区别：不同的数据库会有自己的数据类型，也会有自己的扩展，甚至存储过程也有不同的用法。

针对有经验的 Java 开发者的面试很可能会包含数据库交互的内容。业界的应用，特别是金融行业的应用，有不少的主要业务是和数据库交互，而且关注的是数据库的交互性能。

这种 Java 应用程序实际上是对应数据库的一种反映。一定要了解应用程序连接的那个数据库，只理解 JDBC 和 SQL 是不够的。

第 13 章讨论如何用 Java 开发 Web 应用程序，这是对本章内容的一个补充。大部分情况下，Web 应用程序都需要靠某种持久化的数据存储支撑。有关 Java 应用程序和数据库之间的交互的更多内容请参阅第 17 章，其中讨论了通过 Hibernate 对对象和关系数据模型进行映射。

第13章

创建 Web 应用程序

本章讨论 Tomcat 和 Jetty 这两个主要的提供网页服务的应用程序，还讨论了一个较新的框架 Play。Tomcat 和 Jetty 都实现了 Java Servlet API。这是 Java Enterprise Edition 中的 API。Java Enterprise Edition 包含了开发企业级软件所需的应用程序和服务。除了 Servlet API，本章还讨论一些其他主题，例如 Java 的 Messaging Service 和一些与数据库事务管理和持久化相关的高级话题。

Tomcat 和 Jetty 非常类似，都提供了 Servlet API。事实上，有些开发团队在创建一个应用程序的开发周期中两个框架都会用到：在日常的活跃开发中使用 Jetty，在涉及多个用户的部署中使用 Tomcat(不论是测试的 QA 环境还是线上生产环境的部署)。

本章试图展现 Tomcat 和 Jetty 之间的区别，并澄清它们各自的适用场合。

Play 是一个较新的应用程序服务器框架，这个框架从其他一些框架找到灵感，例如 Rails。Rails 是一个关注于快速原型和快速开发的框架，在一个简单但是可用的框架应用程序的基础上进行迭代开发。

13.1　Tomcat 和 Servlet API

Java 的 Servlet API 定义了 JVM 上运行 Web 应用程序所需要的一系列接口和文件定义。

> Web 应用程序在 Servlet API 中是如何定义的？

Servlet API 通过一个名为 web.xml 的部署描述文件(deployment descriptor)来定义 Web 应用程序，这个文件位于 classpath 的/webapp/WEB-INF/web.xml 路径下。这个文件定义了

servlet，以及通过 servlet 容器进行配置和服务的方式。

web.xml 文件定义了具体的请求(根据请求的路径判定)由哪一个 servlet 处理。代码清单 13-1 列出了一个包含多个 servlet 的示例部署描述文件。

代码清单 13-1：示例部署描述文件 web.xml

```xml
<?xml version="1.0" encoding="ISO-8859-1"?>
<web-app
        xmlns="http://java.sun.com/xml/ns/javaee"
        xmlns:xsi="http://www.w3.org/2001/XMLSchema-instance"
        xsi:schemaLocation=
                "http://java.sun.com/xml/ns/javaee
                http://java.sun.com/xml/ns/javaee/web-app_3_0.xsd"
        metadata-complete="false"
        version="3.0">

    <filter>
        <filter-name>HeaderFilter</filter-name>
        <filter-class>com.example.HeaderFilter</filter-class>
    </filter>
    <filter-mapping>
        <filter-name>HeaderFilter</filter-name>
        <servlet-name>AdminConsole</servlet-name>
    </filter-mapping>

    <servlet>
        <servlet-name>Application</servlet-name>
        <servlet-class>com.example.ApplicationServlet</servlet-class>
    </servlet>
    <servlet>
        <servlet-name>AdminConsole</servlet-name>
        <servlet-class>com.example.AdminConsoleServlet</servlet-class>
    </servlet>
    <servlet-mapping>
        <servlet-name>AdminConsole</servlet-name>
        <url-pattern>/admin/*</url-pattern>
    </servlet-mapping>
    <servlet-mapping>
        <servlet-name>Application</servlet-name>
        <url-pattern>/*</url-pattern>
    </servlet-mapping>

</web-app>
```

这个描述文件包括两大部分：过滤器(filter)的定义和映射以及 servlet 的定义和映射。

我们先看 servlet 的定义和映射。这个描述文件中有两个 servlet：分别是类 com.example.ApplicationServlet 和类 com.example.AdminConsoleServlet。这些类都实现了 javax.servlet.http.HttpServlet 抽象类。

这些 servlet 都被映射到 URL 模式。如果有客户端向/admin 发出请求，那么这个请求会被 AdminConsoleServlet 处理。ApplicationServlet 则处理其他所有的请求。

代码清单 13-2 定义了一个非常简单的 HttpServlet 实现。

代码清单 13-2：一个示例 Http Servlet 实现

```java
public class TimeServlet extends HttpServlet {

    @Override
    protected void doGet(HttpServletRequest request, HttpServletResponse
            response) throws ServletException, IOException {
        final String now = new Date().toString();

        response.setContentType("text/html");
        response.setStatus(HttpServletResponse.SC_OK);

        final String responseString = String.format("<html>" +
            "<head>" +
            "<title>Time</title>" +
            "</head>" +
            "<body>The time is %s</body>" +
            "</html>", now);

        response.getWriter().print(responseString);
    }

    @Override
    protected void doPost(HttpServletRequest request, HttpServletResponse
            response) throws ServletException, IOException {
        doGet(request, response);
    }
}
```

HttpServlet 提供了一些响应 HTTP 方法时调用的 Java 方法。如果一个 GET 方法被转发至这个 servlet，那么 doGet 方法会被调用。类似地，POST 请求会被分发至 doPost 方法。代码清单 13-2 中的 servlet 定义了通过同样的方法处理 POST 和 GET 请求。如果对这个 servlet 发出其他类型的 HTTP 请求，例如 PUT，那么会得到响应代码 HTTP 405 - Method Not Allowed，或 HTTP 400 - Bad Request。如果你没有重写相应的 doXXX 方法，那么这些响应代码属于 HttpServlet 的默认行为。

代码清单 13-2 中应答的 HTML

代码清单 13-2 向请求者直接返回了带有服务器当前时间的 HTML 代码块。不建议像这样显式地编写应答数据，因为随着应用程序的增长，很快就会变得难以管理和维护。

有一些库专门用于管理 HTML 中动态响应的文本操作。此外，好的做法是将业务逻辑和要显示的结果分离开。模型-视图-控制器(Model-View-Controller，MVC)模式就是处理这种问题的常用解决方法，还有一些框架专门实现这种处理数据及其显示之间交互的模式。第 16 章描述 Spring 框架中的实现：Spring MVC。

如何安全地管理发向某个具体 servlet 的请求？

代码清单 13-1 所示的部署描述文件还定义了一个过滤器，并且将这个过滤器映射至 AdminConsole servlet。定义在 filter-class 标签中的类实现了 javax.servlet.Filter 接口。代码清单 13-3 给出了一个这样的实现。

代码清单 13-3：过滤 HTTP 请求

```
public class HeaderFilter implements Filter {
    @Override
    public void init(FilterConfig filterConfig) throws ServletException {
        // 什么都不做
    }

    @Override
    public void doFilter(ServletRequest request,
                         ServletResponse response,
                         FilterChain chain) throws IOException, ServletException {
        if (request.getParameter("requiredParameter") != null) {
            chain.doFilter(request, response);
        } else {
            ((HttpServletResponse) response).sendError(
                    HttpServletResponse.SC_UNAUTHORIZED);
        }

    }

    @Override
    public void destroy() {
        // 什么都不做
    }
}
```

Filter 类定义了 3 个方法——init、doFilter 和 destroy，这些方法会在应用程序服务器生命周期中的恰当时机被调用。init 方法在过滤器第一次初始化时被调用，doFilter 在每一次请求时调用，destroy 在服务器关闭时被调用。

在这个例子中，当类被实例化之后不需要额外的设置过程，因此 init 方法什么都不干。FilterConfig 参数保存了额外的元数据信息，例如这个过滤器在部署描述文件中的名字(即 filter-name 标签中的名字)。

过滤器通过 destroy 方法执行销毁之前所有必要的收尾工作，例如关闭连接和清理文件系统等。

每一次请求都会调用 doFilter 方法，过滤器通过这个方法对请求进行检查，判断是应该拒绝请求还是应该传递给 servlet 进行执行。

一个 servlet 上可以定义多个过滤器，这种方式称为过滤链(filter chain)。部署描述文件中的 filter-mapping 标签的顺序决定了过滤链的执行顺序。

当过滤器完成了请求的处理时，应该将请求转交给过滤链中的下一个过滤器。调用 FilterChain 的 doFilter 方法完成请求的转交。在过滤器中不执行这个调用表示请求不会被 servlet 处理。图 13-1 展示了过滤链。

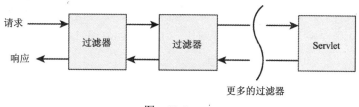

图　13-1

代码清单 13-3 中的例子检查了请求中的查询参数，如果 requiredParameter 参数没有设置，那么会向客户端返回状态代码 HTTP 401 - Unauthorized，并且不会将这个请求转交至 servlet。当然，检查要求的参数是否存在并不是验证 Web 应用程序客户端安全性的方法，不过这个例子应该可以清楚地展示过滤器的工作原理。

注意，Filter 接口并不是 javax.servlet.http 包中定义的接口，传递给 doFilter 方法的 request 和 response 参数的类型分别为 ServletRequest 和 ServletResponse，而不是 HttpServletRequest 和 HttpServletResponse 子类。根据设计，Filter 接口可以用于任何类型的请求/响应 servlet，而不仅限于 HTTP servlet 容器。sendError 方法只能用于 HttpServletResponse 类，因此必须通过类型转换才能将错误返回给客户端。

这里的类型转换是安全的，因为这个过滤器只会在为 HTTP 请求提供服务的 HTTP servlet 容器中使用。

过滤器的作用不仅仅限于判定是否允许处理请求。过滤器还可以在请求中添加额外的值。下面是一些过滤器的示例应用：

- **记录所有的请求**——过滤器可以将请求记录到日志中，然后立即将请求转交给过滤链中的下一个过滤器。

- **身份验证**——比代码清单 13-3 中的例子更为强大：如果用户没有通过身份验证，则首先将请求重定向至一个登录页面。

- **提供静态内容服务**——图像或其他像 JavaScript 和 CSS 文件这样的内容可以在这里加载，而不需要调用 servlet。

什么是 WAR 文件？

WAR 是 Web Archive 文件的简称。WAR 文件的构建方式和 Java 的 JAR 文件是一样的。WAR 文件特别适合于 Web 应用程序的打包。这个文件不仅包含运行应用程序所需的所有编译后的类文件，还包含提供的所有属性及其他配置文件。

最重要的是，WAR 文件还包含了部署描述文件，即 web.xml 文件，这个文件包含 Web 应用程序设置的主要定义。这个文件还负责指导应用程序服务器如何部署以及如何提供服务。

大部分 IDE，例如 IntelliJ 和 Eclipse，只需要在指定项目中点击几下鼠标即可创建 WAR 文件。如果想要自动创建和部署 WAR，可以让构建工具自动创建。在 Maven 中，将顶层 packaging 标签设置为 war 即可创建 WAR 构件而不是 JAR 构件。如果你还不熟悉 Maven，可以查阅第 19 章快速了解构建工具的概念，并理解如何通过 Maven 构建 Java 项目。

> Web 应用程序在 Tomcat 中是如何管理的？

Tomcat 被设计为能够一次运行多个 Web 应用程序。Web 应用程序指的是定义在 WAR 文件中的应用程序，其中包含了一个部署描述文件 web.xml。

通常情况下，一个服务器会运行一个 Tomcat 实例，相关的 WAR 文件会安装在 Tomcat 实例的 webapps 目录下。当然，这只是一个默认的方式，这个位置也是可以配置的。

Tomcat 组件

Tomcat 由多个组件构成，有一个组件是 servlet 容器，还有一个组件负责处理 JSP。servlet 组件名为 Catalina，JSP 组件名为 Jasper。

在阅读 Tomcat 用法的相关文档时要注意，以上这些名字经常可以看到——例如，输出日志文件的默认文件名为 catalina.out，Tomcat 主目录的环境变量名为 $CATALINA_HOME。

默认情况下，一个运行的 Tomcat 实例会监听 webapps 目录下的任何变化。如果这个目录中存入了一个新的 WAR 文件，Tomcat 会将文件内容解压出来放在和 WAR 文件名同名的目录中，然后在与这个名字匹配的上下文中为应用程序提供服务。

例如，如果在 webapps 目录中部署了一个名为 BookingApplication.war 的 WAR 文件，那么这个文件会被解压到 BookingApplication 目录中。Tomcat 读取 WEB-INF 目录下的 web.xml 文件，然后根据这个文件的定义提供应用服务。对于客户端来说，通过 /BookingApplication 路径可以访问这个应用程序。

这种方式非常适合于开发过程中的快速周转。部署的过程可以包含在一个连续发布的流水线中，自动地将已经构建好并经过单元测试的 WAR 文件部署到一个可访问的服务器上，并准备好集成测试。如果测试的覆盖率够好而且团队的开发流程允许，甚至可以自动将 WAR 发布到线上系统。

> 如何通过 Servlet API 处理请求参数?

HttpServletRequest 有一个名为 getParameterMap 的方法。这个方法将请求中的参数键-值对以映射的形式返回。

由于在 HTTP 请求中，一个键对应的参数可以有多个值，因此这个映射的类型为 Map<String, String[]>。也就是说，每一个键都对应一个数组，数组包含请求中对应同一个键的所有值。

看以下代码:

```
final StringBuffer output = new StringBuffer();

final Map<String, String[]> parameterMap = request.getParameterMap();
for (String parameterName : parameterMap.keySet()) {
    output.append(
            String.format("%s: %s<br/>",
                    parameterName,
                    Arrays.asList(parameterMap.get(parameterName))));
}

IOUtils.write(output, response.getOutputStream());
```

如果发出一个带有 a=123&b=asdf&a=456 查询字串的请求，那么这段代码会产生以下输出:

```
b: [asdf]<br/>a: [123, 456]<br/>
```

注意一个键出现多次时对应的值是怎样收集的。

由于这个功能是 Servlet API 的一部分，因此任何支持 Servlet API 的应用容器(包括 Tomcat 和 Jetty)都可以使用。

13.2　Jetty

Jetty 的设计目标是轻量且易用。甚至可以仅通过 Java 代码(不带任何配置)创建并运行服务器。

> 如何在一个 Java 类中创建一个可运行的 Web 应用?

只要通过几行代码就可以配置可运行的 Jetty。代码清单 13-4 展示了两个类: 一个负责启动服务器，另一个定义服务器对请求的响应方式。

代码清单 13-4：通过代码定义 Jetty 服务器

```java
public class JettyExample {

    public static void main(String args[]) throws Exception {
        final Server jettyServer = new Server(8080);
        jettyServer.setHandler(new EchoHandler());
        jettyServer.start();
        jettyServer.join();
    }
}

class EchoHandler extends AbstractHandler {

    @Override
    public void handle(String target,
                       Request baseRequest,
                       HttpServletRequest request,
                       HttpServletResponse response)
        throws IOException, ServletException {
        response.setContentType("text/plain");
        response.setStatus(HttpServletResponse.SC_OK);
        baseRequest.setHandled(true);

        final ServletInputStream requestInputStream =
                request.getInputStream();
        final ServletOutputStream responseOutputStream =
                response.getOutputStream();

        IOUtils.copy(requestInputStream, responseOutputStream);
    }
}
```

这段代码配置了一个服务器，将客户端发来的请求原样响应回去。HTTP POST 方法和 GET 方法都有具体实现，因此这些方法的请求都会正确响应。

发出 HTTP 请求

Web 浏览器也可以用来发出请求，但是对于 POST、PUT 或任何非 GET 请求，都需要编写一小段 HTML 代码，甚至需要借助 JQuery 这类 JavaScript 库才行。

使用专门的 HTTP 客户端可以更方便地创建和调试 HTTP 请求。UNIX 操作系统(包括 Mac OS X)就自带了一个名为 curl 的命令行客户端。下面这行代码演示了通过 curl 创建发往代码清单 13-4 中创建的服务器的请求：

```
curl -X PUT -d "Hello World" http://localhost:8080
```

这个请求得到的应答是同一个"Hello World"，并且不带行尾的换行符。

如果要使用图形界面的 HTTP 客户端，可以使用 Google Chrome 插件 Postman，这个插件带有非常丰富的功能和直观的用户界面。

　　第 14 章讨论在 Java 代码中使用 HTTP 客户端，也讨论一些 HTTP 方法。

　　EchoHandler 处理方法的最后一行利用了 Apache Commons IO 库将 InputStream 连接到 OutputStream。第 18 章讨论 Apache Commons 库。

　　对 AbstractHandler 类的扩展是 Jetty 特定的实现，尽管这样的代码可以满足自己的需求，但也将代码绑定至 Jetty 平台了。我们也可以不用 Jetty 的处理程序，而是将和自己需求相关的行为实现为 servlet。代码清单 13-5 展示了两个类：通过代码进行 Jetty 配置，以及 HttpServlet 抽象类的实现。

代码清单 13-5：通过 servlet API 使用 Jetty

```java
public class JettyServletExample {

    public static void main(String[] args) throws Exception {
        final Server jettyServer = new Server(8080);
        final ServletHandler servletHandler = new ServletHandler();
        jettyServer.setHandler(servletHandler);
        servletHandler.addServletWithMapping(EchoServlet.class, "/*");
        jettyServer.start();
        jettyServer.join();
    }
}

public class EchoServlet extends HttpServlet {

    @Override
    protected void doPost(HttpServletRequest request, HttpServletResponse
            response) throws ServletException, IOException {
        response.setContentType("text/plain");
        response.setStatus(HttpServletResponse.SC_OK);

        final ServletInputStream requestInputStream =
                request.getInputStream();
        final ServletOutputStream responseOutputStream =
                response.getOutputStream();

        IOUtils.copy(requestInputStream, responseOutputStream);
    }
}
```

　　Jetty 的 API 带有用于处理 servlet 的具体处理程序。这就意味着可以在同一段代码中同时使用 Jetty 特有的处理程序和 servlet 实现。下面的代码片段给出了一个例子：

```java
final HandlerList handlers = new HandlerList();
handlers.setHandlers(new Handler[] { jettyHandler, servletHandler });
jettyServer.setHandler(handlers);
```

注意，这段实现了同样功能的代码比仅使用 Jetty 处理程序的实现更有局限性：这段代码只能处理 POST 请求。为了对其他方法(例如 PUT 方法)也实现同样的操作，还需要重写 doPut 方法：

```
@Override
protected void doPut(HttpServletRequest request, HttpServletResponse
        response) throws ServletException, IOException {
    doPost(request, response);
}
```

从 main 方法中可以看出，不同的 servlet 可以映射到不同的上下文，这很像部署描述文件 web.xml 中的配置方式：

```
servletHandler.addServletWithMapping(AppServlet.class, "/app");
servletHandler.addServletWithMapping(AdminServlet.class, "/admin");
```

> 如何针对运行的 Web 服务器执行集成测试？

由于 Jetty 具有简单性和灵活性，而且可以在 Java 代码中配置和运行，因此成为集成测试中使用的服务器的理想选择，即使生产环境中采用的是不同的 servlet 容器。代码清单 13-6 展示了一个对代码清单 13-5 中定义的 EchoServlet 进行测试的 JUnit 测试。

代码清单 13-6：利用 JUnit 对 Jetty servlet 测试

```
public class JettyJUnitTest {

    private static Server jettyServer;

    @BeforeClass
    public static void startJetty() throws Exception {
        jettyServer = new Server(8080);
        final ServletHandler servletHandler = new ServletHandler();
        jettyServer.setHandler(servletHandler);
        servletHandler.addServletWithMapping(EchoServlet.class, "/echo/*");
        jettyServer.start();
    }

    @Test
    public void postRequestWithData() throws IOException {
        final HttpClient httpClient = new DefaultHttpClient();
        final HttpPost post = new HttpPost("http://localhost:8080/echo/");
        final String requestBody = "Hello World";
        post.setEntity(new StringEntity(requestBody));

        final HttpResponse response = httpClient.execute(post);
```

```
    final int statusCode = response.getStatusLine().getStatusCode();

    final InputStream responseBodyStream = response.getEntity().getContent();
    final StringWriter stringWriter = new StringWriter();

    IOUtils.copy(responseBodyStream, stringWriter);
    final String receivedBody = stringWriter.toString();

    assertEquals(200, statusCode);
    assertEquals(requestBody, receivedBody);
}

@AfterClass
public static void stopJetty() throws Exception {
    jettyServer.stop();
}
}
```

当这个测试集创建时会启动一个新的服务器，当所有测试完成运行时这个服务器会停止运行。对于这个实现来说，服务器不保存状态，因此没有必要在每一次运行测试时都创建一个新的服务器。如果要求在每一次运行测试时都启动新的服务器，那么应该在@Before标注的方法中启动服务器。

注意在测试方法中并没有引用 Jetty，也没有任何和服务器实现相关的代码。这个测试仅仅测试服务器在 HTTP 协议上的行为。这里使用了 Apache 的 HTTP 客户端 API，同样，也通过 Apache 的 Commons IO API 来简化 InputStream 应答流的读取和到字符串的转换。

尽管这里只定义了一个测试，但是你当然还可以为这个 servlet 想出更多的测试用例，例如测试不同的 HTTP 方法，或者发出不带数据的请求。

> 如何在本地的应用服务器上进行活跃的开发？

Jetty 有一个 Maven 插件，通过这个插件可以非常方便地运行 Maven 项目构建的 Web 应用。

在项目的 POM 中添加插件即可在项目中使用 Maven Jetty 插件：

```
<plugin>
    <groupId>org.eclipse.jetty</groupId>
    <artifactId>jetty-maven-plugin</artifactId>
    <version>9.0.3.v20130506</version>
</plugin>
```

运行 mvn jetty:run 命令调用这个插件。首先会编译并打包项目。根据 Maven "约定优于配置"的规则，插件会查找部署描述文件的默认位置：/src/main/webapp/WEB-INF/web.xml。除了在 POM 中定义 Jetty 插件之外，不需要任何 Jetty 相关的配置。有了这个文件，Maven

就有足够的信息知道如何加载 Jetty 服务器并提供已配置好的 servlet。代码清单 13-7 加载了前文中的 EchoServlet。

代码清单 13-7：通过 Maven 运行 Jetty

```xml
<?xml version="1.0" encoding="ISO-8859-1"?>
<web-app
        xmlns="http://java.sun.com/xml/ns/javaee"
        xmlns:xsi="http://www.w3.org/2001/XMLSchema-instance"
        xsi:schemaLocation=
                "http://java.sun.com/xml/ns/javaee
                http://java.sun.com/xml/ns/javaee/web-app_3_0.xsd"
        metadata-complete="false"
        version="3.0">

    <servlet>
        <servlet-name>Echo</servlet-name>
        <servlet-class>
            com.wiley.javainterviewsexposed.chapter13.EchoServlet
        </servlet-class>
    </servlet>
    <servlet-mapping>
        <servlet-name>Echo</servlet-name>
        <url-pattern>/echo/*</url-pattern>
    </servlet-mapping>

</web-app>
```

运行 mvn jetty:run 在本地主机上加载服务器，默认打开 8080 端口。端口配置并不属于 web.xml 部署描述文件的配置项，因此如果需要服务器运行在不同的端口上，可以通过 jetty.port 属性配置来指定，例如运行 mvn -Djetty.port=8089 jetty:run 可以让 Jetty 运行在 8089 端口上。

这种方法的另一个巨大好处在于，不需要安装任何特别的软件就可以在本地运行一个全功能的应用服务器。除了 Java 和 Maven 之外，不需要从网上下载和安装任何其他应用程序。团队的新成员只要迁出代码，就可以运行 mvn jetty:run 了。

应用程序的所有特定设置都在 POM 的 plugin 标签内设置。例如，如果要设置一些特殊的系统属性，可以像代码清单 13-8 这样来设置 POM 文件。

代码清单 13-8：设置一些 Maven Jetty 插件使用的属性

```xml
<plugin>
    <groupId>org.eclipse.jetty</groupId>
    <artifactId>jetty-maven-plugin</artifactId>
    <version>9.0.3.v20130506</version>
    <configuration>
        <systemProperties>
```

```
        <systemProperty>
            <name>environment</name>
            <value>development</value>
        </systemProperty>
    </systemProperties>
  </configuration>
</plugin>
```

通过这种方式使用 Maven Jetty 插件是一种活跃开发的常见选择。通过很少的设置过程就可以拥有一个快速运行的本地 Web 服务器，而且这个服务器使用的是 web.xml 中的部署配置，这一套配置可以部署到在线生产系统上，甚至还可以部署到其他不同的应用服务器上，例如 Tomcat。

通过系统属性判定运行环境的方式可以在运行时根据不同的环境采用不同的配置，因此在不同环境间切换时不需要修改代码。

13.3　Play 框架

Play 是 Web 应用开发领域的一个比较新的玩家。Play 采用了一种全新的开发 Web 应用的方法，而且没有利用 Java 的 Servlet API。

> 如何创建一个新的 Play 应用程序？

Play 采取了一种不同的开发 Web 应用的方法。我们不需要通过 Maven 或类似工具自己创建一个新的项目，而是要求 Play 为我们创建项目。

下载并解压 Play 之后，在一个新的空文件夹中运行 UNIX 脚本 play 或 Windows 批处理文件 play.bat，Play 会创建一个新的项目。运行脚本时还要提供项目名称：

```
> play new echo-server
```

经过一个非常简短的过程，项目就创建好了。Play 会询问项目的名称。在这个项目中也选用 echo-server：

```
What is the application name?
> echo-server
```

然后可以选择创建新的 Java 项目还是 Scala 项目，或是创建空的项目。我们这里选择 Java 项目：

```
Which template do you want to use for this new application?

  1 - Create a simple Scala application
  2 - Create a simple Java application
```

```
    3 - Create an empty project

    > 2
```

经过这个步骤之后，会在一个名为 echo-server 的目录下创建一个框架项目。

在查看代码之前，可以先检查应用程序是否真的能运行。Play 应用程序的工作方式和之前遇到的传统应用程序(例如 Maven 和 Ant)稍有不同。在 echo-server 目录下面，不带任何参数运行 play 可以打开一个控制台，在控制台下可以交互式地指定要运行的构建步骤。在执行时，可以看到一个命令提示符和一些表示欢迎的文本，如下所示：

```
> play
[info] Loading global plugins from /Users/noel/.sbt/plugins
[info] Loading project definition from /playProjects/echo-server/project
[info] Set current project to echo-server (in build
file:/playProjects/echo-server)

          _            _
 _ __   | | __ _ _ _| |
| '_ \| |/ _' | || |_|
|  __/|_|\___|\__ (_)
|_|            |__/

play! 2.0, http://www.playframework.org

> Type "help play" or "license" for more information.
> Type "exit" or use Ctrl+D to leave this console.

[echo-server] $
```

在这个提示符下，可以输入 run。运行这条命令时，Play 可能会花一些时间下载依赖项，但最终可以看到一条表示应用程序正在运行的确认信息：

```
[info] play - Listening for HTTP on port 9000...

(Server started, use Ctrl+D to stop and go back to the console...)
```

此时，可以通过 Web 浏览器访问 http://localhost:9000。现在显示的页面是一个样板页面，表示服务器已经启动并且正在运行，还有一些表示后续操作的链接。

在 Play 控制台中按 Ctrl+D 组合键停止服务器运行并回到命令提示符。

> Play 应用程序中有哪些不同的组件？

图 13-2 展示了一个 Play 应用程序的默认布局。

app 目录包含两个子目录：controllers 和 views。如果你熟悉模型-视图-控制器模式的话，应该不会对这些目录感到陌生。controllers 目录保存的是处理输入请求的 Java 类，views

目录保存的是用于显示这些请求结果的模板。

conf 目录保存的是 Web 应用程序的配置：application.conf 是一个传统的 Java 属性文件，其中包含的是键-值对。应用程序的日志配置和数据库配置等都放在这里。在这里还可以指定自己的属性，运行的应用程序可以访问这些属性。

routes 文件定义了 Play 如何处理输入的请求。这个文件包含 3 个列。第 1 列定义了 HTTP 方法。第 2 列是请求的路径。如果 Play 收到的请求与这两项匹配，那么就会执行第 3 列定义的方法。代码清单 13-9 展示了 routes 文件中的一个示例条目。

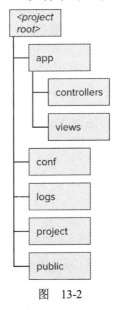

图 13-2

代码清单 13-9：Play 的 routes 文件中的示例条目

```
GET /time controllers.Application.time()
```

当一个客户端对/time 路径发出 GET 请求时，会调用 Application 类的 time()方法。

logs 目录包含应用程序的日志输出。通过 conf/application.conf 文件可以配置日志的输出。这个日志的设置采用的格式与标准 Log4J 格式相同。

project 目录包含所有和构建相关的内容，例如所有必要的库依赖，或特定的构建步骤，例如将构建部署到像 Nexus 或 Artifactory 这样的构件服务器。

public 目录包含所有可服务的静态文件，例如图像、JavaScript 和 CSS 文件等。注意，对这些文件的访问仍然受 routes 文件的控制，而且是包含在默认项目配置中。

注意，Play 应用程序并不能使用 Java 的 Servlet API。Play 不会创建 WAR 文件。当项目完成并准备好在 play 控制台之外的环境中运行时，可以运行 dist 命令。这条命令会创建一个新的名为 dist 的顶层目录，然后在这里存放一个 zip 打包后的应用程序构建。在这个 zip 文件中有一个 start 脚本。运行这个脚本可以启动服务器，就好像在 play 控制台中调用 run 一样的效果。

收到 HTTP 请求之后，Java 代码是如何执行的？

app 目录下的 controllers 目录保存了所有的 Java 类。这实际上是一个顶层的包，因此，如果你更喜欢将你所在机构的包结构放在这里，那么就可以使用它。

对于之前创建的新应用程序，我们还需要少量代码才能实现 echo 服务器的功能。创建一个名为 Echo 的类作为 play.mvc.Controller 类的子类。这个类有一个不接受参数的方法 echoReply。代码清单 13-10 给出了这个方法的代码。

代码清单 13-10：echo 服务使用的 Play 控制器代码

```java
public class Echo extends Controller {

    public static Result echoReply() {
        RequestBody messageBody = request().body();
        return ok(messageBody.asText());
    }
}
```

通过 ok 方法生成的 Result 对象包含了 Play 需要知道如何应答客户端的所有元数据。ok 方法对应的是 HTTP 200 - OK 应答代码。这是一个从 Results.Status 类导入的静态方法。如你所想，这个类包含了大部分应答码的方法，例如，表示 HTTP 404 的 notFound() 和表示 HTTP 500 的 internalServerError() 等。

这个方法通过 messageBody.asText() 方法调用提取出消息体作为文本。前提是请求的 HTTP 头设置了 Content-Type: text/plain。RequestBody 对象可以根据 Content-Type 的设置创建不同类型的消息体，例如针对 Content-Type 设置为 application/json 的输入请求创建富 JSON 对象，甚至可以针对 Content-Type 设置为 text/xml 的输入请求创建 XML DOM Document。

我们还需要让 Play 知道，当有合法请求进入时要调用这个方法。代码清单 13-11 告诉服务器不论是 POST 方法还是 PUT 方法调用/echo，都要调用这个方法作为应答。

代码清单 13-11：echo 服务的 routes 文件配置

```
POST    /echo                   controllers.Echo.echoReply()
PUT     /echo                   controllers.Echo.echoReply()
```

由于执行的是 Java 代码，所以测试上没有什么特殊之处：可以利用 JUnit 或类似工具和往常一样进行单元测试和集成测试。

在 Play 中，Java 代码是怎样和 HTML 分离的？

以上创建 echo 服务的方法特别适合于创建像 Web 服务和 REST API 这类应用，不过如果要创建人类可以在 Web 浏览器上阅读的网页，还需要一种方法让这些输出内容更可视。

不要手工创建 HTML 请求，Play 紧密集成了一个自己的模板框架。我们可以在 Java 类中执行复杂的处理工作，然后轻松地将响应结果提交给模板。

下面将 Echo 类扩展为能够处理带有查询参数的请求。这些参数由控制器进行解析，然后转交给模板以生成 HTML。代码清单 13-12 展示了 Echo 类中的新方法，代码清单 13-13 展示了 routes 文件中的新添条目，代码清单 13-14 展示了将这个输出结果显示为 HTML 的模板。

代码清单 13-12：显示请求参数的 echo 服务控制器

```
public static Result echoParameters() {
    final Map<String, String[]> queryString = request().queryString();

    final String timestamp = new Date().toString();

    return ok(paramPrintout.render(queryString, timestamp));
}
```

代码清单 13-13：新的 routes 条目

```
GET     /echo/parameters            controllers.Echo.echoParameters()
```

代码清单 13-14：显示请求参数的模板

```
@(queryString: Map[String, Array[String]])(timestamp: String)

<html>
  <head><title>Query Parameters</title></head>
  <body>
    <h1>The request parameters for this page:</h1>
    <ul>
    @for((param, values) <- queryString) {
      <li>
        @param : @for(value <- values) { @value }
      </li>
    }
    </ul>
  This page was generated at: @timestamp
  </body>
</html>
```

模板的文件名为 paramPrintout.scala.html。这个名字非常重要，因为在构建网站的过程中，Play 会将这个模板转换为编译后的 Scala 代码，即一个名为 paramPrintout 的实例。

这里使用了 Scala 代码，因为 Play 框架本身是使用 Scala 代码编写的。如果你之前没有见过任何 Scala 代码，也不用担心，这个模板语言和其他常用的模板语言(例如 Freemarker

和 Velocity)都非常类似。

在 play 控制台中通过 run 命令加载这个应用，然后访问 URL http://localhost:9000/echo/parameters?a=123&b=456&a=abc，那么应该可以看到这个请求显示以人类易读的方式应答得到的结果。

如果你特别熟悉 HTML、JavaScript 和 CSS，就会明白 Play 是一个多么有用的后台，允许开发过程快速周转。

> 如何通过 Play 访问 JDBC 数据库?

在 application.conf 文件中可以配置一组数据库相关的属性。为了简洁起见，这里的设置使用了内存数据库。有关内存数据库请参见第 12 章。

如果要使用数据库，则应该设置 db.default.driver 和 db.default.url 属性:

```
db.default.driver=org.h2.Driver
db.default.url="jdbc:h2:mem:testDatabase"
```

在控制器内，通过调用静态方法 play.db.DB.getConnection()可以获得正常的 JDBC 连接。有了这个方法返回的 java.sql.Connection 对象引用之后，访问和操作数据库对象的代码就和之前访问数据库的代码无异了，如代码清单 13-15 所示。

代码清单 13-15: 在 Play 应用中访问 JDBC 数据库

```
finalConnection conn = play.db.DB.getConnection();
finalStatement stmt = conn.createStatement();
stmt.executeQuery("select * from ...")
```

别忘了，这就是一个普通的 Java 类，因此可以利用任何你熟悉的库访问数据库，例如可以使用 Spring 的 JDBCTemplate(请参阅第 16 章)，甚至可以使用一些更高级的方式，例如对象关系映射器(如 Hibernate，请参阅第 17 章)。

13.4　本章小结

本章介绍了 Java 开发者可以使用的几种不同风格的 HTTP 服务器。Java Servlet API 差不多在 Java 出现时就存在了，也就是因特网和万维网上的应用程序开始出现时就存在了。

本章还介绍了 Play 框架，我们应该了解 Java servlet 并不是在 JVM 上创建 Web 服务器的唯一方式。库和技术的使用一直在变化，希望了解了 Play 之后，你应该可以了解当前的发展潮流，并且意识到只有了解了当前的趋势才能在工作市场中保持竞争力。

现在大部分 Java 开发者的工作都会涉及一些 Web 组件。公司倾向于为客户开发带有 Web 界面的产品，而每一台桌面计算机都带有 Web 浏览器:公司可以在不需要创建自定义安装程序或发行盒装产品的情况下直接将产品展现给客户。注意，如果你准备接受任何需要在因特网展示的公司(例如在线购物网站或社交游戏网站等)的面试，负责任的面试官都会考察你对于 Java 应用程序和外部世界通信的理解。

下一章继续通过 Play 提供 HTTP 服务，更深入地讨论 HTTP 方法以及这些方法和 REST 服务之间的联系，还将讨论如何作为客户端访问其他 HTTP 服务。

第14章

HTTP 和 REST

HTTP 是通过因特网请求和接收数据的重要方法之一。HTTP 的用途是在万维网上进行通信。HTTP 服务器(例如 Apache 的 HTTPD、Microsoft 的 IIS 和 Tomcat 等)的工作方式都是监听满足一定结构的输入请求，然后正确地应答。

14.1 HTTP 方法

什么是 HTTP?

理解 HTTP 协议如何工作的好做法是使用浏览器之外的工具，例如 Telnet 这样的应用程序，执行一次 HTTP 请求，大部分现代操作系统都自带 Telnet 工具。

要向一个网站发出请求，例如 Wikipedia 网站，请打开 Telnet 连接至 80 端口。输出如代码清单 14-1 所示。

代码清单 14-1：使用 Telnet 初始化 HTTP 请求

```
> telnet en.wikipedia.org 80
Trying 91.198.174.225...
Connected to wikipedia-lb.esams.wikimedia.org.
Escape character is '^]'.
```

命令提示符应该在一个空的新行上。服务请求的服务器现在正在等待你请求某个页面。输入 GET / HTTP/1.1，然后跟上换行符。现在这个 Telnet 会话应该会响应一组 HTTP 头，然后是一些 HTML 数据，最后关闭连接并回到命令行，如代码清单 14-2 所示。

```
GET / HTTP/1.1

HTTP/1.0 200 OK
Server: Apache
X-Content-Type-Options: nosniff
Cache-Control: s-maxage=3600, must-revalidate, max-age=0
Last-Modified: Mon, 13 May 2013 17:07:15 GMT
Vary: Accept-Encoding
Content-Length: 6071
Content-Type: text/html; charset=utf-8
Connection: close

<!DOCTYPE html>
<html lang="mul" dir="ltr">

... WEB PAGE CONTENT ...

</body>
</html>Connection closed by foreign host.
>
```

输入 GET / HTTP/1.1 相当于告诉服务器 3 个重要指令：使用 GET 方法，获得页面/，并使用 1.1 版本的 HTTP 协议。这个例子没有向服务器发送 HTTP 头，头中所有 Key: Value 形式的信息都应该包括在 GET 行之后的行中。这些头通常包含请求的元数据信息，例如期望得到什么格式的应答，以及使用的浏览器等信息。这也是为什么需要用一个完整的空行结束请求的原因，因为服务器期望从请求中获得更多的行。

服务器以类似的方式应答。第一行 HTTP/1.0 200 OK 告诉客户端应答使用的协议是 1.0 版本的协议(这个服务器显然是后向兼容的，因为接受了 1.1 版本的请求，返回的是 1.0 版本的应答)，并且告诉客户端这个请求得到的是 200 OK 应答，说明这是一个成功的请求。

接下来的行是应答头，其中包含了应答的一些元数据信息。客户端可以通过这些信息判定如何解析应答体，其中包括一些关于应答体语言和长度的信息。

同样，一个空行表示应答头的结束和应答体的开始。对于一个内容丰富的 HTML 页面而言，例如这个对 Wikipedia 的请求，应答内容可能会有数百行之长。在 HTML 结束之后，连接被关闭，Telnet 客户端被关闭，然后回到命令行。

HTML 并不是唯一能作为对 HTTP 请求的应答而被发送的数据。通过 HTTP 可以接收任何类型的纯文本或二进制数据。内容的格式通常包含在 Content-Type 头中。

通过这种方式花一些时间探索 HTTP 的请求和应答。向你平常最喜欢的一些站点发出请求。试着在站点中请求不同的页面和其他资源。看一看应答的内容，看看不同的应答头及其值，还要看看每一个应答的内容。Telnet 是精确理解服务器响应方式的非常有价值的工具。在调试一些链接问题和应答问题时 Telnet 非常有用。

什么是 HTTP 方法？

　　HTTP 方法，有时候称为动作(verb)，是一种指令，用途是告诉 Web 服务器针对请求的资源采取什么操作。代码清单 14-2 使用了 GET 方法。这个方法要求服务器找到请求的资源，并且将请求的资源原样提供给客户端。浏览器在请求网页时使用的就是这个方法。

　　服务器实现的常见方法包括 GET、POST、PUT、DELETE 和 HEAD。只有 GET 和 HEAD 方法是要求实现的，不过通常还会实现 POST 方法。POST 方法的作用是在网页上提交表单。

- GET——返回请求的资源，不能做任何修改。
- POST——根据请求的内容更新资源。
- PUT——将资源的内容设置为请求的内容。
- DELETE——删除请求的资源。
- HEAD——类似 GET 请求，但是只返回应答码和应答头。这个方法可以用来验证一个大型资源是否存在，而不需要真正下载这个资源。如果客户端之前下载过这个资源，那么可以检查 Last-Modified 头，客户端可以通过这个头的值判断本地的资源是否是最新版本。

　　POST 和 PUT 的区别有时候不太明了。基本规则是：通过 PUT 设置新的内容，通过 POST 覆盖已有的内容。

　　HTTP 规范还建议实现 OPTIONS 方法。客户端通过这个方法可以发现服务器实现了其他哪些 HTTP 方法。

HTTP 应答码表示什么意思？

　　HTTP 应答的第一行包含一个应答码以及一条描述应答码含义的短小信息。代码清单 14-2 中的应答码为 200 OK。这是一次成功的 HTTP 请求和应答的代码。应答码可以分为几个部分，第一个数字表示应答的分类。2xx 的应答码表示成功的请求和应答：

- 201 Created——通常返回自 PUT 请求，表示请求成功，并且已经创建资源。
- 204 No Content——请求成功，服务器没有更多信息可以发送给客户端。这一条应答通常用于成功的 PUT、POST 和 DELETE 请求。

　　4xx 类的错误码告诉客户端发生了错误，表示服务器没有完成一次成功的请求。一些常见的应答码包括：

- 400 Bad Request——客户端发送的请求格式不对。通过 Telnet 经常可以触发这一类应答，例如在请求的第一行发送一个随机字符串。

- 403 Forbidden——这通常表示客户端提供了正确的登录，但是没有权限访问请求的资源。
- 404 Not Found——请求的资源不存在。
- 405 Method Not Allowed——通过错误的 HTTP 方法请求了一项资源。

当通过错误 HTTP 方法请求一项资源时，有些服务器可能会返回 404 而不是 405，例如在只配置监听 POST 请求的服务器上发出了 GET 请求。

5xx 类的错误码表示服务端发生了一些错误。通常情况下，客户端无法从这一类异常恢复，因为需要对服务器进行修改。一些常见的错误码包括：

- 500 Internal Server Error——这是一条一般性的信息。表示服务器上某一项资源或某一组资源有问题，而不是整个服务器不可用。
- 503 Service Unavailable——服务器目前不可用。这条代码表示服务器暂时停止服务。

错误代码也可以带有应答体，应答体通常采用 HTML 或纯文本的格式。应答体中的信息可能会更详细地解释发生代码所表示的错误的原因。

14.2　HTTP 客户端

> 如何在 Java 类中发出 HTTP 请求？

代码清单 14-3 展示了一个通过 Java 库中标准的类发出原始 GET 请求的简单示例。

代码清单 14-3：发出一个原始的 HTTP 请求

```
@Test
public void makeBareHttpRequest() throws IOException {
    final URL url = new URL("http", "en.wikipedia.org", "/");
    final HttpURLConnection connection = (HttpURLConnection)
            url.openConnection();
    connection.setRequestMethod("GET");

    final InputStream responseInputStream = connection.getInputStream();

    final int responseCode = connection.getResponseCode();
    final String response = IOUtils.toString(responseInputStream);

    responseInputStream.close();

    assertEquals(200, responseCode);
    System.out.printf("Response received: [%s]%n", response);
}
```

以上方法是通过 Telnet 发出请求在 Java 中的等效方法。更好的方法是使用专门的 Java HTTP 客户端类。一个常用的 HTTP 客户端类是 Apache 的 HttpClient。代码清单 14-4 展示了通过 HttpClient 发出代码清单 14-3 中的请求。

代码清单 14-4：通过 Apache HttpClient 发出请求

```java
@Test
public void makeApacheHttpClientRequest() throws IOException {
    final CloseableHttpClient client = HttpClients.createDefault();
    HttpGet get = new HttpGet("http://en.wikipedia.org/");
    final HttpResponse response = client.execute(get);
    final int responseCode = response.getStatusLine().getStatusCode();

    final HttpEntity entity = response.getEntity();
    final InputStream responseBody = entity.getContent();

    assertEquals(200, responseCode);
    System.out.printf("Response received: [%s]%n", IOUtils.toString
        (responseBody));
}
```

就这个小例子来说，第二个版本看上去没有节省多少工作：代码行数差不多，仍然需要消费一个输入流才能读到应答体，而且应答代码被隐藏在一个 StatusLine 对象中。

通过将 HTTP 方法封装在一个对应的类中，在定义要使用的方法时出现错误的可能性就大大降低了。在原始请求的例子中，如果在 HTTP 请求方法中出现拼写错误，那么只有在运行时才能发现错误。在 HttpClient 的例子中，只有使用了正确的 HTTP 方法类时代码才能正确编译。在必要时使用类型而不是字符串是使用静态类型编译型语言的主要原因之一。我们应该尽可能地利用这种优势。

> 使用专门的 HTTP 客户端库而不是 Java 内置的类有什么优势？

通过使用专门的客户端而不是 Java 基础设施发出 HTTP 请求，我们可以获得更多的功能，否则的话就需要自己构建这些功能。

例如，如果 HTTP 请求需要通过代理进行，那么如果使用原始的 HttpURLConnection 类发出请求，就需要设置系统属性 http.proxyHost 和 http.proxyPort。如果有更复杂的设置，例如本地局域网的请求不走代理，但是外部请求需要代理，那么就无法在运行时修改这些属性。对于 HttpClient 来说，可以附上自己对 AuthenticationStrategy 接口的实现，通过这个接口可以在请求的基础上设置对代理的需求。

HttpURLConnection 类还没有对 cookie 的处理能力。如果想要管理 cookie，自动对正确的站点提供正确的 cookie，而且具有正确的有效性，还要满足正确的规范，那么所有这些都需要自己实现。另一种可供选择的方法是，使用 DefaultHttpClient 并设置 CookieStore

对象来实现。

14.3　通过 REST 创建 HTTP 服务

表述性状态传输(Representational State Transfer，REST)是一种通过 HTTP 在系统之间提供远程 API 调用的风格。

使用 REST 的目标之一是利用在客户端和服务器无处不在的 HTTP 协议，从而允许系统和设备可以简单地实现通信，而不需要考虑具体的实现。

> 如何设计 REST URI?

REST URI 指向的是资源，而且这些 URI 既可以指向单个资源，也可以指向一组资源。例如，/user/1234 可以表示 ID 为 1234 的用户的详细信息，而/users 可以表示所有用户的列表。

HTTP 动作表示要针对资源采取的动作。对/user/1234 调用 GET 方法可以返回对应用户的描述。对/user/2500 资源调用 PUT 方法可以创建一个 ID 为 2500 的新用户。POST 方法可以修改一个已有的用户；DELETE 方法可以从系统中删除对应的用户。对于 POST 请求和 PUT 请求，在请求体中应该包含描述数据。

通过这些 URI 可以构建给定系统中实体之间的关系。调用/user/1234/rentals 资源应该返回用户 1234 的租赁项的列表。

客户端通过 HTTP 状态码可以知道指定资源的请求是成功还是失败：对一个不存在的项调用 GET 会返回 404 Not Found。通过 PUT 创建一个新的项可能会返回 204 No Content。这个代码表示操作成功(项目被创建)，而服务器对此没有额外的信息需要告知客户端。

> 如何通过 Java 实现 REST 服务?

所有那些可以用于创建 Web 应用程序的框架(例如第 13 章提到的那些)都可以用来创建 REST 服务。有一些库(例如 3.0 版本以上的 Spring MVC)具有从请求路径中提取变量的能力，如代码清单 14-5 的例子所示。

代码清单 14-5：通过 Spring MVC 创建 REST 服务

```
@RequestMapping("/user/{id}")
publicString getUserId(@PathVariableint userId){
    // 路径变量 id 会被提取到 userId 变量中
}
```

不过 Play 框架是创建 REST 服务的理想选择。routes 文件很完美地将路径变量分解，并指定了到具体 Java 方法的映射。只要简单地浏览一下这个文件就可以理解应用程序的 REST API 及其和 Java 代码的交互方式。代码清单 14-6 展示了一个电影租赁服务使用的示例 routes 文件。

代码清单 14-6：创建电影租赁服务的 REST API

```
GET     /users                      controllers.App.getAllUsers()
GET     /user/:id                   controllers.App.getUserById(id: Int)
PUT     /user/:id                   controllers.App.createUser(id: Int)
POST    /user/:id                   controllers.App.updateUser(id: Int)
DELETE  /user/:id                   controllers.App.removeUser(id: Int)
GET     /user/:id/rentals/          controllers.App.showRentalsForUser(id: Int)
POST    /user/:id/rental/:movie     controllers.App.rentMovie(id: Int, movie: String)

GET     /movies                     controllers.App.getAllMovies()
GET     /movie/:name                controllers.App.getMovie(name: String)
PUT     /movie/:name                controllers.App.createMovie(name: String)

GET     /rentals                    controllers.App.showAllRentals()
DELETE  /rental/:movie              controllers.App.returnMovie(movie: String)
```

对于简单的例子来说，所有的操作都映射到一个类中的方法是可行的。但是对于大型产品级的解决方案来说，应该将这些服务分解映射到各自的类中，每一个类都有自己的服务对象，用于数据库交互或其他类似的事情。

查看 HTTP 方法时，路径描述了要采取的动作。调用 GET /users 会返回系统中所有用户的信息。调用 PUT /movie/Batman 会在服务器上创建一部名为 Batman 的电影。在这个调用中，可以看到电影标题已经被绑定至 String 类型的变量 name。

更复杂的路径 PUT /rental/:user/:movie 的作用是连接两个实体，允许用户租赁电影。

代码清单 14-7 列出了 App 类中和创建用户相关的定义。

代码清单 14-7：为电影租赁服务创建用户

```java
private static List<User> users = new ArrayList<>();

public static Result getAllUsers() {
    return ok(users.toString());
}

public static Result getUserById(int id) {
    final User user = findUser(id);
    if (user == null) {
        return notFound(String.format("User ID [%s] not found", id));
    }
    return ok(user.toString());
}
```

```
public static Result createUser(int id) {
    final JsonNode jsonBody = request().body().asJson();
    final String username = jsonBody.get("name").asText();
    users.add(new User(id, username));
    return noContent();
}
```

在创建用户时，需要向服务输入一小段 JSON 数据，其中包含了用户的名字，例如 {"name": "alice"}。对于大型应用而言，这个数据可能会大得多，包含更多关于要创建项的信息。

当创建新项时有一个有趣的问题需要注意，那就是 PUT 指向的资源位置。这意味着必须已经能够唯一地标识资源(在上述示例中，标识符是用户 id)。为了找到一个唯一标识符，可能需要找到所有的项(通过/users，在这个例子中会调用 getAllUsers 方法)，然后再创建出新的标识符。这种方法不仅繁琐低效，而且如果有多个客户在使用这个应用程序，还会出现竞争条件，即多个客户都认为自己找到的是唯一标识符，然后尝试用这同一个 ID 创建资源。

另外一种方法是让服务器创建标识符。可以创建一个端点 PUT /user，这个调用不要返回 204 No Content，而是应该返回 200 OK，并且在应答体中包含创建项的完整 URI。注意，这种方式意味着多次调用这个端点会导致多个资源被创建。

创建电影的代码和创建用户的代码非常相似。代码清单 14-8 展示了租赁相关 URI 的 Java 代码。

代码清单 14-8：创建和删除租赁信息

```
private static Map<Movie, User> rentals = new HashMap<>();

public static Result showAllRentals() {
    return ok(rentals.toString());
}

public static Result showRentalsForUser(int id) {
    final User user = findUser(id);
    if (user == null) {
        return notFound(String.format("User ID [%s] not found", id));
    }
    final List<Movie> moviesForUser = new ArrayList<>();
    for (Map.Entry<Movie, User> entry : rentals.entrySet()) {
        if (entry.getValue().equals(user)) {
            moviesForUser.add(entry.getKey());
        }
    }

    return ok(moviesForUser.toString());
}
```

```java
public static Result rentMovie(int userId, String movieName) {
    final Movie movie = findMovie(movieName);
    final User user = findUser(userId);
    final List<String> errors = new ArrayList<>();
    if (movie == null) {
        errors.add("Movie does not exist");
    }
    if (user == null) {
        errors.add("User ID does not exist");
    }
    if (movie != null && rentals.containsKey(movie)) {
        errors.add("Movie already out for rent");
    }
    if(!errors.isEmpty()) {
        return badRequest(
                String.format("Unable to rent movie. Reason: %s",
                        errors.toString()));
    }

    rentals.put(movie, user);
    return noContent();
}

public static Result returnMovie(String movieName) {
    final Movie movie = findMovie(movieName);
    if (movie == null) {
        return badRequest("Movie does not exist");
    }
    rentals.remove(movie);
    return noContent();
}
```

这些方法调用都对输入进行了一些基本的验证，例如验证用户和电影是否存在，以及发生请求时电影是否可被租赁。

当然，这个应用程序还有好多问题——既不线程安全，也不信息安全。不过这个例子确实展示了如何编写响应 REST 请求的应用程序。

尽管看上去很明显，但还是值得提一下，那就是这个服务的客户端完全是平台无关的。只要遵循 HTTP 调用的接口，任何可以进行 HTTP 调用的平台都可以使用这个服务，例如 Web 浏览器、移动电话或命令行客户端，只要能访问服务器，不论是通过因特网还是本地内部网络都可以。

REST 服务的另外一项重要特性是幂等性(idempotency)。对于 REST 服务来说，PUT 和 DELETE 调用应该是幂等的，此外 GET 方法也应该是幂等的。如果多次请求的效果和一次请求的效果是一样的，那么这个 REST 调用就可以定义为幂等的。对某个资源调用 PUT 时，在服务器上创建了一个新的资源，因此再次进行这个调用时应该创建出完全相同的一个资源。对于 DELETE 也是一样：在调用 DELETE 之后，对应的资源不再有效。对于 GET，唯一能做的事情就是将指定资源返回给客户端，不能做任何修改，因此多次调用同一个GET 应该返回同样的数据。

满足幂等性的 API 的好处是，如果客户端不能确定一个请求是否成功，那么重新提交请求不会产生问题。在移动电话的应用中这个特性非常有用，因为移动电话随时可能断开网络连接，甚至是在请求发出的途中，或者在发出请求之后但是收到应答之前。

根据 POST 的定义，这个操作是对一个已经存在的资源进行更新。比如说，如果有一个服务端点的用途是将某个资源的值更新 1，那么多次调用会导致这个资源每一次调用都返回一个新的值。

14.4　本章小结

本章讨论了 HTTP 协议的多种应用以及和 Java 的交互方式，既讨论了客户端也讨论了服务端。

不同应用程序通过 HTTP 进行交互是一种广泛采用的方式。客户端通过 HTTP 和服务器通信的广泛程度可能超乎你的想象。REST 和 HTTP API 大体上可以分为公共 API 和私有 API。注意，大部分实现都是私有的，是某个组织甚至某个应用程序特有的，只允许应用程序和自己的服务器进行通信。私有 API 比公共 API 更为常见。公共 API 的例子包括 Twitter 的 API 以及 Weather Channel 等提供服务的 API 等。

考虑到大部分 API 都不是对外公开的，所以人们一般可能意识不到其价值。深入理解 HTTP 和 REST 的工作原理是一件非常重要的事情，不论你是在面试服务端开发还是前端开发，因为这两者之间的互操作是关键问题。REST 是两方都可以理解的一种语言和词汇表，因此你也应该理解。

本章描述的电影租赁服务使用了一点 JSON(即 JavaScript Object Notation)格式的数据。JSON 是对象实例的一种表现形式，展现了对象中字段的状态。这种表现形式可以通过种种方式传输给另一个应用程序，对方可以重新构造出同一个对象。这种技术是一种序列化技术，只要两个或多个应用程序或服务需要互相交互，就需要使用序列化技术。下一章更深入地讨论序列化的概念。

第15章

序 列 化

客户端和服务端之间的互操作可以分解为两方面的问题：一个问题是如何传输数据，另一个问题是传输什么数据。第 14 章给出了一个如何传输和接收数据的方法，本章讨论如何在数据传输中表示数据的不同方法。

本章讨论的方法并不仅限于网络通信使用。对象序列化是一种将 Java 对象从 JVM 中"导出"的简单方法：序列化的数据不一定要写入网络，也可以写入磁盘或其他 I/O 接口。

为了方便起见，本章的大部分代码清单都是通过 FileInputStream 和 FileOutputStream 从文件系统读写序列化的数据。这些流可以替换为任何 InputStream 和 OutputStream，例如，如果想在 HTTP 服务器中使用这些数据，可以使用 HttpServletRequest 和 HttpServletResponse 提供的输入输出流。

15.1 读写 Java 对象

JVM 提供了什么向第三方写入对象的方式？

标准的 Java 库提供了一对写入和读取 Java 对象的类：ObjectOutputStream 和 ObjectInputStream。这两个类分别属于 InputStream 和 OutputStream 相关的一系列类。

写对象的 ObjectOutputStream 类采用了装饰者模式，并要求通过另一个 OutputStream 从物理上写入序列化的数据。ObjectOutputStream 类包含了覆盖所有原始类型的方法，以及一个适用于引用类型的方法，通过这些方法可以将对应类型的值写入流中。代码清单 15-1 展示了 ObjectOutputStream 的使用。

```java
public class Pair implements Serializable {
    private final int number;
    private final String name;

    public Pair(int number, String name) {
        this.number = number;
        this.name = name;
    }

    public int getNumber() {
        return number;
    }

    public String getName() {
        return name;
    }
}

@Test
public void writeData() throws IOException {
    final FileOutputStream fos = new FileOutputStream("/tmp/file");
    final ObjectOutputStream oos = new ObjectOutputStream(fos);

    oos.writeInt(101);
    oos.writeBoolean(false);
    oos.writeUTF("Writing a string");

    final Pair pair = new Pair(42, "Forty two");
    oos.writeObject(pair);

    oos.flush();
    oos.close();
    fos.close();
}
```

如果看一下写入/tmp/file 文件的数据，你会发现这些数据都是二进制数据。这种格式是 JVM 可以理解并读入的格式，如代码清单 15-2 所示。

```java
@Test
public void readData() throws IOException, ClassNotFoundException {
    final FileInputStream fis = new FileInputStream("/tmp/file");
    final ObjectInputStream ois = new ObjectInputStream(fis);

    final int number = ois.readInt();
    final boolean bool = ois.readBoolean();
    final String string = ois.readUTF();
```

```
    final Pair pair = (Pair) ois.readObject();

    assertEquals(101, number);
    assertFalse(bool);
    assertEquals("Writing a string", string);
    assertEquals(42, pair.getNumber());
    assertEquals("Forty two", pair.getName());
}
```

一定要注意的是，读入数据和写入数据的顺序必须一致！如果流中的下一个数据类型是 int，而调用了 readObject 读入数据，那么会抛出一个异常。

关于这个例子中的简单的 Pair 类有两件需要注意的事情。首先，注意 readData 测试可能会抛出一个 ClassNotFoundException 异常。如果读入这个文件的 JVM 和写入这个文件的 JVM 不同，而且 Pair 类不在 classpath 中，那么 JVM 无法构建这个对象。

另外，Pair 类必须实现 Serializable 接口。这是一个标记接口(marker interface)，告诉 JVM 这个类可以被序列化。

---

transient 关键字的作用是什么？

如果在一个 Serializable 对象中，你希望在将数据写入流时有一些字段不要写入，那么可以在相应的字段声明前面加上 transient 修饰符。当 transient 字段被反序列化时，会被设置为 null。代码清单 15-3 展示了一个例子。

代码清单 15-3：transient 字段的使用

```
public class User implements Serializable {
    private String username;
    private transient String password;

    public User(String username, String password) {
        this.username = username;
        this.password = password;
    }

    public String getUsername() {
        return username;
    }

    public String getPassword() {
        return password;
    }
}

@Test
public void transientField()
```

```
        throws IOException, ClassNotFoundException {
    final User user = new User("Noel", "secret321");

    final FileOutputStream fos = new FileOutputStream("/tmp/user");
    final ObjectOutputStream oos = new ObjectOutputStream(fos);

    oos.writeObject(user);

    oos.flush();
    oos.close();
    fos.close();

    final FileInputStream fis = new FileInputStream("/tmp/user");
    final ObjectInputStream ois = new ObjectInputStream(fis);

    final User deserialized = (User) ois.readObject();

    assertEquals("Noel", deserialized.getUsername());
    assertNull(deserialized.getPassword());
}
```

transient 字段的主要使用场景包括用于缓存的私有字段(在反序列化时可以简单地重新生成缓存)，以及反序列化时可以重新构造的数据(例如通过其他字段创建的字段):

```
private String firstName = "Bruce";
private String lastName = "Springsteen";
private String fullName = String.format("%s %s", firstName, lastName);
```

如代码清单 15-3 所示，需要安全保障的数据或敏感数据已保存在 transient 字段中，可以信任这些数据不会被写入 ObjectOutputStream。

15.2 使用 XML

用不同语言编写的应用程序互相可以通信吗?

如果不选择使用 JVM 的对象表示形式并利用 ObjectInputStream 和 ObjectOutputStream 作为序列化机制，那么还可以自己定义数据格式。

自己定义格式的一个巨大好处是将对象序列化之后，任何可以理解这个格式的进程(不论是其他 JVM 还是另一套完全不同的系统)都可以读取这个对象。

XML 是定义领域对象的一种常用格式。XML 允许格式良好的数据表示形式，而且大部分语言都带有成熟的解析和写入 XML 格式的库。

通过一种名为 XSD(XML Schema Definition)的元语言可以在 XML 标记语言中定义领域对象，通过这些对象可以创建 XML 文档。Java 有一个名为 JAXB 的库，这个库可以理解 XSD 标记，并且能通过 XSD 的定义创建 Java 对象。这个库通常被其他库用来序列化和反序列化对象，例如应用于 SOAP 应用程序或其他类似应用程序。

代码清单 15-4 展示了一个表示体育队中队员的 XSD。

代码清单 15-4：一个示例 XSD 文档

```xml
<?xml version="1.0" encoding="utf-8"?>
<xs:schema xmlns:xs="http://www.w3.org/2001/XMLSchema">
  <xs:element name="Team">
    <xs:complexType>
      <xs:sequence>
        <xs:element name="Name" type="xs:string"/>
        <xs:element name="DateFounded" type="xs:date"/>
         <xs:element name="Players">
           <xs:complexType>
             <xs:sequence minOccurs="2" maxOccurs="11">
               <xs:element name="Player">
                 <xs:complexType>
                   <xs:sequence>
                     <xs:element name="Name" type="xs:string"/>
                     <xs:element name="Position" type="xs:string"/>
                   </xs:sequence>
                 </xs:complexType>
               </xs:element>
             </xs:sequence>
           </xs:complexType>
         </xs:element>
      </xs:sequence>
    </xs:complexType>
  </xs:element>
</xs:schema>
```

通过这个模式可以创建 Team 类型，在这个类型的属性中，有一个 Player 类型的集合。有了这个模式之后就可以创建 XML 文档了，如代码清单 15-5 所示的示例 XML 文档。

代码清单 15-5：一个示例 Team XML 文档

```xml
<?xml version="1.0" encoding="utf-8"?>
<Team xmlns:xsi="http://www.w3.org/2001/XMLSchema-instance"
      xsi:noNamespaceSchemaLocation="team.xsd">
  <Name>AllStars</Name>
  <DateFounded>2001-09-15</DateFounded>
  <Players>
    <Player>
      <Name>Adam Smith</Name>
      <Position>Goal</Position>
    </Player>
    <Player>
      <Name>Barry Jenkins</Name>
```

```
        <Position>Defence</Position>
    </Player>
  </Players>
</Team>
```

只要在 Team 定义中包含 XSD 文件的位置，任何能够理解 XSD 文档的软件就可以验证这个 XML 文档。这些软件包括后面我们要使用的 JAXB 库，甚至还有一些带有智能 XML 和 XSD 支持的 IDE。这些 IDE 可以提供智能化的自动完成功能，以帮助你创建文档。

> XSD 文档能否用来创建 Java 领域对象？

JAXB 是通过独立的编译器运行的，这个编译器可以解析 XSD 文档的内容并创建 Java 源代码文件。xjc 命令是随 JDK 发行的。运行以下命令：

```
xjc -p com.wiley.acinginterview.chapter15.generated /path/to/team.xsd
```

可以得到以下输出：

```
parsing a schema...
compiling a schema...
com/wiley/acinginterview/chapter15/generated/ObjectFactory.java
com/wiley/acinginterview/chapter15/generated/Team.java
```

查看 Team.java 文件，会发现这就是一个普通的 Java 类。这个类表示的是代码清单 15-5 中创建的 team.xsd 文档中定义的对象，而且可以像任何 Java 对象那样使用，如代码清单 15-6 所示。

代码清单 15-6：使用 JAXB 生成的 Java 对象

```
@Test
public void useJaxbObject() {
    final Team team = new Team();
    team.setName("Superstars");

    final Team.Players players = new Team.Players();

    final Team.Players.Player p1 = new Team.Players.Player();
    p1.setName("Lucy Jones");
    p1.setPosition("Striker");

    final Team.Players.Player p2 = new Team.Players.Player();
    p2.setName("Becky Simpson");
    p2.setPosition("Midfield");
    players.getPlayer().add(p1);
    players.getPlayer().add(p2);
```

```
    team.setPlayers(players);

    final String position = team
            .getPlayers()
            .getPlayer()
            .get(0)
            .getPosition();

    assertEquals("Striker", position);
}
```

生成的这个对象有一点需要注意的是，复杂的 Player 和 Players 对象都是 Team 对象的静态内部类，因为这些类在原 XSD 文件中都定义为嵌套的复杂类型。如果需要在其他地方使用这些类的话，也可以定义为顶层对象，如代码清单 15-7 所示。

代码清单 15-7：顶层 XSD 类型

```xml
<?xml version="1.0" encoding="utf-8"?>
<xs:schema xmlns:xs="http://www.w3.org/2001/XMLSchema">
    <xs:element name="Player">
        <xs:complexType>
            <xs:sequence>
                <xs:element name="Name" type="xs:string"/>
                <xs:element name="Position" type="xs:string"/>
            </xs:sequence>
        </xs:complexType>
    </xs:element>

    <xs:element name="Players">
        <xs:complexType>
            <xs:sequence minOccurs="2" maxOccurs="11">
                <xs:element ref="Player"/>
            </xs:sequence>
        </xs:complexType>
    </xs:element>
...
</xs:schema>
```

可以看出，生成的类型是通过 ref 属性引入的，而不是通过 type 属性引入的。

然后通过这个 XSD 创建可以使用的 Java 对象，如代码清单 15-8 所示。

代码清单 15-8：使用顶层 XSD 类型

```java
@Test
public void useTopLevelJaxbObjects() {
    final Team team = new Team();
    team.setName("Superstars");

    final Players players = new Players();
```

```
final Player p1 = new Player();
p1.setName("Lucy Jones");
p1.setPosition("Striker");

final Player p2 = new Player();
p2.setName("Becky Simpson");
p2.setPosition("Midfield");
players.getPlayer().add(p1);
players.getPlayer().add(p2);

team.setPlayers(players);

final String position = team
        .getPlayers()
        .getPlayer()
        .get(0)
        .getPosition();

assertEquals("Striker", position);
}
```

很明显，这种方式更容易阅读和使用。

新用户们经常感到诧异的是，并不需要创建或设置一个集合类型，例如这个例子中的 Players。通过 get 调用可以获得集合实例，然后可以向这个集合添加或删除元素。

> **XSD 和 JAXB 能用于序列化 Java 对象吗?**

一旦通过 xjc 创建了 JAXB 绑定，解析遵循 XSD 的 XML 文档就是一件比较简单的事情了，如代码清单 15-9 所示。

代码清单 15-9：将 XML 读入 Java 对象

```
@Test
public void readXml() throws JAXBException {
    final JAXBContext context =
            JAXBContext.newInstance(
                    "com.wiley.javainterviewsexposed.chapter15.generated2");
    final Unmarshaller unmarshaller = context.createUnmarshaller();
    final Team team = (Team) unmarshaller
            .unmarshal(getClass()
                    .getResourceAsStream("/src/main/xsd/teamSample.xml"));

    assertEquals(2, team.getPlayers().getPlayer().size());
}
```

尽管这个 XML 文档是在 classpath 中定义的资源，但是可以来自于任何来源，例如消息队列或 HTTP 请求。

类似地，将 Java 对象写入 XML 也很简单，如代码清单 15-10 所示。

代码清单 15-10：通过 JAXB 序列化 Java 对象

```
@Test
public void writeXml() throws JAXBException, FileNotFoundException {
    final ObjectFactory factory = new ObjectFactory();
    final Team team = factory.createTeam();
    final Players players = factory.createPlayers();
    final Player player = factory.createPlayer();
    player.setName("Simon Smith");
    player.setPosition("Substitute");
    players.getPlayer().add(player);

    team.setName("Megastars");
    team.setPlayers(players);

        final JAXBContext context =
                JAXBContext.newInstance(
                    "com.wiley.javainterviewsexposed.chapter15.generated2");
    final Marshaller marshaller = context.createMarshaller();
    marshaller.setProperty(Marshaller.JAXB_FORMATTED_OUTPUT, true);
    marshaller.marshal(team, new FileOutputStream("/tmp/team.xml"));
}
```

代码清单 15-10 输出以下 XML 文档：

```
<?xml version="1.0" encoding="UTF-8" standalone="yes"?>
<Team>
    <Name>Megastars</Name>
    <Players>
        <Player>
            <Name>Simon Smith</Name>
            <Position>Substitute</Position>
        </Player>
    </Players>
</Team>
```

有一点需要注意的是，Marshaller 是通过一个特定的 JAXBContext 创建的，这个对象配置了 xjc 创建 Java 对象所在的包。如果自动生成的对象使用了不同的包，那么 Marshaller 就无法将 Java 对象输出为 XML。

用什么方法可以保证 XSD 定义和源代码保持同步？

我们可以将生成 Java 源代码的过程集成到构建过程中。代码清单 15-11 展示了通过在 Maven POM 文件中添加一个 plugin 标签使用本节中的示例的方法。

代码清单 15-11：自动生成 JAXB 对象

```
<plugin>
    <groupId>org.codehaus.mojo</groupId>
    <artifactId>jaxb2-maven-plugin</artifactId>
    <version>1.5</version>
    <executions>
        <execution>
            <id>xjc</id>
            <phase>generate-sources</phase>
            <goals>
                <goal>xjc</goal>
            </goals>
        </execution>
    </executions>
    <configuration>
    <packageName>
        com.wiley.javainterviewsexposed.chapter15.generated3
    </packageName>
    </configuration>
</plugin>
```

这个配置假定 XSD 文件都包含在 src/main/xsd 目录下。这个插件会在构建过程中的 generate-sources 阶段被调用，因此在项目中的主代码被编译之前，XSD 对象都会被重新创建。

在构建过程中生成领域对象是一项极为有用的特性，因为模型中任何破坏性的变化都会导致构建失败，而且测试也不太可能会通过。在破坏性的变化发生之后修改代码可以保证序列化和反序列化的过程都能正常工作。

15.3 JSON

什么是 JSON？

JSON(JavaScript Object Notation)是另一种序列化方法，用法上类似于带有 XSD 的 XML。JSON 使用了一种人类可读的格式，可以被多种语言解析和处理。事实上，JSON 最初是属于 JavaScript 的一部分，而很多其他语言都有对应的库可以处理 JSON 格式，被当成一种比 XML 更轻量级且更简洁的格式使用。

代码清单 15-12 展示了通过 JSON 表示之前的示例所使用的体育队模型。

代码清单 15-12：一个示例 JSON 文件

```
{
    "name": "AllStars",
    "dateFounded": "2001-09-15",
    "players": [
        {
            "name": "Adam Smith",
            "position": "Goal"
        },
        {
            "name": "Barry Jenkins",
            "position": "Defence"
        }
    ]
}
```

JSON 也有一个称为 JSON Schema 的元语言，但是用得很少。JSON 文档的定义松散，但是仍然保持了很好的结构性。JSON 中的类型很少：字符串包裹在引号之间，浮点数和整数没有区别，可以使用布尔值 true 和 false。列表中的内容用逗号隔开，两头用方括号包围，例如代码清单 15-12 中所示的队员列表。对象是用花括号包围起来的一组键-值对集合。键一定是字符串，值可以是任何类型，包括 null。

在 Java 应用程序中如何读取 JSON？

Jackson 库实现了 JSON 的解析和处理功能。这个库保留了 JSON 的简洁性和易用性。代码清单 15-13 包含了示例领域对象 Team 和 Player，代码清单 15-14 展示了如何将 JSON 解析为这些对象。

代码清单 15-13：Team 和 Player 领域对象

```
public class Team {

    private String name;
    private String dateFounded;
    private List<Player> players;

... // 包含 getter 和 setter 方法
}

public class Player {

    private String name;
    private String position;
... // 包含 getter 和 setter 方法
}
```

```
@Test
public void readJson() throws IOException {
    final ObjectMapper mapper = new ObjectMapper();
    final String json =
            "/com/wiley/javainterviewsexposed/chapter15/team.json";
    final Team team = mapper.readValue(
            getClass().getResourceAsStream(json),
            Team.class);

    assertEquals(2, team.getPlayers().size());
}
```

这段代码非常依赖于反射以保证 JSON 数据可以正确填入给定的领域对象，因此如果使用这种方法的话，请保证经过了完善的测试。

JSON 能用来序列化 Java 对象吗？

Jackson 库还可以利用领域对象创建 JSON 格式，操作方式完全像你预期的那样，如代码清单 15-15 所示。

代码清单 15-15：将领域对象写入 JSON

```
@Test
public void writeJson() throws IOException {
    final Player p1 = new Player();
    p1.setName("Louise Mills");
    p1.setPosition("Coach");

    final Player p2 = new Player();
    p2.setName("Liam Turner");
    p2.setPosition("Attack");

    final Team team = new Team();
    team.setPlayers(Arrays.asList(p1, p2));

    final ObjectMapper mapper = new ObjectMapper();
    mapper.writeValue(new File("/tmp/newteam"), team);

}
```

这段代码会生成以下 JSON：

```
{
    "name": null,
    "dateFounded": null,
```

```
    "players": [
        {
            "name": "Louise Mills",
            "position": "Coach"
        },
        {

            "name": "Liam Turner",
            "position": "Attack"
        }
    ]
}
```

注意，name 和 dateFounded 都为 null，因为这些字段在 Team 对象中没有设置。

15.4 本章小结

面试中经常会问到关于 Java 应用程序和服务器与其他服务和设备通信的问题。能够编写稳定可靠的服务是非常重要的，然而，服务之间如何通信会影响应用程序的性能，还会影响项目初期的架构选择。

很多开发团队，特别是那些非常依赖跨平台通信(例如移动设备和服务器之间的通信)的团队，都在转向利用 JSON 作为通信格式。JSON 比 XML 简单得多，因此当数据量特别大时会特别有用。不过 JSON 格式的严格性更差，因为没有像 XSD 那样的文档定义规范，因此要考虑这种权衡：在解析文档或将文档发送给接收方之前需要确保文档结构是正确的。

有一些本章没有提到的序列化技术使用的是二进制协议，而不是 XML 和 JSON 使用的纯文本格式。然而，有一些二进制协议，例如 Google 的 Protocol Buffers 和 Apache Thrift 等协议从设计上就是跨平台的，可以在大量语言和设备上使用，这一点和 Java 自己的序列化技术不同。

第 16 章讨论 Spring Framework，其中 16.4 节讨论如何通过 Spring MVC 创建 Web 服务。本章描述的技术也可以应用于 Spring MVC，可以确切地定义 Web 服务器接受请求和发出响应使用的数据结构。

第16章

Spring 框架

Spring 框架的设计目标是一个轻量级、非入侵式的框架,提供编写独立、可测试组件的工具和设施,这些组件可以用于很多常见应用程序和场景。

Spring 允许开发者编写 Plain Old Java Object (POJO),然后借助依赖注入的方式,通过一个名为应用上下文(application context)的核心组件将它们连接起来。POJO 指的是没有不必要约束的类,例如不需要为持久化框架而实现某个接口,或为了编写 Web 应用程序而扩展某个抽象类。

POJO 概念的出现是为了对应早期编写 Enterprise Java Beans (EJB)的方法,在编写 EJB 时,即使是简单的领域对象,都需要遵循复杂的模式,实现多个接口,这样才能在应用服务器中使用。这种代码往往不可靠而且无法测试。因此,这种复杂性造成了像 Spring 这样的框架的崛起,这种框架关注的目标是简单化的程序配置以及可测试代码的编写。

本章讨论 Spring 框架的几个核心部分:应用上下文、通过 JdbcTemplate 进行数据库编程、集成测试类以及通过 Spring MVC 开发 Web 应用程序。

16.1 Spring 核心及应用上下文

> *如何在 Spring 中使用依赖注入?*

第 9 章通过一个简单的例子展示了依赖注入的概念及其优势。然而,依赖的管理完全是手工进行的:如果想要对某个依赖接口提供另外一个实现,则需要在代码中进行修改,然后重新编译并重新打包新的构件。

依赖注入是 Spring 的核心特性之一。通过依赖注入可以移除一个类可能对其他类或第三方接口的特定依赖，并且在构造时将这些依赖加载到类中。使用依赖注入的好处在于可以修改被依赖类的实现，而不需要修改自己的类的代码，从而可以更容易实现分离的测试。甚至可以重写依赖项的实现而不需要修改自己的类，只要接口没有变化。

使用 Spring 的依赖注入机制可以解决一些手工依赖注入的问题，而且 Spring 提供了编写可靠、可测试且灵活代码的有用框架。代码清单 16-1 是一个依赖注入的可能应用——简单的拼写检查器。checkDocument 方法返回一个数字列表：拼写有错误的单词的索引列表。

代码清单 16-1：一个简单的拼写检查器

```java
public class SpellCheckApplication {

    private final Dictionary dictionary;

    public SpellCheckApplication(final Dictionary dictionary) {
        this.dictionary = dictionary;
    }

    public List<Integer> checkDocument(List<String> document) {
        final List<Integer> misspelledWords = new ArrayList<>();

        for (int i = 0; i < document.size(); i++) {
            final String word = document.get(i);
            if (!dictionary.validWord(word)) {
                misspelledWords.add(i);
            }
        }

        return misspelledWords;
    }
}
```

你应该可以认出这个来自于第 9 章的模式：拼写检查器依赖于字典；调用 Dictionary 接口的 boolean validWord(String)方法判断给定的单词是否拼写正确。这个拼写检查器不知道、也不关心文档的语言，也不知道是否应该使用某个带有特别难词汇或技术词汇的词典，甚至也不知道大写单词和非大写单词之间的区别是否合法。这些内容都可以在实际运行的类中配置。

你应该意识到，在测试时甚至都不需要具体的 Dictionary 实现；validWord 方法很容易模拟为让 checkDocument 方法中的所有路径都得到正确的测试。

但是这段代码在真实环境中运行应该是怎样的呢？代码清单 16-2 提供了一个简单但是可用的实现。

代码清单 16-2：一个运行拼写检查器的类

```java
public class SpellCheckRunner {
```

```java
public static void main(String[] args) throws IOException {
    if(args.length < 1) {
        System.err.println("Usage java SpellCheckRunner <file_to_check>");
        System.exit(-1);
    }

    final Dictionary dictionary =
            new FileDictionary("/usr/share/dict/words");
    final SpellCheckApplication checker =
            new SpellCheckApplication(dictionary);
    final List<String> wordsFromFile = getWordsFromFile(args[0]);

    final List<Integer> indices = checker.checkDocument(wordsFromFile);

    if (indices.isEmpty()) {
        System.out.println("No spelling errors!");
    } else {
        System.out.println("The following words were spelled incorrectly:");
        for (final Integer index : indices) {
            System.out.println(wordsFromFile.get(index));
        }
    }
}

static List<String> getWordsFromFile(final String filename) {
    /* omitted */
}
```

FileDictionary 类的实现细节在这里并不重要。从使用上看，可以想象为这个类的构造函数接受一个表示磁盘位置的 String 参数，在指定位置保存了合法单词的列表。

这个实现一点也不灵活。如果字典文件的位置发生了变化，或者需求变化了，要求使用第三方的在线词典，那么需要对这段代码进行修改，有可能在修改代码时引入其他错误。

一种替代的方案是使用依赖注入的框架，例如 Spring。我们不要手工构造对象并且注入必要的依赖，而是让 Spring 完成依赖的注入。代码清单 16-3 展示了 XML 形式的 Spring 应用上下文定义。

代码清单 16-3：拼写检查器的 Spring 上下文

```xml
<?xml version="1.0" encoding="UTF-8"?>
<beans xmlns="http://www.springframework.org/schema/beans"
    xmlns:xsi="http://www.w3.org/2001/XMLSchema-instance"
    xsi:schemaLocation=" http://www.springframework.org/schema/beans
http://www.springframework.org/schema/beans/spring-beans.xsd">

    <bean id="dictionary"
        class="com.wiley.javainterviewsexposed.chapter16.FileDictionary">
        <constructor-arg value="/usr/share/dict/words"/>
```

```
    </bean>

    <bean id="spellChecker"
         class="com.wiley.javainterviewsexposed.chapter16.SpellCheckApplication">
       <constructor-arg ref="dictionary"/>
    </bean>

</beans>
```

这个 XML 文件定义了两个 bean，一个用于字典，另一个用于拼写检查器。这里还提供了构造函数的参数值：FileDictionary 类接受一个 String 参数，在 bean 定义中通过 constructor-arg 标签定义。

除了提供 Spring bean 的 constructor-arg 标签配置之外，还可以使用 property 标签。定义 property 标签后会调用类的 setter 方法。例如，设置<property name="location" value="London"/> 标签会调用 setLocation 方法，并传入参数 London。

当然，如果对应的方法不存在则会失败，而且只有在运行时才会失败。

SpellCheckApplication 类在其构造函数中使用了之前构造的 dictionary bean。constructor-arg 标签中通过 ref 属性引用另一个 Spring bean。

现在，已经定义好了类之间的关系，我们还需要通过运行的应用程序来进行拼写检查。代码清单 16-4 使用了代码清单 16-3 中定义的应用上下文。

代码清单 16-4：使用 Spring 应用上下文

```java
public class SpringXmlInjectedSpellChecker {

    public static void main(String[] args) {
        if(args.length < 1) {
            System.err.println("Usage java SpellCheckRunner <file_to_check>");
            System.exit(-1);
        }

        final ApplicationContext context =
                new ClassPathXmlApplicationContext(
                        "com/wiley/javainterviewsexposed/" +
                            "chapter16/applicationContext.xml");

        final SpellCheckApplication checker =
                context.getBean(SpellCheckApplication.class);

        final List<String> wordsFromFile = getWordsFromFile(args[0]);

        final List<Integer> indices = checker.checkDocument(wordsFromFile);

        if (indices.isEmpty()) {
            System.out.println("No spelling errors!");
        } else {
            System.out.println("The following words were spelled wrong:");
```

```
        for (final Integer index : indices) {
            System.out.println(wordsFromFile.get(index));
        }
    }
  }
}
```

在一些检查程序参数的样板代码之后，创建了一个 ApplicationContext 对象。Application-Context 有多种实现，这里使用的是 ClassPathXmlApplicationContext，这个实现会检查给定资源的 JVM classpath，并且解析对应的 XML 文档。

应用上下文在构造的过程中会实例化 XML 文件中定义的对象。

在构造了应用上下文之后，可以通过 getBean 方法得到构造的 bean 实例。

这个类中剩下的代码就和代码清单 16-2 中的那个简单的 SpellCheckRunner 一致了。

如果需要修改字典的实现方式以及拼写检查器的设置，可以在进行这些修改的同时不用修改已经写好的代码。如果字典的文件位置要修改，只要修改 dictionary bean 中的 constructor-ref 即可。如果新添加了一个 Dictionary 实现，则在写好新实现的类之后，将定义添加到上下文中，然后确保 SpellCheckApplication 实例引用正确的 bean 即可。代码清单 16-5 展示了这种情况下的一种可能的应用上下文。

代码清单 16-5：修改 Dictionary 的实现

```xml
<?xml version="1.0" encoding="UTF-8"?>
<beans ...>

    <bean id="dictionary"
        class="com.wiley.javainterviewsexposed.chapter16.FileDictionary">
        <constructor-arg value="/usr/share/dict/words"/>
    </bean>

    <bean id="thirdPartyDictionary"
        class="com.wiley.javainterviewsexposed.chapter16.OnlineDictionary">
        <constructor-arg value="http://www.example.org/api/dictionary"/>
    </bean>

    <bean id="spellChecker"
        class="com.wiley.javainterviewsexposed.chapter16.SpellCheckApplication">
        <constructor-arg ref="thirdPartyDictionary"/>
    </bean>

</beans>
```

通过纯文本的 XML 文档构造 Spring bean 和依赖关系的方法有一个问题就是失去了编译时检查的能力。只有在运行时构造了应用上下文时才会暴露出诸如构造函数使用了错误类型的参数，或是构造函数传入的参数数目不正确等错误。如果集成测试有很好的覆盖，而且集成测试属于常规应用构建的流程，那么这样可以解决上述风险。另一种方法就是干脆不使用 XML 定义。

> 如何通过 Java 代码来定义应用上下文呢？

从 Spring 3.0 开始，Spring 可以在 classpath 中扫描配置。

如果给一个类用@Configuration 标注，那么这个类中标注为@Bean 的方法都会被以 XML 文档中<bean>标签的处理方式进行处理。代码清单 16-6 展示了等价于代码清单 16-3 的配置。

代码清单 16-6：通过 Java 定义的 Spring 上下文

```
@Configuration
public class SpringJavaConfiguration {

    @Bean
    public Dictionary dictionary() throws IOException {
        return new FileDictionary("/usr/share/dict/words");
    }

    @Bean
    public SpellCheckApplication spellCheckApplication() throws IOException {
        return new SpellCheckApplication(dictionary());
    }
}
```

还有一处需要进行修改，那就是初始化应用上下文的地方。可以通过两种方式初始化：第一种方法是通过 AnnotationConfigApplicationContext 类初始化应用程序，这个类接受带有@Configuration 标注的类的列表作为参数：

```
final ApplicationContext context =
  new AnnotationConfigApplicationContext(SpringJavaConfiguration.class);
```

另一种方法是仍然采用之前的方法，通过 XML 文件加载应用上下文。如果采用这种方式，需要添加以下代码来指定一个查找@Configuration 注记的范围，即要搜索的包：

```
<context:component-scan
    base-package="com.wiley.javainterviewsexposed.chapter16"/>
```

这种方法的漂亮之处在于混合使用了带注记的配置和 XML 配置。这种做法看上去可能显得很愚蠢，而且可能要通过管理两套不同的系统来管理依赖，看上去可能会是一场噩梦，但是这样确实可以让你按照自己的进度从一种方式迁移到另一种方式。

> 什么是作用域？

查看代码清单 16-6，我们会发现 SpellCheckApplication 和 Dictionary 之间的依赖关系是显式的：在 SpellCheckApplication 类的构造函数中调用了 dictionary()。

这里有很重要的一点需要注意，通过@Configuration 标注的类本身并不是应用上下文。这些类只是定义了如何创建和管理上下文。对于 XML 配置也是一样的。以本章中任意一个 Spring 管理的应用上下文为例，可以对 ApplicationContext 实例多次调用 getBean 方法，这个方法总是返回同一个实例。默认情况下，Spring 上下文在实例化应用上下文时就会被创建，这种创建称为积极初始化(eager instantiation)。此外，对于任何给定的 Spring bean 定义，只会创建一个实例。这种方式称为单实例作用域(singleton scope)。

当上下文提供的是单实例 bean 时，一定要注意可能会有多个线程同时访问这个实例。因此，任何操作都必须是线程安全的。

每一次调用 getBean 时也可以让应用上下文返回一个新的实例。代码清单 16-7 展示了一个将 bean 定义为<bean id="date" class="java.util.Date" scope="prototype"/>的例子。

代码清单 16-7：使用原型作用域

```
@Test
public void differentInstanceScope() {
    final ApplicationContext context =
      new ClassPathXmlApplicationContext(
        "com/wiley/javainterviewsexposed/chapter16/applicationContext.xml");
    final Date date1 = context.getBean(Date.class);
    final Date date2 = context.getBean(Date.class);

    assertNotSame(date1, date2);
}
```

每一次调用 getBean 都让上下文返回新的 bean 实例的方式称为原型作用域(prototype scope)。

还有其他类型的作用域，例如 request 作用域，在这种作用域中，bean 的生命周期范围是一个 HTTP 请求；还有 session 作用域，在这种作用域中，bean 的生命周期维持整个 HTTP 会话。

> 如何以可管理的方式设置环境相关的属性？

通过 PropertyPlaceholderConfigurer 类可以轻松地读取设置构建之外的属性信息。将环境相关的配置信息保存在常规构建之外，然后在运行时加载是一个好的实践。不要为每一个测试的环境构建一个环境专有的构件。

为不同的环境重新构建应用程序

有一些应用程序在向生产环境或线上环境发布之前，还需要经历几轮测试的环境。

有时候采取的方法是，每一个环境的配置信息都在构建的过程中被放入了应用程序的二进制文件中，因此每一种环境都需要重新构建。这种方式是有风险的，因为最终部署到生产环境中的二进制构件和部署到测试环境中的构件不完全一致。

如果环境相关的配置信息在构建系统之外，然后每次运行时都通过 PropertyPlaceholder-Configurer 将配置信息读取进来，那么测试环境中的二进制构件和最终部署到线上环境的构件可以是完全一致的。这样的话，我们对最终发布的版本会更有信心，因为没有引入线上环境采用和其他环境不同构建方式的风险。

实际上，如果你在自己的计算机上编译了一份二进制文件，而其他同事在他们自己的计算机上也应用了同样的构建指令，这些构建可能在很多方面有差异，例如不同的编译器版本、不同的操作系统、甚至不同的环境变量的设置。

代码清单 16-8 列出了一个样例应用上下文，其中使用了 PropertyPlaceholderConfigurer，然后通过属性设置了其他 Spring bean。

代码清单 16-8：PropertyPlaceholderConfigurer 的使用

```
<bean
 class="org.springframework.beans.factory.config.PropertyPlaceholderConfigurer">
  <property
    name="location"
    value="/com/wiley/javainterviewsexposed/chapter16/environment.properties"/>
  <property name="placeholderPrefix" value="$property{"/>
  <property name="placeholderSuffix" value="}"/>
</bean>

<bean class="com.wiley.javainterviewsexposed.chapter16.ServerSetup">
  <constructor-arg value="$property{server.hostname}"/>
</bean>
```

PropertyPlaceholderConfigurer 类包含了几个有用的属性。在代码清单 16-8 中，location 属性设置为具体的属性文件，这个类会解析这个文件。PropertyPlaceholderConfigurer 要求 environment.properties 文件以键值对的形式保存属性信息。

应用上下文启动时会对这个文件进行解析，然后这些属性可以用于其他 bean 的配置参数。文件中的 server.hostname 属性被用于创建 ServerSetup bean。

对于这个应用程序来说应该很清楚了，通过修改保存在 environment.properties 文件中的值，然后重启应用程序，ServerSetup bean 的构造函数就会配置不同的参数。这种将环境特定的配置和实际代码分离的方法既简单又强大。

什么是自动连接(autowiring)？

自动连接是让应用上下文自动找出依赖关系的过程。在构建带有依赖关系的 bean 时，有时候不需要显式地定义关联关系。代码清单 16-9 和代码清单 16-10 演示了自动连接。

代码清单 16-9：自动连接的 XML 配置

```
<bean id="dictionary"
      class="com.wiley.javainterviewsexposed.chapter16.FileDictionary">
      <constructor-arg value="/usr/share/dict/words"/>
</bean>

<bean id="spellChecker"
      class="com.wiley.javainterviewsexposed.chapter16.SpellCheckApplication"
      autowire="constructor"/>
```

代码清单 16-10：使用自动连接

```
@Test
public void getAutowiredBean() {
    final ApplicationContext context =
            new ClassPathXmlApplicationContext(
                    "com/wiley/javainterviewsexposed/" +
                            "chapter16/applicationContextAutowiring.xml");
    final SpellCheckApplication bean =
            context.getBean(SpellCheckApplication.class);
    assertNotNull(bean);
}
```

以上 XML 配置告诉应用上下文要找到可以用在 SpellCheckApplication 类构造函数中的类型，即类型为 Dictionary 的类。由于在这个应用上下文中除了 SpellCheckApplication 类之外只有一个类 FileDictionary——Dictionary 的一个实现，所以构造 SpellCheckApplication 类时会使用这个类。

如果在上下文中没有 Dictionary 的实现，那么在尝试构造应用上下文时会抛出异常 NoSuchBeanDefinitionException。

如果有多个 Dictionary bean，那么上下文会根据名字匹配 bean，即根据 XML 定义中的 ID 提供的名字和构造函数中参数的名字匹配。如果找不到这个匹配，同样也会抛出 NoSuchBeanDefinitonException 异常。

和之前一样，使用 XML 配置方法时，不能完全放心，必须进行完整的集成测试才能确保所有的 bean 都能正确地构造。

代码清单 16-9 和代码清单 16-10 演示了使用 Spring 应用上下文的常用模式：通过 XML 上下文定义 bean，然后通过自动连接集成这些 bean。

另一种使用自动连接的方法是将依赖标注为自动连接。代码清单 16-11 展示了对 SpellCheckApplication 构造函数进行标注的效果。

代码清单 16-11：对构造函数标注@Autowired

```
@Autowired
public SpellCheckApplication (final Dictionary dictionary) {
    this.dictionary = dictionary;
}
```

通过这种方式使用标注，就不需要在 XML bean 定义中设置 autowired 属性了。

甚至可以在类里面使用自动连接的字段，不需要公共可访问的构造函数和 setter 方法。代码清单 16-12 将 Dictionary 实例自动连接到了一个私有字段。在这个类中没有针对这个 Dictionary 的 setter 方法，构造函数也可以被移除。

代码清单 16-12：针对字段使用@Autowired 注记

```
@Autowired
private Dictionary dictionary;
```

注意这个字段再也不能设置为 final 了。应用上下文在构造之后会通过反射访问和设置这个字段。

如果上下文中包含一个以上同一个类型的 bean，则仍然可以使用@Autowired 注记，但是需要显式地指定要使用哪一个 bean。第二个注记@Qualifier 的用途就是这个。这个注记的构造函数接受一个字符串作为参数，这个参数即要连接的 bean：

```
@Autowired
@Qualifier("englishDictionary")
private Dictionary dictionary;
```

这些注记都是 Spring 特有的。如果决定要更换到另外一家提供商，例如 Google 的 Guice，那么尽管应用程序代码的业务逻辑不需要改变，但是需要重新实现依赖注入和 bean 创建的代码，以便和新的实现适配。JSR-330 规范尝试对不同提供商的标注进行标准化。根据这个规范，不使用@Autowired，而是使用@Inject。

关于 Java Specification Request (JSR)

JSR 指的是来自 Java 开发社区及相关利益集团为了在新版本的 Java 平台增加新功能而发出的请求。

过去的一些 JSR 包括 Java 1.4 引入的 assert 关键字、Java Message Service (JMS)规范和 JavaServer Page (JSP)等。

不论采用什么方式管理 bean 及其依赖关系，一定要保持一致性。随着应用程序的增长，如果这些依赖关系是通过不同方式设置的，那么可能会很难管理，特别是测试覆盖不全面的情况下。

16.2 Spring JDBC

如何通过 Spring 提升 JDBC 代码的可读性?

代码清单 16-13 展示了一个使用 JDBC 的例子,这个例子使用了 JDK 中自带的 API。数据库访问和 JDBC 的一般性知识请参阅第 12 章。

代码清单 16-13:通过 JDK API 访问数据库

```
@Test
public void plainJdbcExample() {
    Connection conn = null;
    PreparedStatement insert = null;
    PreparedStatement query = null;
    ResultSet resultSet = null;
    try {
        Class.forName("com.mysql.jdbc.Driver");

        conn = DriverManager.getConnection(
                "jdbc:mysql://localhost:3306/springtrans?" +
                "user=nm&" +
                "password=password");

        insert = conn.prepareStatement("insert into user values (?, ?)");

        final List<String> users = Arrays.asList("Dave", "Erica", "Frankie");

        for (String user : users) {
            insert.setString(1, UUID.randomUUID().toString());
            insert.setString(2, user);

            insert.executeUpdate();
        }

        query = conn.prepareStatement("select count(*) from user");
        resultSet = query.executeQuery();

        if (!resultSet.next()) {
            fail("Unable to retrieve row count of user table");
        }

        final int rowCount = resultSet.getInt(1);

        assertTrue(rowCount >= users.size());
    } catch (ClassNotFoundException | SQLException e) {
```

```
        fail("Exception occurred in database access: " + e.getMessage());
    } finally {
        try {
            if (resultSet != null) {
                resultSet.close();
            }
            if (query != null) {
                query.close();
            }
            if (insert != null) {
                insert.close();
            }
            if (conn != null) {
                conn.close();
            }
        } catch (SQLException e) {
            fail("Unable to close Database connection: " + e.getMessage());
        }
    }
}
```

这段代码表现出的问题是：为了插入一些数据并且验证数据是否存在就需要这么多的代码。数据库访问所需要的所有重量级的类，例如 Connection、PreparedStatement 和 ResultSet 类在创建、使用和销毁的过程中都有可能会抛出 SQLException 异常。这些异常不能简单地忽略，如果 close 方法抛出了 SQLException 异常，那么这个数据库的连接可能依然存在。如果这种情况发生多次，那么数据库连接池中的所有连接都会被用完，后续数据库访问的请求都会失败，导致整个应用程序进入停滞的状态。

因此，为了使用 java.sql.* 系列的类，需要采用这么一种模式，将所有的数据库访问都包裹在一个 try 代码块中，然后在一个 finally 代码块中包裹关闭数据库语句、查询结果集和连接的语句。但是由于 close 语句在 finally 代码块中也有可能会失败，因此这些语句也要在一个 try 代码块中。如果关闭操作失败了，我们也没有什么能做的，除了提醒发生了错误之外，只能手动关闭运行程序的数据库连接。

此外，由于数据库资源对象需要在 try 代码块中初始化，但是在 finally 代码块中关闭，因此这些引用资源的变量不能设置为 final 变量，这样的话就会有编程错误的风险，导致这些变量还没有被调用 close 方法就被重新赋值其他变量了。

值得庆幸的是，Spring 提供了一些工具可以处理这些样板化的代码。代码清单 16-14 给出了一个替换代码清单 16-13 的 finally 代码块方案。

代码清单 16-14：关闭数据库资源更友好的方法

```
try {
    // 同代码清单 16-13
} catch (ClassNotFoundException | SQLException e) {
    // 同代码清单 16-13
} finally {
```

```
    JdbcUtils.closeResultSet(resultSet);
    JdbcUtils.closeStatement(query);
    JdbcUtils.closeStatement(insert);
    JdbcUtils.closeConnection(conn);
}
```

建议你查阅一下这些工具方法的实现。这些方法包含了和代码清单 16-13 中 finally 代码块一样的代码，但是不会抛出检查异常(checked exception)。这样可以大大简化样板代码。使用这些代码可以让你的代码更简短，而且更易阅读和推导当前发生的错误。

JdbcUtils 类还提供了其他一些有用的方法，例如从 ResultSet 中提取结果的方法，甚至还提供了数据库命名约定(即通过下划线分隔：separated_by_underscores)转换为 Java 命名约定(即驼峰命名法：definedWithCamelCase)的方法

通过使用 Java 8 引入的 try-with-resource 语句(参见第 8 章)，也可以减少这里的样板代码，然而仍必须有针对 SQLException 的 catch 代码块，因为创建资源时也有可能会抛出这个异常。

如何通过 Spring 移除大部分样板 JDBC 代码呢？

JdbcUtils 类的目标是对老旧 JDBC 代码进行增强。如果是开始开发新的需要 JDBC 访问的 Java 项目，则应该使用 Spring 的 JdbcTemplate。

Spring 对 JDBC 抽象的使用方式是将大部分必要的设置放在应用上下文中，这样就可以避免这些设置代码污染程序业务逻辑。一旦设置好模板之后，后续的操作，例如执行查询的操作，只需要提供将 ResultSet 中每一行数据转换为特定的领域对象的代码即可。从名字可以看出，这是模板设计模式的一种应用。有关设计模式的讨论参见第 6 章。

代码清单 16-15 和代码清单 16-16 展示了如何通过 JdbcTemplate 进行日常数据库操作。

代码清单 16-15：在应用上下文中配置数据库

```
<bean id="dataSource"
    class="org.springframework.jdbc.datasource.DriverManagerDataSource">
    <property name="driverClassName" value="com.mysql.jdbc.Driver" />
    <property name="url" value="jdbc:mysql://localhost:3306/springtrans" />
    <property name="username" value="nm" />
    <property name="password" value="password" />
</bean>

<bean id="jdbcTemplate" class="org.springframework.jdbc.core.JdbcTemplate">
    <constructor-arg ref="dataSource"/>
</bean>
```

代码清单 16-16：使用 SimpleJdbcTemplate

```
@RunWith(SpringJUnit4ClassRunner.class)
@ContextConfiguration(
    "classpath:com/wiley/javainterviewsexposed /chapter16/jdbcTemplateContext.xml")
public class JdbcTemplateUsage {

    @Autowired
    private JdbcTemplate jdbcTemplate;

    @Test
    public void retrieveData() {
        final int rowCount =
                jdbcTemplate.queryForInt("select count(*) from user");

        final List<User> userList = jdbcTemplate.query(
            "select id, username from user",
            new RowMapper<User>() {

            @Override
            public User mapRow(ResultSet rs, int rowNum) throws SQLException {
                return new User(rs.getString("id"), rs.getString("username"));
            }
        });

        assertEquals(rowCount, userList.size());
    }

}
```

这段代码访问了两次数据库。queryForInt 方法期望给定的查询返回一行只有一列的数据，而且这一列数据的类型为某种可以解释为 int 的数值类型。因此，我们不需要关心创建语句、执行查询、获得 ResultSet、确保 ResultSet 只有一行一列以及事后关闭所有资源。

第二个查询展示了更为复杂的方法，数据库中的每一行都被翻译为 User 领域对象。上述模板能够执行查询操作并且在结果集上迭代。模板唯一不能做的事情就是将每一行数据转换为你所需要的对象。你需要提供一个 RowMapper 接口的匿名实现，然后 mapRow 会在数据库的每一行上调用。你可以访问数据和元数据(通过调用 ResultSet.getMetaData 方法)，还能访问行数。

每一个从 mapRow 返回的对象都会被模板收集起来，并且整合为一个 List。

在 Java 8 中使用 JdbcTemplate

由于 RowMapper 接口只有一个方法，因此特别适合 Java 8 中新引入的 Lambda 功能(参见 8.11 节)。使用 Lambda 可以使得这个查询方法更为简洁：

```
jdbcTemplate.query(queryString, (rs, rowNum) -> {
```

```
        return new User(rs.getString("id"), rs.getString("username"));
    });
```

这种写法不要求 Spring 库的代码做任何修改。

同样，进行这个查询时也不需要处理数据库连接和其他所有重量级数据库资源对象的维护，而且在查询之后也不需要自己关闭任何资源——所有这些事情都由模板完成。现在应该很容易看出来，上述代码比代码清单 16-13 中展示的代码更简洁更清晰，而且更易维护。

16.3　集成测试

> 如何测试应用上下文的配置是正确的呢？

在 16.1 节关于应用上下文的讨论中，对每一个测试都必须手工加载 ApplicationContext 对象，随着测试的增多，这样做会让人感到越来越烦琐，而且容易分心，偏离测试的主线。

Spring 对于集成测试中使用应用上下文提供了很好的支持。代码清单 16-17 仍然是拼写检查应用程序的例子，展示了 Spring 如何帮助集成测试。

代码清单 16-17：使用 Spring 的集成测试

```java
@ContextConfiguration(
  "classpath:com/wiley/javainterviewsexposed/chapter16/applicationContext.xml")
@RunWith(SpringJUnit4ClassRunner.class)
public class SpringIntegrationTest {

    @Autowired
    private SpellCheckApplication application;


    @Test
    public void checkWiring() {
        assertNotNull(application);
    }

    @Test
    public void useSpringIntegrationTests() {

        final List<String> words = Arrays.asList(
                "correct",
                "valid",
                "dfgluharg",
                "acceptable");
```

```
final List<Integer> expectedInvalidIndices = Arrays.asList(2);

final List<Integer> actualInvalidIndices =
                        application.checkDocument(words);

assertEquals(expectedInvalidIndices, actualInvalidIndices);
    }
}
```

这个类标注为通过 SpringJUnit4ClassRunner 运行器运行，这个运行器理解如何通过类级别的注记@ContextConfiguration 加载 Spring 应用上下文。

通过这种方式运行测试可以让要测试的 bean 能够自动连接到具体的测试中。所有@Autowired bean 在每一次测试时都会通过应用上下文重新加载，类似于每次测试前运行@Before 标记的方法。

如果测试非常复杂，在测试的过程中可能会改变应用上下文的状态，那么可以将类标记为@DirtiesContext，这样每一次测试时都会重新加载整个上下文。这会显著地增加测试集中所有测试的运行时间。

> 在运行集成测试时怎样保持数据库干净？

Spring 的集成测试功能有一项非常有用的特性用于操作数据库和事务。如果将 JUnit 测试集扩展 AbstractTransactionalJUnit4SpringContextTests，那么这个测试集中的每一个测试都会在一个数据库事务中运行，且在每一次测试结束时都可以回滚数据库。

这个类还有一个有用的功能，可以检查代码是否满足数据库指定的任何要求(例如引用完整性)或者是否满足任何复杂的连锁反应(例如数据库触发器指定的那些动作)。代码清单 16-18 展示了一个向数据库插入数据的测试。如果满足插入的 username 在数据库中已经存在这一前提条件，那么测试就会失败。

代码清单 16-18：利用 Spring 的事务性支持进行集成测试

```
@ContextConfiguration(
  "classpath:com/wiley/javainterviewsexposed/" +
      "chapter16/databaseTestApplicationContext.xml")
 public class SpringDatabaseTransactionTest extends
                    AbstractTransactionalJUnit4SpringContextTests {

    private int rowCount;

    @Before
    public void checkRowsInTable() {
        this.rowCount = countRowsInTable("user");
    }
```

```
@Before
public void checkUsersForTestDoNotExist() {
    final int count = this.simpleJdbcTemplate.queryForInt(
            "select count(*) from user where username in (?, ?, ?)",
            "Alice",
            "Bob",
            "Charlie");
    assertEquals(0, count);
}


@Test
public void runInTransaction() {

    final List<Object[]> users = Arrays.asList(
            new Object[]{UUID.randomUUID().toString(), "Alice"},
            new Object[]{UUID.randomUUID().toString(), "Bob"},
            new Object[]{UUID.randomUUID().toString(), "Charlie"}
    );

    this.simpleJdbcTemplate.batchUpdate(
            "insert into user values (?, ?)", users);

    assertEquals(rowCount + users.size(), countRowsInTable("user"));
    }
}
```

在任何一个@Before 方法运行之前，都会打开一个事务。当测试已经运行完成，而且所有的@After 方法都结束之后，事务会被回滚，就好像没有写入任何数据一样。当然，要确保@Test 方法中的代码没有执行事务提交。

如果这个测试是在事务之外运行的，那么第二次运行时就会失败，因为已经插入了用户名 Alice、Bob 和 Charlie。但是由于插入操作都被回滚了，所以可以一次又一次地运行这个测试，不用担心有任何数据会被持久化。这种测试特别适合常规应用构建的过程，也适合运行在持续交互服务器上的集成测试流程。

JUnit 4.11 引入了@FixMethodOrder 注记，这个注记可以定义@Test 方法运行的顺序。在代码清单 16-18 中，可以再写一个测试，复核事务是否真正回滚了，检查用户是不是不存在于表中，并且让这个复核测试运行在 runInTransaction 测试之后。

指定测试的顺序是一个不好的实践，因为每一个测试都应该独立运行。如果这个测试运行在一台持续交付服务器上，而且因为测试出现问题导致事务回滚，那么测试第二次运行时就会失败。如果定期运行构建的话，在开发周期的早期就应该发现问题。

通过扩展 AbstractTransactionalJUnit4SpringContextTests 并且在应用上下文中提供有效的 DataSource，那么在集成测试集中可以访问 SimpleJdbcTemplate 对象，通过这个对象可以在测试中执行任何相关的数据库操作。这个测试集还提供了一些工具方法：countRowsInTable 和 deleteFromTables。

16.4 Spring MVC

模型-视图-控制器(Model-View-Controller，MVC)模式是用户界面常用的方法。从名字可以看出，这个模式将应用程序分为 3 个部分。

模型表示的是应用程序使用的数据。

视图表示模型在用户面前的展现形式。根据应用程序的性质，视图可以是屏幕上的文本，也可以是利用图像和动画显示的更为复杂的可视化效果。

控制器将所有组件连接起来。控制器负责处理所有的输入，这将控制模型的创建，然后负责将这个模型转交给合适的视图。

这一节演示了 Spring 的 Web 应用如何通过这个模式清晰地分离这 3 个组件以及如何将这 3 个组件整合在一起，展示了一个演示体育比赛结果的小型 Web 应用程序的构建。代码清单 16-19 展示了这个体育比赛结果服务的接口。

代码清单 16-19：SportsResultsService 接口

```
public interface SportsResultsService {
    List<Result> getMostRecentResults();
}
```

> Spring 如何提供 Web 应用服务？

Spring 的 MVC 框架从设计上和 Java Servlet 规范兼容。很多供应商都选择了符合这个规范，例如免费可用的 Apache Tomcat 和 Jetty，还有商业的实现，例如 IBM 的 Websphere Application Server。所有这些框架都可以和 Spring MVC 一起使用。

当应用服务器启动时，首先会在 classpath 的 META-INF 包中查找文件 web.xml。这个文件定义了服务器提供的应用程序(或 servlet)。在 web.xml 中，提供一个扩展 HttpServlet 的类，这个类定义了如何应答各种 HTTP 方法，例如 GET 和 POST。

尽管你可以提供自己的实现，但是为了使用 Spring MVC，我们可以使用 Spring 提供的实现 org.springframework.web.servlet.DispatcherServlet。代码清单 16-20 给出了一个示例 web.xml 文件的完整定义，这个定义将所有以/mvc 开头的请求传递给 DispatcherServlet。

代码清单 16-20：配置使用 Spring MVC 的 servlet 容器

```
<?xml version="1.0" encoding="ISO-8859-1"?>
<web-app
        xmlns="http://java.sun.com/xml/ns/javaee"
        xmlns:xsi="http://www.w3.org/2001/XMLSchema-instance"
        xsi:schemaLocation="
                http://java.sun.com/xml/ns/javaee
```

```
                http://java.sun.com/xml/ns/javaee/web-app_3_0.xsd"
        metadata-complete="false"
        version="3.0">

    <servlet>
        <servlet-name>mvc</servlet-name>
        <servlet-class>
            org.springframework.web.servlet.DispatcherServlet
        </servlet-class>
        <load-on-startup>1</load-on-startup>
    </servlet>

    <servlet-mapping>
        <servlet-name>mvc</servlet-name>
        <url-pattern>/mvc/*</url-pattern>
    </servlet-mapping>

</web-app>
```

当控制权转交给 DispatcherServlet 时，DispatcherServlet 会立即在 classpath 路径 WEB-INF/[servlet-name]-servlet.xml 查找应用上下文的 XML 定义。就代码清单 16-20 的例子而言，这个定义的文件名为 mvc-servlet.xml。

这个文件是一个普通的正常的 Spring 应用上下文。Spring bean 都在这个文件中定义，当服务器启动时会初始化这些 bean。代码清单 16-21 是一个非常简单的应用上下文。

代码清单 16-21：一个示例 Spring MVC 应用程序的应用上下文

```
<?xml version="1.0" encoding="UTF-8"?>
<beans xmlns="http://www.springframework.org/schema/beans"
       xmlns:xsi="http://www.w3.org/2001/XMLSchema-instance"
       xmlns:p="http://www.springframework.org/schema/p"
       xmlns:context="http://www.springframework.org/schema/context"
       xsi:schemaLocation="
        http://www.springframework.org/schema/beans
        http://www.springframework.org/schema/beans/spring-beans.xsd
        http://www.springframework.org/schema/context
        http://www.springframework.org/schema/context/spring-context.xsd">

    <context:component-scan
            base-package="com.wiley.javainterviewsexposed.chapter16.mvc"/>

    <bean id="freemarkerConfig"
        class="org.springframework.web.servlet.view.freemarker.FreeMarkerConfigurer">
        <property name="templateLoaderPath" value="/WEB-INF/freemarker/"/>
    </bean>

    <bean
        id="viewResolver"
        class="org.springframework.web.servlet.view.freemarker.FreeMarkerViewResolver">
```

```
        <property name="prefix" value=""/>
        <property name="suffix" value=".ftl"/>
    </bean>

    <bean
      class="com.wiley.javainterviewsexposed.chapter16.mvc.DummySportsResultsService"/>

</beans>
```

这里有 3 个主要动作。大部分 MVC 控制器都是通过注记定义的,因此 context:component-scan 标签的作用是告诉应用上下文要在哪些包里面扫描带有@Controller 注记的类。还设置了视图解析器(view resolver),用途是渲染和显示所有请求的结果;当 Spring MVC 需要显示请求的输出时,会向类型为 ViewResolver 的 bean 发出请求。最后一个动作是设置了这个应用特有的一个 bean:一个 DummySportsResultsService 实例。

这只是一个普通的应用上下文。如果需要的话,可以在 MVC 应用之外使用这个上下文,例如可以在 Spring 的集成测试框架中使用。

怎样通过 Spring MVC 创建简单可测的 Web 控制器?

Spring 中的控制器是轻量级的 Plain Old Java Objects(即普通的 Java 对象)。通过添加一些非常简单的依赖,这些控制器从设计上就非常容易测试,框架也提供了很多选项,使得控制器的行为可以很方便地融合到你自己的工作方式中。代码清单 16-22 展示了 MVC 框架中一个简单的 Spring 控制器的示例。

代码清单 16-22:一个简单的 Spring 控制器

```
@Controller
@RequestMapping("/results")
public class ResultsController {

    private final SportsResultsService resultsService;

    @Autowired
    public ResultsController(final SportsResultsService resultsService) {
        this.resultsService = resultsService;
    }

    @RequestMapping(value = "/recent")
    public String getMostRecentResults(final Model model) {
        model.addAttribute("results", resultsService.getMostRecentResults());
        return "resultsView";
    }

    @RequestMapping("/recent/{team}")
```

```
public String getMostRecentResultsForTeam(
        @PathVariable("team") final String team,
        final Model model) {
    final List<Result> results = resultsService.getMostRecentResults();
    final List<Result> resultsForTeam = new ArrayList<Result>();
    for (Result result : results) {
        if (Arrays.asList(
                result.getHomeTeam(),
                result.getHomeTeam()
            ).contains(team)) {
            resultsForTeam.add(result);
        }
    }

    if (resultsForTeam.isEmpty()) {
        return "teamNotFound";
    } else {
        model.addAttribute("results", resultsForTeam);
        return "resultsView";
    }
}

}
```

这个控制器提供了两个 URL 的 GET 访问逻辑：一个是/results/recent，另一个是查询指定队伍的/results/recent/<team>。

在深入了解这个控制器怎样和 servlet 引擎整合的机制之前，我们应该能很清楚地看出，这个类可以很方便地通过单元测试进行测试。代码清单 16-23 展示了一个针对方法 getMostRecentResultsForTeam 的测试。

```
@Test
public void specificTeamResults() throws Exception {
    final SportsResultsService mockService = mock(SportsResultsService.class);

    final List<Result> results = Arrays.asList(
            new Result("Home", "Away", 1, 2),
            new Result("IgnoreHome1", "IgnoreAway1", 0, 0)
    );

    when(mockService.getMostRecentResults()).thenReturn(results);

    final List<Result> expectedResults = Arrays.asList(
                            new Result("Home", "Away", 1, 2));
```

```
final ResultsController controller = new ResultsController(mockService);
final Model model = new ExtendedModelMap();

controller.getMostRecentResultsForTeam("Home", model);

assertEquals(expectedResults, model.asMap().get("results"));
}
```

我们从代码清单 16-22 可以看到这个类标注了@Controller 注记，因此 servlet 的应用上下文中的 component-scan 指令可以扫描到这个类。

这个控制器负责的是任何以/results 开头的 URL，因此，也可以在类级别通过@Request-Mapping 注记来标注这个 URL。任何方法级别的@RequestMapping 都是相对这个路径的。

GetMostRecentResultsForTeam 方法有一个参数标注了@PathVariable，这个参数得到的是 team 的值。这个值对应的是@RequestMapping 注记中绑定的 {team} 的值。如果需要的话，可以通过这种方式实现 REST 接口。对请求 URL 进行参数化是非常简单的事情。这种操作也是类型安全的，Spring 可以将值解析为任何简单类型，例如原始类型 String 和 Date 等，而且还可以自己提供转换器将请求路径中的 String 转换为自定义的复杂类型。

控制器中的方法有一个职责是要向视图提供可以渲染的模型。

这两个方法的签名类似，都至少接受一个 Model 对象作为参数，并且都返回 String。

Model 参数是由框架传递给控制器方法的。Model 对象的核心是一个从 String 到 Object 的映射。控制器执行必要的操作，例如，通过访问数据库的服务或第三方 Web 应用等途径获得数据，然后将数据填入指定的 Model。不要忘了，Java 对象都是通过引用表示的，因此在更新完成模型实例之后框架仍然可以保留模型实例的引用，这就意味着不需要从方法返回更新后的模型。

这样的话，方法就可以返回另一个重要的元素，即要渲染的视图的名称。从 String 到具体视图的映射在 Spring 的 MVC 框架中是可以配置的，具体的操作方式请参见下一个问题。

为了最大程度地实现灵活性，而且为了使你能够按自己喜欢的方式定义控制器，Spring MVC 框架能够理解很多种不同的方法定义方式。在方法的参数中可以指定多种注记，例如 multipart 表单上传使用的@RequestPart 注记，以及将指定的请求头赋值给变量的@RequestHeader 注记。

在方法签名中还可以指定很多不同类型的参数，其中包括：

- InputStream——允许访问原始的 HTTP 请求流。
- OutputStream——允许直接向 HTTP 响应流中写入数据。
- HttpServletRequest——访问请求对象本身。
- ServletResponse——另一种直接向响应写入数据的方式。

此外，返回类型也可以有多种选择，例如 ModelAndView，这个对象同时包含了视图使用的模型以及视图名称。如果直接写入响应流的话，甚至还可以返回 void 类型。

> **理智：代码要保持简单易测**
>
> 在面试中不要忘记尽可能地使用测试。和所有的 Java 类一样，建议控制器也要保持简单和易测。如果控制器方法直接写入响应输出流并返回 void 类型，那么这种方法会很难测试。

> 服务器端逻辑是怎样将请求结果的显示分离的？

视图负责的事情是将控制器的工作成果，即模型，显示出来。

视图应该只负责显示输出，控制器应该在将模型传递给视图之前完成所有有意义的工作。这些工作包括一些诸如列表排序或从数据结构中过滤掉不需要的数据等操作。

从大体上看，Spring 使用的大部分视图技术都遵循了一个非常类似的模式：像模板一样工作，用占位符表示动态数据。Spring 和多个实现紧密集成，使得这些实现自己和 Spring 控制器的集成能保持一致。

控制器通常在一个映射中填充数据，这个映射由一个表示"bean"或数据结构的名字组成。如果是 bean，那么这个 bean 的属性由 Java 类中的 getXXX 方法定义，视图技术可以通过这些方法直接访问到对应的属性。如果是数据结构，例如 Map 和 List 等，则模板提供一些方法可以遍历集合并访问每一个元素，和 bean 一样。代码清单 16-24 展示了一个非常简单的控制器，代码清单 16-25 展示了一个可以显示这些数据的视图。这里使用的视图实现名为 Freemarker。

代码清单 16-24：代码清单 16-25 使用的一个简单控制器

```
@RequestMapping("/planets")
public String createSimpleModel(final Model model) {

    model.addAttribute("now", new Date());

    final Map<String, String> diameters = new HashMap<>();
    diameters.put("Mercury", "3000 miles");
    diameters.put("Venus", "7500 miles");
    diameters.put("Earth", "8000 miles");

    model.addAttribute("diameters", diameters);

    return "diameters";
}
```

代码清单 16-25：通过视图模板显示来自控制器的输出

```
<html>
<head>
```

```
        <title>Planet Diameters</title>
</head>
<body>
<#list diameters?keys as planet>
        <b>${planet}</b>: ${diameters[planet]}<br/>
</#list>
This page was generated on <i>${now?datetime}</i>
</body>
</html>
```

控制器在模型中添加了两个元素：一个是表示当前时间的 now，另一个是将行星名称映射到其直径大小的 diameters。

代码清单 16-25 是使用 HTML 语言编写的，其中带有一些要填充动态内容的占位符。这种做法有几个优势，其中就包括了能够将服务器端处理和前端显示清晰地分离开。此外，注意模板并不局限于 HTML 格式：任何可以显示的内容都可以处理，包括 XML 文档和逗号分隔值(CSV)文档，甚至可以使用电子邮件文档的模板。

<#list>这种标签被称为宏(macro)，Freemarker 有很多这样的宏适合不同的场合。这里使用的<#list>的用途是遍历 diameters 映射中所有的键。其他的例子还包括 bool?string ("yes", "no")，这个宏的作用是将 bool 的值映射到两个字符串中的一个：yes 或 no；还有 number?round，这个宏的作用是显示 number 值四舍五入之后的值。

> 如何配置 Spring 使用不同的视图模板引擎？

代码清单 16-25 使用的是 Freemarker 引擎。代码清单 16-24 中的控制器通过名称 diameters 引用视图。从名称到模板文件的映射是在应用上下文中设置的，这种映射的设置和 ViewResolver 的实现高度相关。在上述应用中，应用上下文的设置参见代码清单 16-21，其中视图解析器的设置如下所示：

```
<bean id="viewResolver"
 class="org.springframework.web.servlet.view.freemarker.FreeMarkerViewResolver">
    <property name="prefix" value=""/>
    <property name="suffix" value=".ftl"/>
</bean>
```

这个设置表明，视图模板文件保存在默认位置，文件扩展名为.ftl。在使用 Freemarker 时，diameters 对应的视图的路径应该是 classpath 中的/WEB-INF/freemarker/diameters.ftl 位置。

Velocity 是一个类似的但是较老的视图技术，Spring 的视图解析器 bean 也使用了类似的 bean 属性配置：

```
<bean id="viewResolver"
 class="org.springframework.web.servlet.view.velocity.VelocityViewResolver">
```

```
    <property name="prefix" value=""/>
    <property name="suffix" value=".vm"/>
</bean>
```

这里针对 Velocity 模板的约定是使用.vm 后缀。

16.5　本章小结

不论你使用 Spring 中的哪些部分或是不使用哪些部分，大部分方式的核心概念都在于
应用上下文的使用。对于依赖注入以及组件之间的整合方式的理解非常重要。任何涉及
Spring 的面试都会考察关于 Spring bean 的内容，例如 bean 的创建，以及 bean 之间的交互
方式。

本章并没有完全覆盖 Spring 框架的方方面面。请花些时间编写一些 Spring 的代码，然
后看一看这里介绍的概念是怎样用于其他部分的，例如如何通过 HibernateTemplate 和
Hibernate 交互，以及如何将应用上下文用于一些更复杂的整合了 Spring 的场合。

请确保在 Spring 中编写的所有代码都经过了测试，特别是在通过 XML 配置应用程序
时。Spring 为创建充分的测试提供了很好的支持。Eclipse 和 IntelliJ 也有很好的 Spring 插
件；这些插件通常可以直接指出 Spring 配置中的错误——这些错误往往在运行代码并尝试
创建应用上下文时才会显现出来。

第 17 章讨论 Hibernate，这是一个经常和 Spring 一起使用的框架。通过 Hibernate 可以
直接将数据库表转换为 Java 对象，反之亦然。第 17 章讨论 Hibernate 的一些配置和使用方
法的基础知识。

第17章

使用 Hibernate

Hibernate 是一个专门用来管理 Java 对象和数据库表之间映射的工具，这种映射通常称为 Object/Relational Mapping，简称为 ORM。

本章建立在一个票房应用的示例数据库 schema 的基础上。这个应用程序管理不同地点不同事件的观众的票。图 17-1 展示了这个数据库的结构。

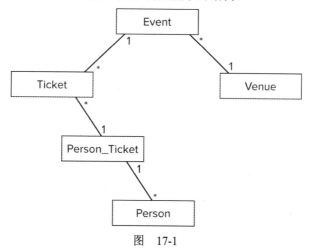

图 17-1

17.1 使用 Hibernate

> 如何通过 Hibernate 创建 Java 对象？

Hibernate 是一种将数据库关系映射到对象的工具，使得数据库中的这些实体有具体对应的领域对象。这些类就是简单的 Plain Old Java Object，即 POJO，而且可以简单地和对应的数据库表进行匹配。代码清单 17-1 展示了 people 表对应的类。

代码清单 17-1：Person 类

```java
public class Person {

    private int id;
    private String name;
    private String address;

    public Person() {
        // 默认的无参构造函数
    }

    public Person(int id, String name, String address) {
        this.id = id;
        this.name = name;
        this.address = address;
    }

    public int getId() {
        return id;
    }

    public void setId(int id) {
        this.id = id;
    }

    public String getName() {
        return name;
    }

    public void setName(String name) {
        this.name = name;
    }

    public String getAddress() {
        return address;
    }

    public void setAddress(String address) {
        this.address = address;
    }

    @Override
    public String toString() {
        return "Person{" +
                "name='" + name + '\'' +
                ", address='" + address + '\'' +
```

```
            '}';
    }

    // 省去 equals 和 hashCode 等方法
}
```

注意这个类的名字是 Person，对应的是 people 表。数据库表的命名约定是使用复数形式的名词，而类定义的命名约定是单数形式的名词。以上类定义表示的是单个人。

这里还有几点需要注意。首先是在类中必须有一个默认的无参构造函数。当 Hibernate 构造对象时，会通过这个构造函数创建对象。如果没有默认构造函数，Hibernate 就无法判定应该使用哪一个构造函数。Hibernate 会通过 setter 方法填充实例，因此不仅需要有一个构造函数，还需要将 Person 类的字段设置为非 final 字段。

我们还需要指定类和表之间的映射关系。代码清单 17-2 展示了 Person 类的映射关系。

代码清单 17-2：Person 实体的映射关系

```xml
<?xml version="1.0"?>
<!DOCTYPE hibernate-mapping PUBLIC
        "-//Hibernate/Hibernate Mapping DTD 3.0//EN"
        "http://hibernate.sourceforge.net/hibernate-mapping-3.0.dtd">

<hibernate-mapping package="com.wiley.acinginterview.chapter17">

    <class name="Person" table="PEOPLE">
        <id name="id" column="ID"/>
        <property name="name"/>
        <property name="address"/>
    </class>

</hibernate-mapping>
```

映射文件的命名约定是<Entity>.hbm.xml，因此这个文件的名字应该是 Person.hbm.xml。就这个简单的例子而言，类字段的名字和数据库表列的名字是对应的，所以这个映射只列出了 Person 实体的属性名称，并描述了 id 字段用作不同对象的唯一标识符。

还要让 Hibernate 知道要使用的数据库及其位置。根据约定，这些内容保存在 classpath 根目录下一个名为 hibernate.cfg.xml 的文件中。这个文件还包含了一个指向代码清单 17-2 所示的映射文件的引用。代码清单 17-3 展示了一个简单的配置文件。

代码清单 17-3：一个简单的 hibernate.cfg.xml 文件

```xml
<?xml version='1.0' encoding='utf-8'?>
<!DOCTYPE hibernate-configuration PUBLIC
    "-//Hibernate/Hibernate Configuration DTD 3.0//EN"
    "http://hibernate.sourceforge.net/hibernate-configuration-3.0.dtd">

<hibernate-configuration>
```

```
<session-factory>
    <property name="connection.driver_class">
        com.mysql.jdbc.Driver
    </property>
    <property name="connection.url">
        jdbc:mysql://localhost:3306/ticketoffice
    </property>
    <property name="connection.username">nm</property>
    <property name="connection.password">password</property>

    <property name="dialect">
        org.hibernate.dialect.MySQLDialect
    </property>

    <property name="show_sql">true</property>

    <mapping
        resource="com/wiley/javainterviewsexposed/chapter17/Person.hbm.xml"/>
    </session-factory>
</hibernate-configuration>
```

在这个文件中定义了数据库连接相关的属性,例如连接池的大小,以及是否使用缓存。假设 people 表中有以下行:

```
mysql> select * from people;
+----+---------------+-------------------+
| id | name          | address           |
+----+---------------+-------------------+
|  1 | Eric Twinge   | 29, Acacia Avenue |
|  2 | Dominic Taylor| 74A, High Road    |
|  3 | Alice Smith   | 1, Pine Drive     |
+----+---------------+-------------------+
3 rows in set (0.00 sec)
```

代码清单 17-4 展示了如何利用上述配置文件将表中的行提取出来保存进 Person 对象。

代码清单 17-4:通过 Hibernate 查询数据库

```
@Test
public void retrievePeople() {
    final SessionFactory sessionFactory =
            new Configuration()
                    .configure()
                    .buildSessionFactory();

    final Session session = sessionFactory.openSession();
    final List<Person> actual = session
            .createQuery("from Person")
            .list();
```

```
        final List<Person> expected = Arrays.asList(
                new Person(1, "Eric Twinge", "29, Acacia Avenue"),
                new Person(2, "Dominic Taylor", "74A, High Road"),
                new Person(3, "Alice Smith", "1, Pine Drive"));

        assertEquals(expected, actual);
    }
```

还要注意，当 Hibernate 填充完 Person 对象之后，这些对象就和 Hibernate 或数据库一点关系都没有了，这些对象只是普通的 POJO。

如何通过 Hibernate 向数据库中插入数据？

通过 Hibernate 向数据库中插入数据也一样简单。代码清单 17-5 展示了通过 Hibernate 插入数据。验证数据库中确实包含了插入的行是通过普通 SQL 完成的。

代码清单 17-5：通过 Hibernate 持久化数据

```
@Test
public void storePerson() throws SQLException {
    final Session session = sessionFactory.openSession();
    final Transaction transaction = session.beginTransaction();

    final Person newPerson =
            new Person(4, "Bruce Wayne", "Gotham City");
    session.save(newPerson);
    transaction.commit();

    final Connection conn = DriverManager.getConnection(
            "jdbc:mysql://localhost:3306/ticketoffice",
            "nm",
            "password");

    final Statement stmt = conn.createStatement();

    final ResultSet rs = stmt.executeQuery(
            "select name from people where id = 4");
    assertTrue(rs.next());
    assertEquals("Bruce Wayne", rs.getString(1));

    rs.close();
    stmt.close();
    conn.close();
}
```

只要调用 Hibernate 会话的 save 方法并传入一个 Person 对象即可将这个 Person 对象持久化到数据库中。

注意，这段代码仍然依赖于 Person 对象的 id 字段唯一这个前提。如果尝试插入另外一个 id 为 4 的 Person 对象，就会失败。对代码做一些小的修改就可以使代码对持久化机制的依赖更小。

如果数据库表设置为自动生成标识符，由于 Hibernate 是能感知到这一点的，因此在持久化对象时就不用提供 id。代码清单 17-6 展示了 MySQL 数据库中 people 表的 DDL 语句。

代码清单 17-6：使用自动递增的标识符

```
CREATE TABLE people (
  id INTEGER AUTO_INCREMENT PRIMARY KEY,
  name VARCHAR(100),
  address VARCHAR(100)
);
```

设置了 AUTO_INCREMENT 属性之后，数据库就会自动生成标识符。

在 Hibernate 映射文件 Person.hbm.xml 中还需要提供一个生成器，如代码清单 17-7 所示。

代码清单 17-7：在 Hibernate 映射中添加生成器

```xml
<class name="Person" table="PEOPLE">
   <id name="id" column="ID">
      <generator class="native"/>
   </id>
   <property name="name"/>
   <property name="address"/>
</class>
```

这里选择的特性是 native，也就是说 Hibernate 会期待数据库自动插入一个标识符。还有其他生成器类可以选择，例如有一个创建 UUID 的类，还可以让 Hibernate 自己负责跟踪标识符的使用。

实施了这些修改之后，生成的 SQL 也需要变化。如果在 hibernate.cfg.xml 文件中打开了 show_sql 开关选项，那么可以在日志中看到以下行：

```
Hibernate: insert into PEOPLE (name, address) values (?, ?)
```

这里面没有对 id 列的引用。如此一来，在 Person 类中也不需要 id 字段了，如代码清单 17-8 所示。

代码清单 17-8：更简洁的 Person 类

```java
public class Person {

    private String name;
    private String address;
```

...其余代码和之前一样，只是没有 id 的 getter 和 setter 方法这样得到的是一个更简洁清晰的领域对象，其中没有任何和持久化相关的痕迹。

> 如何在 Hibernate 中对数据库表进行连接操作？

在实现图 17-1 所示的 schema 时，Person 这个类本身并不是很有用。这个图显示了 tickets 和 people 之间是多对多的关系，因此需要一个连接表。

在后面的例子中，tickets 和 person_ticket 表的数据如下所示：

```
mysql> select * from tickets;
+----+--------- +
| id | event_id |
+----+--------- +
| 1  |        1 |
| 2  |        1 |
| 3  |        2 |
| 4  |        2 |
| 5  |        3 |
| 6  |        3 |
| 7  |        4 |
| 8  |        5 |
| 9  |        5 |
| 10 |        6 |
+----+--------- +
10 rows in set (0.00 sec)

mysql> select * from person_ticket;
+---------- +---------- +
| person_id | ticket_id |
+---------- +---------- +
|         1 |         1 |
|         2 |         4 |
|         1 |         7 |
|         3 |        10 |
+---------- +---------- +
4 rows in set (0.00 sec)
```

从数据中可以看出，一个人可以有属于多个事件的多张票，例如 person_id 为 1 的人；一个事件也可以有多张票，例如 event_id 为 1、2、3 和 5 的事件。

如果将 Person 类修改为带有一个保存了多张票的集合，那么这个类就会更有用。这样的话，从数据库中检索出来的一个人应该带有一个 Ticket 对象列表，当这个人向票房询问他有哪些票时这个列表会起作用。

首先定义一个 Ticket 类。这里没有把这个类列出来，因为没有什么特别之处。这个类有两个字段——id 和 eventId，还有一个不带参数的构造函数，以及所有字段的 getter 和

setter 方法。代码清单 17-9 展示了两个 Hibernate 映射文件，一个是新创建的 Ticket.hbm.xml 文件，另一个是修改后的 Person.hbm.xml 文件。

代码清单 17-9：关联人和票的 Hibernate 映射

```
<hibernate-mapping package="com.wiley.javainterviewsexposed.chapter17">

    <class name="Ticket" table="TICKETS">
        <id name="id" column="ID"/>
        <property name="eventId" column="event_id"/>
    </class>

</hibernate-mapping>

<hibernate-mapping package="com.wiley.javainterviewsexposed.chapter17">

    <class name="Person" table="PEOPLE">
        <id name="id" column="ID">
            <generator class="native"/>
        </id>
        <property name="name"/>
        <property name="address"/>

        <set name="tickets" table="PERSON_TICKET" cascade="all">
            <key column="person_id"/>
            <many-to-many column="ticket_id"
                        unique="true"
                        class="Ticket"/>
        </set>

    </class>

</hibernate-mapping>
```

Ticket 的 Hibernate 映射和想象的差不多，唯一的新东西就是这里需要将 eventId 字段和 event_id 列关联在一起——之前所有例子中的字段名和列名都是一致的。这个映射说明我们可以同时遵守 Java 和 SQL 的命名约定。

Person 的 Hibernate 映射则包含了新的信息：tickets 字段表示的集合。这个字段引用了 person_ticket 表。Hibernate 通过 key-column 标签知道应该如何执行 SQL 连接操作——person_ticket 表的 person_id 是连接条件，many-to-many 标签则引用了 Ticket 实体的标识符。

在 Hibernate 配置文件 hibernate.cfg.xml 中还要引用新的 Ticket.hbm.xml 文件，此外还需要做一处修改，那就是在 Person 类中添加一个集合字段，如代码清单 17-10 所示。

代码清单 17-10：Person 类的增改

```
public class Person {
```

```
private int id;
private String name;
private String address;
private Set<Ticket> tickets;

public Person() {
    // 默认的无参构造函数
}

public Person(int id,
            String name,
            String address,
            Set<Ticket> tickets) {
...
```

这个类剩下的代码没有什么特别之处。tickets 字段也有对应的 getter 方法和 setter 方法，equals 方法和 hashCode 方法也会将这个集合考虑在内，toString 方法也会确保包含集合中的值。

代码清单 17-11 展示了更新后的测试，用于验证检索回的 Person 对象现在包含了已购票的集合。

代码清单 17-11：测试通过 Hibernate 完成的实体连接

```
@Test
public void retrievePeople() {
    final SessionFactory sessionFactory =
            new Configuration()
                    .configure()
                    .buildSessionFactory();

    final Session session = sessionFactory.openSession();
    final List<Person> actual = session
        .createQuery("from Person")
        .list();

    final Set<Ticket> ericTickets = new HashSet<Ticket>(2) {{
        add(new Ticket(1, 1));
        add(new Ticket(7, 4));
    }};

    final Set<Ticket> dominicTickets = new HashSet<Ticket>(1) {{
        add(new Ticket(4, 2));
    }};

    final Set<Ticket> aliceTickets = new HashSet<Ticket>(1) {{
        add(new Ticket(10, 6));
    }};

    final List<Person> expected = Arrays.asList(
```

```
            new Person(1, "Eric Twinge", "29, Acacia Avenue", ericTickets),
            new Person(2, "Dominic Taylor", "74A, High Road", dominicTickets),
            new Person(3, "Alice Smith", "1, Pine Drive", aliceTickets));

        assertEquals(expected, actual);
    }
```

当然，仅仅包含标识符也不是太有实际用途。在 Person 类中包含 Ticket 信息的模式也可以用于在 Ticket 类中包含 Event 集合，不过这是一个多对一的关系：一张票只能对应一个事件，而一个事件显然可以卖出多张票。

下面我们要创建一个新的 Event 类，其中包含了 event 表中的字段，还要创建一个简单的 Hibernate 映射文件 Events.hbm.xml，从而将表的列映射至类的字段。修改 Ticket.hbm.xml 文件，添加一个多对一的字段，字段和 event 表匹配，如代码清单 17-12 所示。

代码清单 17-12：一个多对一的关系

```xml
<hibernate-mapping package="com.wiley.acinginterview.chapter17">

    <class name="Ticket" table="TICKETS">
        <id name="id" column="ID"/>
        <many-to-one name="event" class="Event"
                     column="event_id" cascade="all" not-null="true"/>
    </class>

</hibernate-mapping>
```

代码清单 17-13 展示了测试要做的修改，现在 Ticket 类的构造函数接受一个 int 类型的参数 id 和一个 Event 对象参数。

代码清单 17-13：多对一关系的测试

```java
final Set<Ticket> dominicTickets = new HashSet<Ticket>(1) {{
    add(new Ticket(4,
            new Event(
                2,
                1,
                "The Super Six",
                new DateTime(2013, 8, 1, 0, 0).toDate())));
}};
```

这个测试应该可以通过，它会利用测试中定义的 Event 填充 Ticket 对象。

Hibernate 和日期

event 表有一个 DATE 类型的数据，表示事件发生的日期。这个字段很方便地自动映射为 java.util.Date 对象。在代码清单 17-13 中，为了简洁，eventDate 对象是通过 Joda Time 库创建的，然后转换为 java.util.Date 对象。有关 Joda Time 和其他有用的 Java 库的信息，请参阅第 18 章。

> 如何使用 HQL？

HQL 是 Hibernate 提供的查询语言。在代码清单 17-4 中我们已经看到了 HQL 的一个例子，session.createQuery("from Person").list()这一行代码通过字符串 from Person 从数据库中获取所有的 Person 实体。

HQL 语言在某些方面和 SQL 很像：从某处请求数据，而且请求的数据可能需要满足某些条件。代码清单 17-14 展示了通过 HQL 检索单个用户的信息。

代码清单 17-14：HQL 特有的特点

```
@Test
public void hqlSinglePerson() {
    final Session session = sessionFactory.openSession();
    final List<Person> singleUser = session
        .createQuery("from Person where name like 'Dominic%'")
        .list();
    assertEquals(1, singleUser.size());
}
```

这里使用的 HQL 语句"from Person where name like 'Dominic%' "对返回的数据做了限定，只返回名字以 Dominic 开头的人。对于以上测试用的数据集，只有一个人满足这个条件。

如果要查询某个 Person 持有的 Ticket，可以对相应的实体进行查询，如代码清单 17-15 所示。

代码清单 17-15：查询一个实体的字段

```
@Test
public void hqlSpecificTickets() {
    final Session session = sessionFactory.openSession();
    final List<Ticket> actual = session.createQuery("" +
        "select person.tickets " +
        "from Person person " +
        "where person.name = 'Eric Twinge'").list();

    assertEquals(2, actual.size());
}
```

由于这条查询从实体中提取某个字段，因此查询的开头应该使用 select。

代码清单 17-16 展示了如何查找某个人要参加的事件。

代码清单 17-16：从多级 Hibernate 对象获取数据

```
@Test
```

```java
public void hqlVenuesForPerson() {
    final Session session = sessionFactory.openSession();
    final List actual = session.createQuery("" +
            "select event.eventName " +
            "from Person person " +
            "inner join person.tickets as tickets " +
            "inner join tickets.event as event " +
            "where person.name = 'Eric Twinge'").list();

    assertEquals(Arrays.asList("The Super Six", "David Smith"), actual);
}
```

这个测试检索得到的结果是字符串列表，而不是 Hibernate 管理的某个具体领域对象。对于有 SQL 经验的读者来说，读 HQL 查询应该会感到很自然。

Hibernate 会有什么性能影响?

默认情况下，Hibernate 实体是急切(eagerly)获取的，也就是说，从数据库检索一个对象时，所有依赖的对象都会同时被检索出来。在上述的票房例子中，检索 Person 对象时同时也会检索所有相关的 Ticket 对象和 Event 对象。

这种操作的代价会很高，时间开销会很大。在真实的订票系统中，可能会保存数千个事件，每一个事件可能有成千上万张票，检索所有这些对象的意义不大。

幸好，通过 Hibernate 可以惰性(lazily)加载对象，也就是说，只有需要时才发起查询。代码清单 17-17 展示了如何对 Ticket 对象进行惰性查询。如果将票和事件设置为惰性加载，那么每次检索 Person 对象时，它们对应的票和事件都不会从数据库中加载，除非访问了 Ticket 集合的引用或 Event 的引用。

为了将对象设置为惰性加载，需要在 Hibernate 映射文件中的相关属性中添加 lazy="true"特性。

代码清单 17-17：惰性加载事件

```xml
<hibernate-mapping package="com.wiley.acinginterview.chapter17">

    <class name="Ticket" table="TICKETS">
        <id name="id" column="ID"/>
        <many-to-one name="event"
                    class="Event"
                    column="event_id"
                    cascade="all"
                    not-null="true"
                    lazy="true"/>
    </class>

</hibernate-mapping>
```

为了验证确实是惰性加载，每次访问一个人的 Ticket 对象时，我们都可以查询 Hibernate 的查询日志记录(前提是打开了 show_sql 开关属性)。

不过为了证明惰性加载，我们还有更好的做法。通过保存 Event 对象被创建的计数，就可以判定这些对象是否在正确的时间创建。代码清单 17-18 展示了需要对 Event 类做的一些临时性修改。

代码清单 17-18：对一个 Hibernate 类的实例进行计数

```
public class Event {

    private int id;
    private int venueId;
    private String eventName;
    private Date eventDate;

    public static AtomicInteger constructedInstances =
                                    new AtomicInteger(0);

    public Event() {
        constructedInstances.getAndIncrement();
    }
```

...剩下的代码和之前一样

如果还不熟悉 AtomicInteger 类，请参阅第 11 章。简单地说，这个类保存的是一个可以以线程安全的方式读写访问的整数。

将这个计数器设置为静态字段，我们就可以全局应用这个变量，并且在任何时候检查这个变量的值。值得强调的是，这种设计并不是很好的设计，这种代码也不安全，不过可以用来证明我们需要证明的事情。

下面只需要在无参构造函数中增加这个计数器的值即可，因为这是 Hibernate 在构造 Event 时唯一会调用的构造函数。

代码清单 17-19 展示了如何判断 Event 是否确实被惰性加载了。

代码清单 17-19：判定 Hibernate 对象的惰性实例

```
@Test
public void lazyLoading() {
    final SessionFactory sessionFactory =
            new Configuration()
                    .configure()
                    .buildSessionFactory();

    final Session session = sessionFactory.openSession();
    Event.constructedInstances.set(0);
    final Person person = (Person) session.createQuery("" +
        "select person " +
```

```
        "from Person person " +
        "where person.name = 'Eric Twinge'").uniqueResult();

    assertEquals(0, Event.constructedInstances.get());

    final Set<Ticket> tickets = person.getTickets();

    for (Ticket ticket : tickets) {
        System.out.println("Ticket ID: " + ticket.getId());
        System.out.println("Event: " + ticket.getEvent());
    }

    assertEquals(2, Event.constructedInstances.get());

}
```

在这个测试中有几点需要注意的事情。首先，即使在类初始化时会将计数器 constructed-Instances 初始化为 0，但是在调用 Hibernate 之前，还是要将其重置为 0。这是因为为了确保映射的正确性，Hibernate 在开始测试时会重新创建这些对象。

如果移除 System.out.println 语句，被检索到的 Person 对象就永远不会被引用，编译器有可能会将这个检索的过程完全移除，因为 Person 对象不会被用到。

检索了 Person 对象之后，计数器应该依然为 0，即使 Hibernate 已经将 Person 从数据库中检索出来，而且看上去也可以访问 Ticket 集合了。

一旦 Ticket 被检索出来，而且 Ticket 中的 Event 对象被引用，Event 对象就会被创建。我们可以验证之前的计数器确实被 Event 构造函数增加了计数。

在日志中应该可以看到，测试中打印出的行和 Hibernate 从数据库检索 Event 详细信息的日志交织在一起。

如果在映射文件 Tickets.hbm.xml 中移除 lazy 特性，那么如你所想，测试会失败。

17.2　本章小结

Hibernate 是帮助持久化领域对象的非常有用的工具。你不应该把 Hibernate 当成银弹，任何有经验的 Java 开发者都应该理解并会写 SQL 语句。如果在将数据库表映射到 Java 富对象的过程中需要进行调试或理解其中的过程，Hibernate 还提供了日志，其中展示了 Hibernate 创建的和数据库交互的具体 SQL 语句。

人们常说，应该把 Hibernate 看成框架而不是库。也就是说，开发应用程序时应该按照 Hibernate 的工作方式来组织应用程序，而不是把 Hibernate 的 JAR 添加到应用程序中，然后指望 Hibernate 能很好地和已有的数据库 schema 和成熟的应用程序合作。你也许会发现，如果在访问和检索数据时偏离了 Hibernate 所提供的模式，那么 Hibernate 理解你所发出的请求可能会遇到一些困难。

尽管如此，Hibernate 还是非常有价值，Hibernate 可以保证项目快速推进，让人不用担心数据库交互的问题和不同数据库厂商之间的差别。就本章构建的票房示例而言，Hibernate 在处理给定 schema 时表现得非常灵活。在本章一开始时只有 Person 类，Hibernate 不会庸人自扰地试图理清 People 和 Tickets 之间的关系，直到后来显式地定义了两者之间的关系，Hibernate 才开始很好地处理这些关系。还要注意，对这个应用程序而言，没有涉及事件发生地点的概念，即使表中存在这一列，而且相关的数据也存在，甚至在 event 表中还有一个外键引用。

下一章将讨论 Java 标准库缺失的一些功能，并且讨论一些有用的常用库及其使用方法。

第18章

有 用 的 库

这一章讨论 3 个常用的 Java 库中的功能：Apache Commons、Guava 和 Joda Time。这 3 个库提供的功能都是人们普遍认为在标准 Java API 中缺失但是非常有用的功能，而且这些功能的普遍性值得写在一个可重用的库中。

面试中经常会问到这些库提供的功能可以解决什么问题，此外，对于有经验的开发者来说，了解这些库实现了什么功能也是非常重要的事情，因为这样每次遇到同样问题的时候就不需要从头开始了。

对于很多成熟的项目来说，很可能这 3 个库都会被用到，但还有很多可用的库，远不止这里讨论的这 3 个库。

18.1　通过 Apache Commons 去除样板化的代码

> 如何正确地转义字符串？

Commons Lang 库补充了 java.lang 包中缺失的功能，其中包括一些用于操作 String 的库。

很多系统都会跨平台和接口工作。很多 Java 服务器提供 HTML 页面的服务，并接收来自 HTML 表单的输入，还有一些 Java 应用程序从逗号分隔值文件读取数据。StringEscapeUtils 类提供了能在这些环境中表示 String 的工具。代码清单 18-1 展示了一个如何通过 StringEscapeUtils 类进行 HTML 格式化的例子。

代码清单 18-1：通过 Apache Commons 转义 String

```
@Test
public void escapeStrings() {
    final String exampleText = "Left & Right";
    final String escapedString =
            StringEscapeUtils.escapeHtml4(exampleText);
    assertEquals("Left &amp; Right", escapedString);
}
```

这个类还可以为 JavaScript、XML 和 Java 语言本身转义 String。如果需要通过编程的方式生成 Java 源代码，这个库会非常有用。

> 如何将 InputStream 写入 OutputStream?

Apache Commons IO 库有一些针对流的操作，可以极大地简化我们要编写的样板代码。

一个常见的操作模式是将 InputStream 连接到 OutputStream。例如，在文件上传操作中，可能需要将进入的 HTTP 请求的表单的内容直接写入磁盘。

代码清单 18-2 展示了 IOUtils 类中的 copy 方法。

代码清单 18-2：将 InputStream 连接到 OutputStream

```
@Test
public void connectStreams() throws IOException {
    final String exampleText = "Text to be streamed";
    final InputStream inputStream =
            new ByteArrayInputStream(exampleText.getBytes());

    final OutputStream outputStream = new ByteArrayOutputStream();

    IOUtils.copy(inputStream, outputStream);

    final String streamContents = outputStream.toString();
    assertEquals(exampleText, streamContents);
    assertNotSame(exampleText, streamContents);
}
```

assertNotSame 方法验证的是构造了一个全新的 String，而 assertEquals 方法验证了 copy 方法将每一个字节都复制到了 OutputStream 中。

代码清单 18-2 通过一个 ByteArrayInputStream 和一个 ByteArrayOutputStream 演示了这个功能，这两个流都是针对接口声明的。在实践中，更有可能会使用不同类型的流，而且更有可能会进行涉及第三方的读写操作，例如磁盘读写和网络接口的读写。

IOUtils 类中的 copy 方法有很多重载的版本，因而在将源字节复制到另一个位置的操作上有着非常高的灵活度。可以用这个方法连接 Reader 和 Writer，可以连接 Reader 和

OutputStream，还可以将 InputStream 连接到 Writer。

　　要注意的是，OutputStream 的 toString 方法不一定会给出流中的内容，因为这些内容可能要写入磁盘、网络或其他不可重现的位置。有一些 OutputStream 实现根本没有重写 toString。

　　IOUtils 提供了一种消费 InputStream 并将其转换为 String 的方式，如代码清单 18-3 所示。

代码清单 18-3：从 InputStream 到 String

```
@Test
public void outputStreamToString() throws IOException {
    String exampleText = "An example String";
    final InputStream inputStream =
            new ByteArrayInputStream(exampleText.getBytes());

    final String consumedString = IOUtils.toString(inputStream);

    assertEquals(exampleText, consumedString);
    assertNotSame(exampleText, consumedString);
}
```

同样，toString 方法也有很多重载的版本，也可以转换 Reader。

如何将 OutputStream 分为两个流？

Apache Commons 提供了一个类似 UNIX 上 tee 命令的类 TeeOutputStream，这个类的构造函数接受两个 OutputStream 参数，并且会写入这两个输出流。这个类特别适合于应用程序的输出审计，例如对服务器应答的日志记录。代码清单 18-4 展示了一个例子。

代码清单 18-4：分离一个 OutputStream

```
@Test
public void outputStreamSplit() throws IOException {
    final String exampleText = "A string to be streamed";
    final InputStream inputStream = IOUtils.toInputStream(exampleText);

    final File tempFile = File.createTempFile("example", "txt");
    tempFile.deleteOnExit();
    final OutputStream stream1 = new FileOutputStream(tempFile);
    final OutputStream stream2 = new ByteArrayOutputStream();

    final OutputStream tee = new TeeOutputStream(stream1, stream2);

    IOUtils.copy(inputStream, tee);
```

```
    final FileInputStream fis = new FileInputStream(tempFile);
    final String stream1Contents = IOUtils.toString(fis);
    final String stream2Contents = stream2.toString();

    assertEquals(exampleText, stream1Contents);
    assertEquals(exampleText, stream2Contents);
}
```

代码清单 18-4 的写入操作只有一个目标，但是 TeeOutputStream 负责将数据写入两个流。

这段代码大量使用了 Apache Commons IO 库。除了被测试的 TeeOutputStream 类之外，测试文本也被 IOUtils.toInputStream 转变成了一个 InputStream；源数据通过之前介绍的 copy 方法拷贝到两个流；FileInputStream 被 IOUtils.toString 消费。有一个很好的练习，就是通过标准的 Java 库重写这个测试，看看需要写多少额外的代码。

18.2　利用 Guava 集合进行开发

Guava 最初是 Google 给内部 Java 项目开发的一套库。这套库关注的内容是集合、I/O 和数学，功能上和 Apache Commons 库有一些交叠。Guava 也可以看成是对 Java Collections API(参见第 5 章)的扩展。

> Java 标准库中缺了哪些类型的集合？

Guava 实现了一个名为 Multiset 的集合。这是一种允许存在多个相等元素的集合(set)。Multiset 类提供了方法可以计算某个元素出现的次数，还可以将自己转换为普通集合。类似于 Collections 库，Multiset 也有好几个实现，例如 HashMultiset、TreeMultiset 和 ConcurrentHashMultiset。

代码清单 18-5 展示了 Multiset 的使用。

代码清单 18-5：使用 Multiset

```
@Test
public void multiset() {
    final Multiset<String> strings = HashMultiset.create();

    strings.add("one");
    strings.add("two");
    strings.add("two");
    strings.add("three");
    strings.add("three");
    strings.add("three");
```

```
assertEquals(6, strings.size());
assertEquals(2, strings.count("two"));

final Set<String> stringSet = strings.elementSet();

assertEquals(3, stringSet.size());
}
```

Multiset 保存了每一个元素的总计数。可以把 Multiset 想象为元素与用于计数的 integer 之间的一个 Map。尽管肯定可以通过这种方式实现 Multiset，但是 Guava 的实现更为强大，因为 size 方法返回元素的总数，而 Map 实现的 size 方法返回的是唯一元素的个数。此外，Map 的 Iterator 针对每一个元素只会返回一次，不论集合中的元素出现了多少次。

Multimap 和 Multiset 类似，是一个允许一个键出现多次的 Map。

通过 Map 实现一个键下保存多个值的常用方法是保存从键到一个值列表(或 Collection)的映射。尝试给某一个键添加一个值的时候经常可以看到类似下面这样的伪代码：

```
method put(key, value):
  if (map contains key):
    let coll = map(key)
    coll.add(value)
  else:
    let coll = new list
    coll.add(value)
    map.put(key, coll)
```

这种方式很不靠谱，容易出错，而且还要保证代码是线程安全的。Guava 的 Multimap 会考虑这些问题。

代码清单 18-6 展示了一个关于 Multimap 用法的示例。

代码清单 18-6：一个基于 Multimap 的地址簿

```
@Test
public void multimap() {
    final Multimap<String, String> mapping = HashMultimap.create();

    mapping.put("17 High Street", "Alice Smith");
    mapping.put("17 High Street", "Bob Smith");
    mapping.put("3 Hill Lane", "Simon Anderson");

    final Collection<String> smiths = mapping.get("17 High Street");
    assertEquals(2, smiths.size());
    assertTrue(smiths.contains("Alice Smith"));
    assertTrue(smiths.contains("Bob Smith"));

    assertEquals(1, mapping.get("3 Hill Lane").size());
}
```

get 方法返回的不是映射值类型的实例，而是返回一个这种类型的 Collection。

Multimap 和 Java 的 Map 接口有几点不同。get 方法永远不会返回 null——如果键不存在，返回的是空集合。另一个不同之处是 size 方法返回的是条目数，而不是键的数目。

类似于 Multiset，通过 asMap 方法可以将 Multimap 转换为一个 Java Map，类型为 Map<Key, Collection<Value>>。

BiMap 接口是 Guava 提供的另一种类型的映射。这个接口提供了双向查找的功能：通过键可以查找值，通过值也可以查找键。通过 Java 的 Map 来实现这种接口比较麻烦：首先需要两个映射，一个方向一个；另外还要保证每一个值都不会重复，不论这个值关联的键是什么。

代码清单 18-7 展示了一个股票和公司名称映射的例子。

代码清单 18-7：使用 BiMap

```java
@Test
public void bimap() {
    final BiMap<String, String> stockToCompany = HashBiMap.create();
    final BiMap<String, String> companyToStock =
                                    stockToCompany.inverse();

    stockToCompany.put("GOOG", "Google");
    stockToCompany.put("AAPL", "Apple");
    companyToStock.put("Facebook", "FB");

    assertEquals("Google", stockToCompany.get("GOOG"));
    assertEquals("AAPL", companyToStock.get("Apple"));
    assertEquals("Facebook", stockToCompany.get("FB"));
}
```

inverse 方法得到的是对原 BiMap 的一个镜像引用，任何在原映射中添加的项都会在镜像映射中有一个镜像，反之亦然。

> 如何创建不可变的(immutable)集合？

Java Collections API 中有一个 Collections 工具类，提供了一些创建不可修改的集合的工具方法，如代码清单 18-8 所示。

代码清单 18-8：创建不可修改的集合

```java
@Test
public void unmodifiableCollection() {
    final List<Integer> numbers = new ArrayList<>();
    numbers.add(1);
    numbers.add(2);
    numbers.add(3);
```

```
    final List<Integer> unmodifiableNumbers =
            Collections.unmodifiableList(numbers);

    try {
        unmodifiableNumbers.remove(0);
    } catch (UnsupportedOperationException e) {
        return; // 测试通过
    }

    fail();
}
```

这种方式也会有用，因为任何指向 unmodifiableNumbers 的引用都不可以改变底层列表的值。但是如果指向原始列表的引用仍然存在，那么不可修改的集合引用的那个底层集合就可以被修改，如代码清单 18-9 所示。

代码清单 18-9：修改不可修改集合底层的值

```
@Test
public void breakUnmodifiableCollection() {
    final List<Integer> numbers = new ArrayList<>();
    numbers.add(1);
    numbers.add(2);
    numbers.add(3);

    final List<Integer> unmodifiableNumbers =
            Collections.unmodifiableList(numbers);

    assertEquals(Integer.valueOf(1), unmodifiableNumbers.get(0));

    numbers.remove(0);

    assertEquals(Integer.valueOf(2), unmodifiableNumbers.get(0));
}
```

Guava 提供的工具创建出来的不可修改集合同时也是不可变的。代码清单 18-10 展示了其使用方式。

代码清单 18-10：创建不可变的集合

```
@Test
public void immutableCollection() {
    final Set<Integer> numberSet = new HashSet<>();
    numberSet.add(10);
    numberSet.add(20);
    numberSet.add(30);

    final Set<Integer> immutableSet = ImmutableSet.copyOf(numberSet);
```

```
    numberSet.remove(10);
    assertTrue(immutableSet.contains(10));

    try {
        immutableSet.remove(10);
    } catch (Exception e) {
        return; // 测试通过
    }

    fail();
}
```

当然，这里采用的方式和之前不可修改集合采用的方式不同，因为这里的实现对原集合进行了完整拷贝，因此如果打算使用这种方法的话，应该考虑内存方面的限制。

Java Collections API 中创建不可修改集合的方法只是将存储委托给底层的集合，但是截获了任何试图改变集合内容的方法并抛出异常。这意味着任何针对底层集合所做的线程安全的优化在不可修改集合的方法中仍然适用，尽管不可修改的集合因为不可变所以也是线程安全的。

由于 Guava 的 copyOf 方法返回的是一个复制的集合，因此优化的是不可变性。访问元素的时候不需要考虑线程安全的问题，因为本来就不可修改。

能不能创建一个迭代多个 Iterator 的 Iterator？

如果要自己实现一个"迭代器的迭代器"可能会非常困难。需要保存一个指向最近使用的迭代器的引用，然后在调用 hasNext 或 next 的时候，可能需要移动到下一个迭代器，如果下一个迭代器中没有元素，还需要再向后移动一个迭代器。

实现这种迭代器的迭代器也是面试中的一个常见问题，不过 Guava 为我们提供了这种功能，如代码清单 18-11 所示。

代码清单 18-11：多个迭代器的迭代

```
@Test
public void iterators() {
    final List<Integer> list1 = new ArrayList<>();
    list1.add(0);
    list1.add(1);
    list1.add(2);
    final List<Integer> list2 = Arrays.asList(3, 4);
    final List<Integer> list3 = new ArrayList<>();
    final List<Integer> list4 = Arrays.asList(5, 6, 7, 8, 9);

    final Iterable<Integer> iterable = Iterables.concat(
                                list1, list2, list3, list4);
    final Iterator<Integer> iterator = iterable.iterator();
```

```
for (int i = 0; i <= 9; i++) {
    assertEquals(Integer.valueOf(i), iterator.next());
}

assertFalse(iterator.hasNext());
}
```

Iterables.concat 方法接受的是实现了 Iterable 接口的对象。

> 如何计算两个 Set 的交集?

令人惊讶的是,在 Set 接口中有很多想要的操作是找不到的:没有明确的方式可以对多个 Set 执行并集和相减操作,也没有明确的方式可以在不改变指定 Set 的情况下得到两个集合之间不同的元素。Collection 接口提供了 addAll 方法可以计算并集,removeAll 方法可以计算差集,retainAll 可以计算交集。所有这些方法在调用的时候都会修改调用这个方法的 collection。

为此,我们可以选择使用 Guava 的 Sets 类。这个类包含了一些用来操纵集合的静态方法。代码清单 18-12 展示了这个类的用法。

代码清代 18-12: Guava 的集合操作

```
@Test
public void setOperations() {
    final Set<Integer> set1 = new HashSet<>();
    set1.add(1);
    set1.add(2);
    set1.add(3);

    final Set<Integer> set2 = new HashSet<>();
    set2.add(3);
    set2.add(4);
    set2.add(5);

    final SetView<Integer> unionView = Sets.union(set1, set2);
    assertEquals(5, unionView.immutableCopy().size());

    final SetView<Integer> differenceView = Sets.difference(set1, set2);
    assertEquals(2, differenceView.immutableCopy().size());

    final SetView<Integer> intersectionView =
                            Sets.intersection(set1, set2);
    set2.add(2);
    final Set<Integer> intersection = intersectionView.immutableCopy();
```

```
assertTrue(intersection.contains(2));
assertTrue(intersection.contains(3));
}
```

union、difference 和 intersection 方法返回的是一个 SetView 对象，这个对象底层通过集合保存元素。SetView 有一个方法可以返回一个不可变的元素集合，这个集合满足了SetView 表示的集合操作的要求。SetView 是一个针对集合的视图，因此当底层的集合变化的时候，SetView 的属性也可能变化。从代码清单 18-12 中的 intersection 调用可以看出：在进行 intersection 调用之后，set2 添加了另一个元素，而这个元素原本在 set1 中是存在的，因此这个元素也包含在两个集合的交集中了。

在 Guava 中，针对核心 Java Collections 接口的工具类包括 Maps、Sets 和 Lists，针对Guava 接口的工具类包括 Multisets 和 Multimaps。

18.3　使用 Joda Time 库

Joda Time 库的目标是替换 Java 的 Date 和 Calendar 类。这个库提供了更多的功能，而且使用更方便。Java 8 基于 Joda Time 提供了新的改进的日期和时间 API。

> 怎样使用 DateTime 类？

Java 中一直是通过 Calendar 类来操作日期的。但是这个类的访问模式很奇葩，新手用起来可能会感到不太舒服。代码清单 18-13 展示了通过 Calendar 类从当前日期减去一个月的操作。

代码清单 18-13：使用 Java 的 Calendar 类

```
@Test
public void javaCalendar() {
    final Calendar now = Calendar.getInstance();
    final Calendar lastMonth = Calendar.getInstance();
    lastMonth.add(Calendar.MONTH, -1);

    assertTrue(lastMonth.before(now));
}
```

add 方法接受两个整型参数，如果你对这个 API 不熟悉的话，可能想不到第一个参数应该是一个常数，即 Calendar 类中定义的多个特殊整型常量中的一个。

这是从 Java 5 之前遗留下来的部分产物，那时候还没有枚举类型。

DateTime 类可以用来替换 Java 的 Calendar 类，并且提供了更多更清晰的用于访问和修改时间和日期的方法。代码清单 18-14 展示了 DateTime 的使用。

代码清单 18-14: 使用 DateTime 对象

```
@Test
public void dateTime() {
    final DateTime now = new DateTime();
    final DateTime lastWeek = new DateTime().minusDays(7);

    assertEquals(now.getDayOfWeek(), lastWeek.getDayOfWeek());
}
```

DateTime 类提供了很多获得日期相关信息的方法, 例如月中的天, 年中的周, 甚至还提供了闰年检查。

DateTime 对象是不可变的, 因此任何"修改性"的操作, 例如代码清单 18-14 中的 minusDays 操作, 实际上返回的是一个新的 DateTime 实例。和 String 类似, 如果要调用任何修改性的方法, 不要忘记将结果赋值给一个变量!

> 如何将 Java 的 Date 对象和 Joda Time 结合使用?

在使用第三方 API 或遗留 API 的时候, 有些方法的参数或返回值可能会限定为使用 Date 对象。在 Joda Time 和 Java 的 Date 和 Calender 对象的交互方面, Joda Time 努力使得这种交互尽可能方便。DateTime 类可以接受 Date 和 Calendar 实例作为构造函数的参数, 还有一个 toDate 方法将 DateTime 转换为 Date。代码清单 18-15 中的例子接受一个 Calendar 实例作为参数, 将其转换为 DateTime, 修改时间值, 然后将其转换为 Java Date 对象。

代码清单 18-15: DateTime 对象的转换

```
@Test
public void withDateAndCalendar() {
    final Calendar nowCal = Calendar.getInstance();
    final DateTime nowDateTime = new DateTime(nowCal);

    final DateTime tenSecondsFuture = nowDateTime.plusSeconds(10);

    nowCal.add(Calendar.SECOND, 10);
    assertEquals(tenSecondsFuture.toDate(), nowCal.getTime());
}
```

> 在 Joda Time 中, 持续时间(duration)和时间段(period)之间的差别是什么?

Java 的 Date 和 Calender 类无法表现时间的量, 而 Joda Time 却能很简便地表现时间的量, 因此这个库能够如此流行。

DateTime 实例表示的是一个瞬时，也就是说精确到毫秒的一个时间度量。Joda Time 还提供了 API，可以操作两个瞬时之间的时间量。

持续时间(duration)指的是用毫秒度量的一个时间量。如果在 DateTime 上加上一个时间量，那么得到的是一个新的 DateTime。代码清单 18-16 给出了一个例子。

代码清单 18-16：持续时间的使用

```
@Test
public void duration() {
    final DateTime dateTime1 = new DateTime(2010, 1, 1, 0, 0, 0, 0);
    final DateTime dateTime2 = new DateTime(2010, 2, 1, 0, 0, 0, 0);

    final Duration duration = new Duration(dateTime1, dateTime2);

    final DateTime dateTime3 = new DateTime(2010, 9, 1, 0, 0, 0, 0);
    final DateTime dateTime4 = dateTime3.withDurationAdded(duration, 1);

    assertEquals(2, dateTime4.getDayOfMonth());
    assertEquals(10, dateTime4.getMonthOfYear());
}
```

Duration 实例是通过计算两个 DateTime 实例之间的差得到的，在这个例子中计算的是 2010 年 1 月 1 日午夜和 2010 年 2 月 1 日午夜之间的时间差。在内部，这个时间量是通过毫秒数表示的，在这个例子中刚好等于 31 天的毫秒数。

然后将这个持续时间加到另一个表示 2010 年 9 月 1 日午夜的 DateTime，得到一个新的 DateTime。由于 9 月份只有 30 天，因此返回的 DateTime 表示的是 2010 年 10 月 2 日。

由于日历具有不规律性，每月的日数不同，甚至年和年之间的日数也会不同，而我们有时候想要执行诸如"两个月之后的同一天"以及"下一年的同一个日期"之类的操作。我们不能简单地加上 60 天左右的时间表示两个月之后，也不能用同样的方式得到下一年的同一个日期。我们还要考虑今年到明年之间是不是有 2 月 29 日，如果有的话还要加上一天。

Period 类可以帮助我们解决这些头痛的问题。时间段(period)指的是一定量的时间，时间段相对于起始日期，之后在起始日期确定的时候才能解析出具体的时间段。代码清单 18-17 展示了时间段的工作方式。

代码清单 18-17：时间段的使用

```
@Test
public void period() {
    final DateTime dateTime1 = new DateTime(2011, 2, 1, 0, 0, 0, 0);
    final DateTime dateTime2 = new DateTime(2011, 3, 1, 0, 0, 0, 0);

    final Period period = new Period(dateTime1, dateTime2);

    final DateTime dateTime3 = new DateTime(2012, 2, 1, 0, 0, 0, 0);
    final DateTime dateTime4 = dateTime3.withPeriodAdded(period, 1);
```

```
        assertEquals(1, dateTime4.getDayOfMonth());
        assertEquals(3, dateTime4.getMonthOfYear());
    }
```

代码清单 18-17 中的 Period 是根据 2011 年 2 月 1 日到 2011 年 3 月 1 日之间的时间间隔计算出来的。将这个 Period 加到 2012 年 2 月 1 日的时候得到的新 DateTime 是 2012 年 3 月 1 日。Period 会检查两个 DateTime 实例之间每一个字段的差异，即月、日和小时等的差异。尽管前两个日期之间的日的差异是 28 天，但是这个时间段被表示为"一个月"。当这个时间段加到闰年的时候，多出的那一天也会被放在"一个月"中，因此返回的结果是 2012 年 3 月 1 日。如果这个时间间隔使用的是 Duration 而不是 Period，那么返回的 DateTime 实例就会是 2 月份的最后一天。

> 如何将一个日期转换为人类可读的形式？

在 Java API 中，SimpleDateFormat 类常被用来构造自定义的人类可读的日期。使用的时候，首先提供一个模板，然后传入 Date 实例，这个类就会返回一个对应日期的 String 形式。代码清单 18-18 展示了这个用法。

代码清单 18-18：SimpleDateFormat 的使用

```java
@Test
public void simpleDateFormat() {
    final Calendar cal = Calendar.getInstance();
    cal.set(Calendar.MONTH, Calendar.JULY);
    cal.set(Calendar.DAY_OF_MONTH, 17);

    final SimpleDateFormat formatter =
            new SimpleDateFormat("'The date is 'dd MMMM");

    assertEquals(
            "The date is 17 July",
            formatter.format(cal.getTime'()));
}
```

格式化字符串的使用并不容易，而且经常会导致混淆，例如小写的 m 表示毫秒，而大写的 M 表示月份。纯文本必须用单引号围起来。如果碰到复杂的 SimpleDateFormat 应用，往往需要有一份 Java API 文档在手边查阅，经过一番调整才能完全把格式搞对。此外，SimpleDateFormat 类还不是线程安全的，在对象创建之后格式化字符串还可以发生变化。相比之下，DateTimeFormatter 是不可变的，因而是线程安全的，因为创建之后就不会再发生变化了。

DateTimeFormatter 可以解析类似 SimpleDateFormat 类接受的 String，不过 Joda Time

提供了一个构造器类，使得构建的字符串中的每一个元素的意义都更清晰明了。代码清单 18-19 展示了如何通过这个构造器来构造和代码清单 18-18 中相同的 String。

代码清单 18-19：通过 Joda Time 格式化日期

```
@Test
public void jodaFormat() {
    final DateTime dateTime = new DateTime()
            .withMonthOfYear(7)
            .withDayOfMonth(17);

    final DateTimeFormatter formatter = new DateTimeFormatterBuilder()
            .appendLiteral("The date is ")
            .appendDayOfMonth(2)
            .appendLiteral(' ')
            .appendMonthOfYearText()
            .toFormatter();

    assertEquals("The date is 17 July", formatter.print(dateTime));
}
```

18.4　本章小结

Java 是一门非常成熟的语言，有着大量稳定且得到很好支持的库，从像 Tomcat、Spring 和 Hibernate 这样的完整应用程序框架，到各种方便日常开发的底层库，应有尽有。

如果你在写代码的过程中有一些模式反复出现，那么可能会发现有人已经将这个功能封装到库中了。当某个知名的成熟的库带有一些你自己编写的功能时，那么通常情况下优先使用库，因为库已经经过了很好的测试，不仅经过了单元测试，而且经过了很多其他应用程序在生产环境中的测试。

更好的是，如果你发现某些反复编写的代码并没有适合的库，那么可以自己编写一个。把这个库开源，放在 GitHub 上，然后维护这个库。潜在的雇主喜欢看到面试候选人已经编写并维护了一些开源代码，这样就有机会在面试之外的环境让大家检验自己编写的代码。

下一章暂不讨论 Java 代码的编写，而是讨论如何通过 Maven 和 Ant 这样的构建工具来构建复杂的 Java 项目。

第19章

利用构建工具进行开发

开发一个有用的应用程序不仅仅是编写 Java 源代码。应用程序由很多不同的构件、XML 配置和特定环境的属性组成，甚至还可能包含图像或嵌入的其他语言代码。

这一章讨论的是两个应用程序，这两个应用程序的功能是将项目中的所有资源整合在一起形成一个完整的包。Maven 和 Ant 应该是 Java 项目中两个使用最多且被人们理解最深刻的构建工具。

任何复杂的、专业的应用程序都需要某种特别的工具来创建可分发的应用程序包，光靠 Java 编译器是不够的。尽管有时候用简单的 shell 脚本也可以实现，但是更多的情况下需要像 Maven 或 Ant 这类工具。

19.1　通过 Maven 构建应用程序

> 什么是 Maven?

Maven 是一个包罗万象的构建工具，可以用于编译、测试和部署 Java 项目。

Maven 在设计上采取了惯例优先配置(favor convention over configuration)的原则。在大部分情况下，Java 应用程序的构建方式都非常类似，如果用同样的方式组织自己的源代码，Maven 知道针对不同的构建任务应该在哪里找到所有需要的资源。

在大部分设置下，Maven 都内置了默认配置，因此不论你的应用程序应该用 WAR (Web Archive)文件部署还是用 JAR 文件部署，Maven 都定义了能够正确构建的任务。

复杂的 Java 应用程序会依赖很多其他的库，例如，依赖像 JUnit 或 TestNG 这样的单元测试框架，或依赖像 Apache Commons 或 Google Guava 之类的工具库等。Maven 提供了

定义这种依赖的机制，而且可以直接从互联网的代码仓库(例如 www.maven.org)下载 JAR
包，还可以从你所在机构自建的代码仓库下载(通过 Artifactory 或 Nexus 创建)。

　　Maven 还有插件系统，在构建过程中可以插入自己特定的操作。和依赖设置类似，这
些插件也是放在远程服务中，Maven 有能力在构建时找到这些插件，然后执行插件提供的
任何操作。一个常见的插件是 maven-jetty-plugin，这个插件可以在一个 Web 应用中运行当
前的构建。这个插件假定项目遵循 web.xml 文件在 src/main/webapp/WEB-INF 目录下的原
则找到 web.xml 文件。maven-release-plugin 是另外一个常用的插件，可以结合像 Subversion
和 Git 这样的源代码版本控制工具执行一些复杂的操作，包括削减发布版本的代码，修改
应用程序的版本号，以及为下一次开发迭代做准备。

　　一组特定的要执行的工作称为一个目标(goal)。构建的生命周期中分为很多阶段
(phase)，例如 compile、test 和 install，每一个阶段都绑定了一个特定的目标。例如，当运
行 mvn compile 时，实际上在运行 compiler 插件的 compile 阶段。如果项目没有改变 compile
阶段的默认行为，那么得到的效果和运行 mvn compiler:compile 的效果完全一致。

　　　　如果项目要通过Maven管理，那么应该如何组织项目呢？

图 19-1 展示了采用 Maven 构建的项目的默认目录结构。

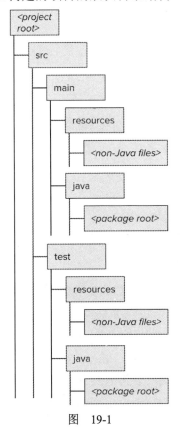

图　19-1

如果你不熟悉 Maven 的话，可能会为项目中有多个源码根目录而感到惊讶。所有要用在生产环境中的代码的包结构都在 src/main/java 目录下(如果还要用其他语言，例如 Scala，那么这些源代码文件会放在 src/main/scala 目录下)。所有在这个结构中的类在运行时都会在 classpath 下。

在 classpath 中还可以添加其他文件，这些文件都保存在 src/main/resources 目录下。典型用法是将所有配置文件都放在这里，例如 Spring 应用上下文配置以及所有的属性文件。

在运行时，通过 getClass().getResource(name)可以访问这些目录。

项目中还可以添加测试代码，例如单元测试以及和测试相关的配置文件。这些文件分别放在 test/main/java 和 test/main/resources 目录下。当 Maven 在构建过程中运行测试时，这些位置的类和文件都会被添加到 classpath 中。这些文件分开存放的目的是为了这些生成的构件不会进入生产环境的部署。

> **Maven 构建的生命周期是什么样的？**

一次 Maven 构建包含一系列的阶段，这些阶段统称为生命周期。每一个阶段都绑定了一个特定的目标。每一个阶段都依赖于之前的阶段——如果某个目标因为某种原因失败了，那么整个构建会失败。图 19-2 展示了一次构建的基本阶段。

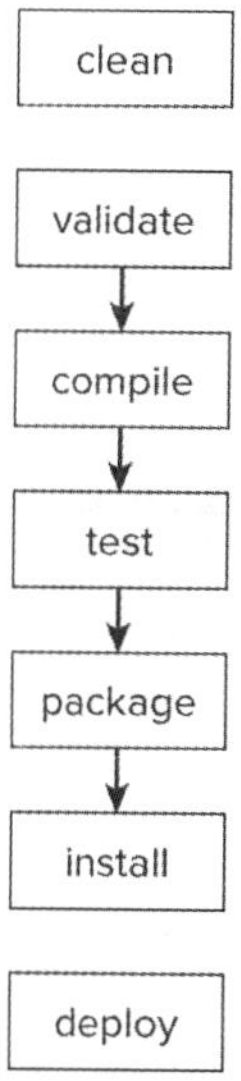

构建得到的所有构件都放在项目根目录下一个名为 target 的目录中。clean 目标完成的动作是删除这个 target 目录，从而移除前一次构建得到的所有文件。并不是每一次后续阶段运行之前都会运行 clean，除非通过 mvn clean 命令发起这个动作或在 Project Object Model (POM)文件中定义了总是运行这个阶段。

validate 阶段检查 pom.xml 文件是否是一个正确的构建文件，检查这个文件是否遵循 Maven 构建文件的 XML 规范。如果 pom.xml 连一个正确的 XML 文件都不是——例如忘记关闭标签，或标签的嵌套有错误——那么整个构

图　19-2

建都会失败，这个时候甚至 Maven 应用程序还没有完成初始化，显示一条错误消息，提示不可解析的 POM 文件或类似信息。

compile 阶段会把定义的所有依赖拉下来，然后执行代码编译，构建的所有类文件都放在 target/classes 目录下。

下一个阶段是 test。这一阶段编译 test 目录下的所有类，然后运行这里的测试代码，例如单元测试和集成测试。默认情况下，任何失败的单元测试都会导致构建失败。

package 阶段在成功的 test 阶段之后运行。这一阶段会创建一个 WAR 或 JAR 文件的构

件。这个文件直接保存在 target 目录下。注意这不是一个独立的文件。默认情况下，构件中不会构建任何依赖的库，因此所有的依赖都必须包含在 classpath 中。这个阶段绑定的目标取决于 packaging 标签：如果设置为 jar，那么运行的是 jar:jar 目标；如果设置为 war，则运行 war:war 目标。

install 步骤将构建的构件发布到本地 maven 仓库中。本地 maven 仓库通常在$HOME/.m2/repository 目录下。如果本地运行多个 Maven 构建，那么新的构件就可以供这些构建使用了。

最后一个步骤是 deploy。这一步通常需要少量的额外配置，定义具体在哪里部署完成的构件。这个部署的目标通常是构件仓库，例如 Artifactory 和 Nexus。

这些仓库通常也是在运行自己的构建时下载所依赖的构件的地方，但是这些仓库常常是存放在全测试环境或现场环境中安装构建的地方。

这里展示的生命周期列出的是最基本的步骤，构建过程中还可以添加一些更细致的步骤，例如 generate-test-sources、pre-integration-test 和 post-integration-test 等。

如何在 Maven 中定义一个具体的应用程序构建？

Maven 构建的定义保存在一个名为 pom.xml 的文件中，这个文件位于项目的根目录。Maven 通过这个文件的配置进行应用程序的构建。代码清单 19-1 给出了一个非常简单的例子。

代码清单 19-1：一个简单的 Maven 构建文件

```xml
<project>
    <modelVersion>4.0.0</modelVersion>
    <groupId>com.wiley</groupId>
    <artifactId>acing-java-interview-example-pom</artifactId>
    <version>1.0</version>
    <packaging>jar</packaging>

    <dependencies>
        <dependency>
            <groupId>commons-io</groupId>
            <artifactId>commons-io</artifactId>
            <version>1.4</version>
        </dependency>
        <dependency>
            <groupId>org.springframework</groupId>
            <artifactId>spring-core</artifactId>
            <version>3.0.0.RELEASE</version>
        </dependency>

        <dependency>
```

```
            <groupId>junit</groupId>
            <artifactId>junit</artifactId>
            <version>4.8.2</version>
            <scope>test</scope>
        </dependency>
        <dependency>
            <groupId>org.mockito</groupId>
            <artifactId>mockito-core</artifactId>
            <version>1.9.0</version>
            <scope>test</scope>
        </dependency>
    </dependencies>

    <build>
        <plugins>
            <plugin>
                <groupId>org.apache.maven.plugins</groupId>
                <artifactId>maven-compiler-plugin</artifactId>
                <configuration>
                    <source>1.7</source>
                    <target>1.7</target>
                    <showDeprecation>true</showDeprecation>
                    <showWarnings>true</showWarnings>
                    <fork>true</fork>
                </configuration>
            </plugin>
        </plugins>
    </build>
</project>
```

POM 文件大致可以分为 3 部分：项目定义、构建依赖以及构建相关的插件。

一个具体的构件是通过 groupId、artifactId 和 version 指定的。这些属性被称为坐标(coordinate)，经常被随意地称为 GAV(即 3 个属性的首字母缩写)。如果你的项目是一个会在其他项目中使用的库，那么其他项目都会利用这些属性来定义对这个构建的依赖。Maven 通过 build 标签来判定在 package 阶段构建什么类型的构件。有效的步骤包括 war 和 jar，如果你自己写了 Maven 插件，还可以是 maven-plugin。groupId 通常表示你所在的机构，artifactId 表示应用程序的名字。

dependencies 标签中定义了构建中依赖的所有库。依赖的库可以是你自己所在的机构构建的其他库，这些库可能在本地网络的仓库中，也可以是第三方的库。具体的 groupId、artifactId 和 version 通常可以在项目的文档中找到，而项目的文档通常可以在项目的主页上找到。此外，一些流行的库可以在 Google 上搜索，也可以在类似 mvnrepository.com 这样的 Maven 仓库搜索引擎上搜索。不过要提醒的是，从互联网上下载任何未知的可执行代码都应该小心。

依赖的构件可以有不同的作用域(scope)。作用域定义了在项目中使用的方式，以及应该何时拉到构建中。代码清单 19-1 对 junit 和 mockito-core 定义了 test 的作用域。意思是说，在对测试源代码(默认情况下 src/test 目录下的所有代码)进行构建时以及运行测试时应该使用这些依赖。作用域为 test 的依赖对于主代码(默认情况下位于 src/main)来说不可用。

也就是说，test 作用域的构件只对测试有用，对于应用程序的主代码来说是没有必要的。

如果没有指定作用域，则默认为 compile。在这个作用域内，编译步骤中会解析这些构件，并且将这些构件添加到 classpath 中作为运行时依赖。

如果一个库在编译时需要，但是在运行时不需要，那么这个作用域是 provided。Servlet API JAR 是这种作用域的常见例子：在运行时，JAR 不是由 Maven 提供的，而是由应用容器提供的，但是一开始在编译源代码时仍然需要类定义。

如果有某个库无法通过 Maven 仓库提供，那么可以通过 system 作用域来提供位于本地文件系统的库。应该只有在万不得已时才使用这种方式。使用 Maven 仓库意味着你的构建应该在任意数量的机器上能够复现——你自己的机器、同事的机器以及构建服务器等。如果使用了库的本地副本，那么之后在构建周期中可能会遇到令人困惑的依赖噩梦。

POM 文件中的 build 标签定义了构建使用的插件，以及这些插件相关的配置。代码清单 19-1 列出了 maven-compiler-plugin 使用的一些配置，这个插件是在编译阶段使用的，定义了编译器编译的应该是 Java 7 源代码，而且可以输出 Java 7 格式的类文件。

和 maven-compiler-plugin 插件一样，任何构建参数的默认值都可以在这个 build 部分修改，定义某个具体的步骤应该有什么样的行为。一个常见的做法是将测试分离开：单元测试是 test 步骤运行的，而开销大、运行慢的集成测试应该在 package 步骤之后的 integration-test 步骤中运行。有一些项目通过命名约定来区分单元测试和集成测试：所有以 IntegrationTest.java 结尾的类都会从 test 步骤中过滤出去，并且在 integration-test 步骤中运行。代码清单 19-2 展示了一个这样的例子。

代码清单 19-2：单元测试和集成测试的分离

```
<plugin>
    <groupId>org.apache.maven.plugins</groupId>
    <artifactId>maven-surefire-plugin</artifactId>
    <configuration>
        <excludes>
            <exclude>**/*IntegrationTest.java</exclude>
        </excludes>
    </configuration>
    <executions>
        <execution>
            <id>integration-test</id>
            <goals>
                <goal>test</goal>
            </goals>
            <phase>integration-test</phase>
            <configuration>
                <excludes>
```

```
          <exclude>none</exclude>
        </excludes>
        <includes>
          <include>**/*IntegrationTest.java</include>
        </includes>
      </configuration>
    </execution>
  </executions>
</plugin>
```

maven-surefire-plugin 是运行单元测试的默认插件，在上述文件中这个插件提供了自己的配置，表示何时应该运行什么。

如果使用某个具体的插件时没有针对这个插件的特殊配置，那么完全不需要定义这个插件。例如，当你通过 mvn jetty:run 命令运行 maven-jetty-plugin 插件时，这个插件会在 src/main/webapp/WEB-INF 目录下查找 web.xml 文件，并且根据这个配置启动 Web 应用。当然，如果你的应用程序将 web.xml 文件保存在其他位置，那么需要对这个插件提供正确的配置，否则无法找到这个文件。

> 如何在应用程序之间共享构建的构件？

如果要创建的是一个可重用的组件，那么你可能希望在项目之间重用这个组件。举一个这样的例子，提供一个能连接到公司内部某项服务的高层次 API，比如说是连接到几个游戏使用的高分榜服务的 API，或是为多个应用程序提供实时交易价格。

如果你所在的组织有一个 Maven 仓库，你需要将 POM 配置为解析依赖时扫描这个仓库，还需要为成功构建的发布配置这个仓库。代码清单 19-3 展示了配置自定义 Maven 仓库的 pom.xml 文件片段。这是在<project>标签中的一个顶层标签。

代码清单 19-3：配置部署的仓库

```
<distributionManagement>
    <repository>
        <id>deployment</id>
        <name>Internal Releases</name>
        <url>
            http://intranet.repo.com/content/repositories/releases/
        </url>
    </repository>
    <snapshotRepository>
        <id>deployment</id>
        <name>Internal Snapshots</name>
        <url>
            http://intranet.repo.com/content/repositories/snapshots/
        </url>
    </snapshotRepository>
```

```
</distributionManagement>
```

注意这里定义了两个端点：一个用于发布，另一个用于快照(snapshot)。这两个端点的区别非常重要。在活跃的开发中，version 标签带有-SNAPSHOT 后缀。这个后缀表示这个构件仍然在开发中，而且可能不稳定。当 deploy 目标运行时，如果构建的是快照，那么会部署到 snapshotRepository URL 表示的仓库。

对于稳定版本的构建，即功能完善且通过了应用程序完整的测试标准(例如用户接受度测试和探索性 QA 测试等)，版本号中会移除-SNAPSHOT 后缀，因此在运行 deploy 目标时，这个构件会被部署到 repository 标签内的 URL 上去。

有些持续交付系统被设置为自动发布在这个 URL 上部署的所有新构件。带 releases 的 URL 通常都定义了准备发布的构件。

当然，还要确保你所在组织的本地 Maven 仓库配置了正确的权限，这样你才可以向这些 URL 部署构件。

如何在特定的 Maven 阶段上绑定不同的目标？

尽管默认的构建模型可能足以满足现有应用程序的需求，但是对于更为复杂的项目来说，你可能需要一些不同于寻常的功能。

例如，如果 package 阶段的 packaging 标签设置为 jar，那么默认情况下会创建出只包含项目代码但是不包含任何所依赖的库的 JAR。如果在这个 JAR 中有一个带有 main 方法的类，那么还需要手工创建一个命令行应用程序，其中引用了运行应用程序所需要的所有依赖库的 JAR。

幸运的是，这个问题非常常见，因此有插件可以完成这个任务。maven-assembly-plugin 插件可以创建带有依赖的 JAR 文件。最终得到的构件会大得多，因为其中包含了所有依赖的 JAR 中的类，但是单独一个文件就可以运行了。在技术面试和技术考试中，这种方式是特别有用的解答，因为在这种场合下，可能会要求你编写一些 Java 代码来解决某个特定的问题，然后将可运行的应用程序和源代码提交上去。通过这个 Maven 插件可以以非常简洁和专业的方式将可运行应用程序提交给潜在的雇主，他们不必浪费任何时间就可以将程序运行起来，因为所有的依赖都内置在里面了。代码清单 19-4 展示了使用这个插件的一些示例配置。

代码清单 19-4：改变某个阶段的行为

```
<plugin>
    <artifactId>maven-assembly-plugin</artifactId>
    <version>2.4</version>
    <configuration>
        <finalName>standalone-application</finalName>
        <descriptorRefs>
```

```
                <descriptorRef>jar-with-dependencies</descriptorRef>
            </descriptorRefs>
            <archive>
                <manifest>
                    <mainClass>
                        com.wiley.javainterviewsexposed.chapter19.MainClass
                    </mainClass>
                </manifest>
            </archive>
        </configuration>
        <executions>
            <execution>
                <id>make-assembly</id>
                <phase>package</phase>
                <goals>
                    <goal>single</goal>
                </goals>
            </execution>
        </executions>
    </plugin>
```

这个插件有一些配置选项用来满足你的特殊需求。例如，finalName 标签定义了最终 JAR 文件的名字。

executions 部分定义了要运行什么以及什么时候运行。<goal>single</goal>标签表示要运行 maven-assembly-plugin 中定义的 single 目标。single 目标创建一个可以当成命令行应用程序运行的 JAR 文件。这个目标被绑定至 package 阶段。很容易将这个目标绑定至其他阶段，比如说如果你想知道打包后的构件能否通过所有的集成测试，则可以绑定至 post-integration-test 阶段。

在 pom.xml 中定义了这个插件之后，下次再运行 mvn package 时，会在 target 目录下找到两个 JAR 文件：一个是默认 Maven 构建(build)的原始 JAR 文件，另一个是名为 standalone-application-with-dependencies.jar 的 JAR 文件。现在应该可以通过以下命令运行这个类：

```
java -jar standalone-application-with-dependencies.jar
```

19.2 Ant

> 如何通过 Ant 设置一个构建？

Ant 没有像 Maven 那样遵循约定优于配置的原则。因此，需要显式地定义构建中的每一个步骤。在 Ant 中没有默认的目录结构。尽管看上去使用 Ant 需要更多的工作，而且事实上也经常如此，但是你可以对构建的工作过程有着最高的灵活性，而且可以精确地定义在一次成功的构建中需要做什么。

Ant 有两个主要的概念：目标(target)和任务(task)。Ant 目标的思想和 Maven 目标(goal) 的思想非常类似：目标是构建过程中执行的一种高层次的动作，例如编译代码、运行测试 和打包应用程序到 JAR 等。

任务是构成目标的实际动作。例如，有一个 javac 任务负责编译代码，有一个 java 任 务负责运行应用程序，甚至还有一个 zip 任务将被选的文件打包为 zip 文件。你甚至还可以 创建自定义的任务。

在命令行运行 Ant 构建时，这个工具会自动查找 build.xml 文件。在命令行还可以为这 个文件指定不同的名字。代码清单 19-5 展示了一个示例 build.xml 文件，这个文件的作用 是编译项目并将文件打包为 JAR 文件。

代码清单 19-5：一个示例 Ant 构建文件

```xml
<project name="ExampleAntBuildFile" default="package-jar" basedir=".">

    <target name="init">
        <mkdir dir="ant-output"/>
        <mkdir dir="ant-test-output"/>
    </target>

    <target name="compile" depends="init">
        <javac srcdir="src/main/java" destdir="ant-output"/>
        <javac srcdir="src/test/java" destdir="ant-test-output"/>
    </target>

    <target name="package-jar" depends="compile">
        <jar jarfile="Example.jar" basedir="ant-output"/>
    </target>

</project>
```

这个构建有 3 个目标，都对应了这个应用所需的顶层任务。在命令行输入 ant 即可 运行这个构建。Ant 会尝试针对默认目标(即目标 package-jar)运行并构建 JAR。

从这个文件我们可以看到，每一个任务都可以指定一个依赖条件。如果指定了一个或 多个依赖，那么 Ant 会在继续执行当前目标之前执行那些被依赖的目标。如果一个目标执 行失败了，例如编译错误或单元测试失败，则构建过程会停止。

一个目标可以由很多任务组成。compile 任务包含执行两次 javac 任务——一次编译生 产环境的代码，一次编译测试代码。每一次编译都有不同的输出，因为 package-jar 目标只 需要生产环境的类。

运行 Ant 构建时，可以显式地指定要运行的目标。当这个目标以及这个目标依赖的所 有目标都结束执行时，构建过程也会停止。运行 ant compile 命令，构建过程会在创建完输 出目录并编译完源代码之后停止。

可不可以一起使用 Ant 和 Maven？

在 Maven 构建中，有一个名为 maven-antrun-plugin 的插件，这个插件允许在 Maven 构建的过程中运行 Ant 任务。一个常见的用途是通过 Ant 的 exec 目标运行一条操作系统命令或一个 shell 脚本。在 Maven 的世界中没有对应的方法可以实现这些任务。代码清单 19-6 给出了一个使用这个插件的例子。

代码清单 19-6：在 Maven 中使用 Ant 任务

```
<plugin>
    <artifactId>maven-antrun-plugin</artifactId>
    <version>1.7</version>
    <executions>
        <execution>
            <phase>deploy</phase>
            <configuration>
                <tasks>
                    <exec dir="scripts"
                        executable="scripts/notify-chat-application.sh"
                        failonerror="false">
                    </exec>
                </tasks>
            </configuration>
            <goals>
                <goal>run</goal>
            </goals>
        </execution>
    </executions>
</plugin>
```

这个任务被绑定到 Maven 的 deploy 阶段，有关这个脚本的功能可以想象一下，应该是向团队的聊天服务器发送一条通知表示即将开始部署。

19.3　本章小结

在 Java 领域，有一些成熟稳定的工具可以帮助你将源代码转变为有用的可执行二进制构件。对于复杂的程序，通过类似 Maven 和 Ant 这样的构建工具可以帮助你在比较短的时间内产出专业且标准的构建。

Maven 使用非常方便，可以让项目快速运行起来。只要遵守约定，不需要太多输入就可以让构建正常工作。使用 Maven 还有一项额外的好处，那就是如果团队成员已经有 Maven 相关的经验，那么他们可以迅速上手你的项目，因为构建过程和其他项目的构建过程是一样的。

  Ant 具有最高的灵活性。对于那些不太遵循约定或无法遵循约定的项目来说，Maven 经常会碰到问题。尽管 Ant 构建需要更多监督，但是你得到的构建往往速度更快而且更容易理解，因为构建只会执行和你的应用程序相关的任务。

  不论最后选择使用什么构建工具，决定要使用构建工具实际上就是最好的选择。有很多项目经常会受到各种各样的操作系统脚本的折磨，在团队中可能只有那么屈指可数的几位成员可以正确理解这些脚本。而 Maven 和 Ant 在 Java 社区中都得到了很好的支持。

  第 20 章讨论的是在 Android 操作系统上通过 Java 编写移动电话应用程序。

第 **20** 章

Android 开发

随着笔记本电脑和台式机销量的下滑，移动设备销量上涨的势头越来越猛。尽管移动版本的网站性能已经相当不错，但还是原生移动应用能产生超好的用户体验。此外，随着 J2ME 的没落，Android 已经成为移动设备上运行 Java 代码的首选方式。简而言之，Android 开发技能是每一位开发者都应该熟悉的技能，因为也许某天就没有桌面计算机运行桌面程序了，现在很多产品大部分用户都是移动平台上的用户。

幸运的是，Android 开发的技能实际上也是一种 Java 技能。因此，Java 开发者可以很轻松地转变为 Android 开发者。Android 应用编写的语言和 Java 程序使用的语言是一样的，但是前者运行在 Android 操作系统上，除了依赖于标准的 Java SDK 之外，还严重依赖于 Android SDK。另一个区别在于，Java 程序可以运行在很多不同的平台上，不过最常见的平台是强大的桌面计算机和服务器平台。相比之下，运行 Android 应用的设备则具有非常有限的计算资源，却装备了一大堆丰富的传感器。Android 设备具有高度的移动性，而且几乎一直都有互联网连接。因此，尽管 Android 应用看上去像 Java 程序，但是却能在 Android 操作系统的限制下访问设备提供的大量硬件功能。

这一章讨论 Android SDK 中的一些主要概念，并且给出了 Android 应用完成常见任务所需要的代码。本章不可能涵盖 Android SDK 中的所有内容，而是关注一些最常用的部分。本章包含了以下内容：

- Android 应用包含的组件、组件之间的通信方式以及组件的用途。
- 通过 layout 创建各种各样的用户界面，通过 Fragment 组织用户界面。
- 各种不同类型数据的存储。
- 以 Location 服务为例讲解 Android 设备的硬件访问。

> 注意：本书包含的源代码中有一个 Android 应用，这个应用执行本章的一部分示例代码。

20.1 基础知识

Android 应用由多个不同类型的对象组成，它们之间通过 Intent 通信。Android 开发者应该对这些组件及其用途非常熟悉。

20.1.1 组件

> Android 应用中有哪些主要组件？这些组件的主要功能是什么？

Android 中的 4 个主要组件包括 Activity、Service、BroadcastReceiver 和 ContentProvider。前三个组件通过 Intent 互相通信，应用通过 ContentResolver 和 ContentProvider 进行通信。每一个组件都有不同的用途，所有组件都遵循它们自己的由 Android 控制的生命周期。

> 什么是 Activity？

一个 Activity 表示一个带有用户界面的屏幕画面。每一个 Activity 都是独立运行的，内部应用和外部应用可以直接启动 Activity，控制应用程序变换屏幕画面的方式。例如，有一个应用会启动一个 Activity 显示一个食谱列表，然后启动另一个 Activity 显示食谱的详细信息。当用户选择搜索结果时，第 3 个负责搜索的 Activity 可能会激活同一个显示食谱详细信息的 Activity。

> 什么是 BroadcastReceiver？

BroadcastReceiver 接受系统范围的或内部广播的 Intent。BroadcastReceiver 可能会显示一个通知、激活另一个组件或执行其他短小的工作。应用可以通过 BroadcastReceiver 订阅很多系统广播，例如系统启动或网络连接发生变化。

> 什么是 Service？

Service 表示在后台长期运行或永久运行的代码。例如，应用可以通过 Service 执行食谱备份任务，这样用户就可以在应用中执行其他操作，甚至可以切换到其他应用，而不用担心备份过程被中断。还有的 Service 会持续运行，每隔一阵子记录用户的位置信息供以后分析。

什么是 ContentProvider?

ContentProvider 保存的是组件之间共享的数据，通过 API 可以访问这些数据。应用既可以通过这个功能在公共范围内共享一些数据，也可以在应用内部私有范围内共享数据。用户的联络人信息是 Android 暴露给应用访问的一种 ContentProvider。ContentProvider 的一大好处是可以屏蔽读写数据时具体的存储机制。ContentProvider 还封装了数据的访问。你可以修改存储的内部方法，但是不修改外部接口。

20.1.2　Intent

Android 组件如何通信?

Android 组件之间可以互发 Intent 将对方激活并且通过 Intent 传递数据。Intent 中包含了要投递的目标以及必要的数据。如果 Intent 指定了一个类的名字，那么这个类会被显式地调用，因为 Android 会把这个 Intent 转交给某个特定的类；如果 Intent 指定的是一个动作字串(action string)，那么这个调用则是隐式的，因为 Android 会将这个 Intent 转交给任何知道这个动作字串的类。

一个 Activity 如何向另外一个 Activity 发送 Intent?

为了向某个 Activity 发送 Intent，应用首先通过指定类名构造一个显式的 Intent。例如，代码清单 20-1 中的代码首先指定了 RecipeDetail 类应该接收刚才创建的 Intent。然后，应用可以添加一些数据在 Intent 中，例如 recipeId。最后，应用通过调用 startActivity()发送 Intent。

代码清单 20-1：发送包含 String 数据的 Intent

```
private void sendRecipeViewIntent(final String recipeId) {
    final Intent i = new Intent(this, RecipeDetail.class);
    i.putExtra(RecipeDetail.INTENT_RECIPE_ID, recipeId);
    startActivity(i);
}
```

Activity 通过调用其 getIntent()方法接收一个 Intent。代码清单 20-2 中的代码展示了 RecipeDetail 如何接收代码清单 20-1 发送的食谱详细信息 Intent 并从中提取出 recipeId。

代码清单 20-2：接收一个 Intent，并从中提取出 recipeId

```
public class RecipeDetail extends Activity {
    public static final String INTENT_RECIPE_ID = "INTENT_RECIPE_ID";

    protected void onCreate(Bundle savedInstanceState) {
        super.onCreate(savedInstanceState);
        setContentView(R.layout.recipe_detail);
        if (getIntent() != null) {
            if (getIntent().hasExtra(INTENT_RECIPE_ID)) {
                final String recipeId = getIntent().getStringExtra(
                    INTENT_RECIPE_ID);
                // 访问数据库、绘制界面等
                loadRecipe(recipeId);
            }
        }
    }

}
```

应用如何发送公共 Intent？

Android 的一大优点就是应用可以通过 Intent 轻松地互相通信。应用可以随意定义新的 Intent，而且还可以允许任何应用响应 Intent。这种方式构建了应用之间交互的高层方式。

具体说，应用可以使用 Android 操作系统提供的一些公共 Intent。共享 Intent 就是这样一个 Intent。代码清单 20-3 中的代码创建了一些文本，然后通过共享 Intent 发送这些文本。发送时，用户会看到一个如图 20-1 所示的列表。从图中可以看出，很多应用都可以处理这个 Intent，因此由用户决定让哪一个应用接收这个 Intent 并做出相应的处理。例如，用户可能会选择电子邮件的图标或短信的图标将文本以电子邮件或短信的方式发送出去。

代码清单 20-3：发送共享 Intent

```
private void sendShareIntent() {
    final Intent sendIntent = new Intent();
    sendIntent.setAction(Intent.ACTION_SEND);
    sendIntent.putExtra(Intent.EXTRA_TEXT, "Share Me!");
    sendIntent.setType("text/plain");
    startActivity(sendIntent);
}
```

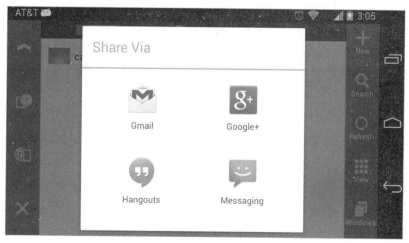

图　20-1

应用如何允许 Activity 响应一个 Intent？

　　当应用不知道 Intent 的接收者是谁时，就无法通过显式的 Intent 请求动作。因此，不能像代码清单 20-1 那样指定一个具体的类，而应该通过指定动作字串发送隐式 Intent。这种更一般性的方法允许任何能理解动作字串的应用注册能够接收包含这个字串的 Intent。像 Intent.ACTION_SEND 这样的动作字串用于通用 Intent，但是应用也可以创建自己的动作字串。

　　为了能够接收 Intent，Activity 应该注册接收相应的 Intent。实现方法是在 Android-Manifest.xml 文件中添加一个 IntentFilter，如代码清单 20-4 所示。这个过滤器表示 Android 可以发送任何带有 android.intent.action.SEND 字串的 Intent 到 ShareIntentActivityReceiver，如代码清单 20-5 所示。应用可以在 intent-filter 标签中增加额外的条件以进一步定义可接收的 Intent。

代码清单 20-4：允许 Android 发送任何 android.intent.action.SEND Intent 到
ShareIntentActivityReceiver 的 Manifest 条目

```
<activityandroid:name=".share.ShareIntentActivityReceiver"
android:label="@string/share_intent_receiver_label">
<intent-filter>
    <action android:name="android.intent.action.SEND" />
    <category android:name="android.intent.category.DEFAULT"/>
    <data android:mimeType="text/*"/>
</intent-filter>
</activity>
```

代码清单 20-5：接收 android.intent.action.SEND Intent

```
public class ShareIntentActivityReceiver extends Activity {
    @Override
    protected void onCreate(Bundle savedInstanceState) {
        super.onCreate(savedInstanceState);
        final String sharedText =
                getIntent().getStringExtra(Intent.EXTRA_TEXT);
    }
}
```

20.1.3　Activity

> Activity 的生命周期是什么样的？

Activity 的生命周期处理是应用程序正确工作的关键。如果没有破坏 Activity 的生命周期，那么用户在离开应用之后再回到应用时可以快速恢复之前的状态，而且用户离开应用去做其他事情时，应用占用的资源会正确释放。这样才能使得应用更易于使用而且更节省电池。所有 Android 开发者都应该对 http://developer.android.com/reference/android/app/Activity.html 这个页面的文档和流程图非常熟悉。这份文档重点提到了生命周期阶段之间的几个生命期(lifetime)：

- **完整生命期(entire lifetime)**——从 onCreate()到 onDestroy()
- **前景生命期(foreground lifetime)**——从 onResume()到 onPause()
- **可见生命期(visible lifetime)**——从 onStart()到 onStop()

此外，当应用需要保存状态时，调用 onSaveInstanceState()；当应用需要恢复状态时，调用 onCreate()并传入一个包含保存的状态的 Bundle。例如，如果用户在使用一个应用时来了一个电话或改变了屏幕的方向，那么 Android 会调用 onSaveInstanceState()，然后当电话结束或屏幕方向变化结束之后调用 onCreate()。如果应用需要保留任何状态，则通过 onSaveInstanceState()保存状态。下面是几个和状态相关的问题。

> 当应用从视图中临时移出时，应用如何保留动态状态？

动态状态指的是一组和应用运行相关的临时值。当用户切换 Activity 时，任何动态状态都应该保存，否则，当用户回到之前 Activity 时，可能会看到和之前不一样的场景。

ListView 的滚动位置是应用需要保存的状态之一。如果用户滚动到列表中央，单击其中某一个条目进入这个条目，然后再回到列表，用户会希望应用仍然将列表保持在同一个位置。为了实现这一点，应用需要在打开列表项详细信息之前保存滚动的位置。代码清单 20-6 展示了应用如何在 onSaveInstanceState()时保存滚动位置，然后在 onCreate()时恢复位置。

代码清单 20-6：保留列表滚动的位置，并且只有在 Activity 活跃时才保留一个注册的
BroadcastReceiver

```java
public class RecipeList extends ListActivity {
    private BroadcastReceiver receiver;

    public static final String BUNDLE_SCROLL_POSITION = "BUNDLE_SCROLL_POSITION";

    @Override
    protected void onCreate(Bundle savedInstanceState) {
        super.onCreate(savedInstanceState);
        final List<String> recipes = getRecipes();

        // 创建一个字符串 adapter，然后添加到 onClick
        final ArrayAdapter<String> adapter = new ArrayAdapter<String>(this,
                android.R.layout.simple_list_item_1, recipes);
        setListAdapter(adapter);
        getListView().setOnItemClickListener(
                new AdapterView.OnItemClickListener() {
                    @Override
                    public void onItemClick(AdapterView<?> parent, View view,
                            int position, long id) {
                        final String recipeClicked = recipes.get(position);
                        sendRecipeViewIntent(recipeClicked);
                    }
                });

        if (savedInstanceState != null
                && savedInstanceState.containsKey(BUNDLE_SCROLL_POSITION)) {
            final int oldScrollPosition = savedInstanceState
                .getInt(BUNDLE_SCROLL_POSITION);
            scrollTo(oldScrollPosition);
        }
    }

    private List<String> getRecipes() {
        // 应该从数据库中获取，不过现在暂时用硬编码
        final List<String> recipes = Arrays.asList("Pizza", "Tasty Minestrone",
                "Broccoli", "Kale Chips");
        return recipes;
    }

    private void sendRecipeViewIntent(final String recipeId) {
        final Intent i = new Intent(this, RecipeDetail.class);
        i.putExtra(RecipeDetail.INTENT_RECIPE_ID, recipeId);
        startActivity(i);
    }
```

```java
@Override
protected void onSaveInstanceState(Bundle outState) {
    // 用户在查看食谱中的哪一行？将此信息保存到应用中
    // 当用户返回时，重新滚动到那个位置
    final int scrollPosition = getScrollPosition();
    outState.putInt(BUNDLE_SCROLL_POSITION, scrollPosition);
    super.onSaveInstanceState(outState);
}

private int getScrollPosition() {
    final int scrollPosition = getListView().getFirstVisiblePosition();
    return scrollPosition;
}

private void scrollTo(final int scroll) {
    // 将列表视图滚动到指定的行
    getListView().setSelection(scroll);
}

@Override
protected void onResume() {
    register();
    super.onResume();
}

@Override
protected void onPause() {
    unregister();
    super.onPause();
}

private void register() {
    if (receiver == null) {
        receiver = new NewRecipeReceiver();
        final IntentFilter filter = new IntentFilter(
                "com.wiley.acinginterview.NewRecipeAction");
        this.registerReceiver(receiver, filter);
    }
}

private void unregister() {
    if (receiver != null) {
        this.unregisterReceiver(receiver);
        receiver = null;
    }
}

private class NewRecipeReceiver extends BroadcastReceiver {
    @Override
    public void onReceive(Context context, Intent intent) {
```

```
        // 添加到食谱列表并刷新
    }
  }
}
```

> 应用应该在什么时候释放资源和连接？

应用通常在 onPause() 方法中释放资源，在 onResume() 方法中恢复资源。例如，应用可能需要启动或停止 BroadcastReceiver，也可能需要启动或停止监听传感器数据。代码清单 20-6 展示了应用如何在 onPause() 和 onResume() 时注册和取消注册 BroadcastReceiver。这样可以保证应用不会收到不必要的通知,而且在界面不可见时避免更新用户界面的显示，从而可以节省电池电量。

> 当用户切换 Activity 时，应用是否应该持久化数据？

应用在 onPause() 时应该保存所有持久状态，例如食谱的编辑修改，在 onResume() 时恢复这些状态。就这个目的而言，应用不应该使用 onSaveInstanceState()，因为 Android 不能保证关闭一个 Activity 时会调用 onSaveInstanceState()。

20.1.4　BroadcastReceiver

> 应用如何通过 BroadcastReceiver 接收系统发出的事件？

BroadcastReceiver 的典型应用是接收系统功能发出的事件，例如网络连接的变化。在实现上，要求添加一个 AndroidManifest 条目,并且添加一个实现了 BroadcastReceiver 的类。

代码清单 20-7 展示了一条 AndroidManifest 条目，Android 每一次发送 android.net.conn.CONNECTIVITY_CHANGE 事件时，都会让 Android 调用一次 NetworkBroadcastReceiver。应用还可以通过代码动态注册，如代码清单 20-6 所示。

代码清单 20-7：为接收系统连接变化的广播，AndroidManifest 需要添加的内容

```
<uses-permission android:name="android.permission.ACCESS_NETWORK_STATE" />
<receiver android:name=".receiver.NetworkBroadcastReceiver" >
    <intent-filter>
        <action android:name="android.net.conn.CONNECTIVITY_CHANGE"/>
    </intent-filter>
</receiver>
```

代码清单 20-8 实现了一个接收 android.net.conn.CONNECTIVITY_CHANGE 广播的 BroadcastReceiver。由于应用已经注册了这个类，所以每　一次网络连接发生变化时，Android 都会调用 onReceive()。应用还可以订阅其他的事件，例如 BOOT_COMPLETED 事件。

代码清单 20-8：接收网络连接变化的广播

```
public class NetworkBroadcastReceiver extends BroadcastReceiver {
    private static final String TAG = "NetworkBroadcastReceiver";

    @Override
    public void onReceive(Context context, Intent intent) {
        Log.d(TAG, "network connection change: " + intent.getAction());
    }
}
```

20.1.5　Service

> 应用如何在后台执行代码？

有一些处理工作可能会耗费一些时间。而且在默认配置下，所有的处理工作都在 UI 线程中进行。执行太长的操作可能会卡住显示界面，而且用户可能会强制退出应用，产生 ANR(Application Not Responding)错误。

基于这两点原因，应用可以在 Service 中运行处理工作，让处理工作可以在自己的线程中不受打扰地执行。这样可以允许用户运行其他的应用，而不是等待当前工作处理结束，防止了 ANR。

举个例子，用户可能需要手工触发一次备份操作。如果用户有大量数据需要备份，那么不应该让用户花费几分钟的时间来等待备份过程结束。通过使用 Service，用户可以启动备份，然后在执行备份期间在设备上执行其他操作。

食谱备份操作是这样一个例子，这是一个一次性的操作，在 Service 中完成一些工作，然后关闭。由于这是一个常见的操作模式，所以 Android 提供了一个特殊的服务，名为 IntentService。这个服务启动一个工作线程来处理每一个收到的 Intent。当处理完成时，还会处理 Service 的关闭。

代码清单 20-9 展示了如何实现 IntentService，代码清单 20-10 展示了需要在 Android-Manifest.xml 文件中添加的条目。应用程序向 Context.startService()调用传入一个 Intent 来启动 IntentService。Android 负责将这个 Intent 传递给 IntentService。

代码清单 20-9：通过 IntentService 备份食谱

```
public class RecipeBackupService extends IntentService {
    private static final String TAG = "RecipeBackupService";
```

```
private static final String BACKUP_COMPLETE = "BACKUP_COMPLETE";

public RecipeBackupService() {
    // 对服务命名以方便调试
    super("RecipeBackupService");
}

@Override
protected void onHandleIntent(Intent workIntent) {
    // TODO: 备份食谱……
    Log.d(TAG, "Backup complete");

    // 告诉应用
    broadcastComplete();
}

private void broadcastComplete() {
    final Intent i = new Intent(BACKUP_COMPLETE);
    sendBroadcast(i);
}
}
```

代码清单 20-10：RecipeBackupService 的 AndroidManifest 条目

```
<serviceandroid:name=".service.RecipeBackupService"/>
```

> Service 如何和应用通信？

根据前文的讨论，应用可以通过 BroadcastReceiver 接收系统事件。此外，应用可以在内部使用 BroadcastReceiver。一种有用的用法是通过 BroadcastReceiver 实现 Service 和应用之间的通信，即 Service 向应用的 BroadcastReceiver 发送 Intent。

例如，代码清单 20-9 中的 RecipeBackupService 在备份任务完成时会发送一个广播，这是由 broadcastComplete()方法实现的。

> 应用如何创建持续运行的 Service？

有的应用需要能持续运行的 Service。例如，代码清单 20-11 中的 Service 需要持续运行，这样才能通过 ChatConnection 类和聊天服务器建立持续的聊天连接。由于 CookingChatService 扩展的是 Service 而不是 IntentService，所以在生命周期中需要处理更多的事件。

Service 生命周期的一个很重要的方面是 Service 应该运行多长时间，以及如果 Android 需要停止 Service 时需要做什么操作。为了解决这个问题，Service 有一个返回 START_

REDELIVER_INTENT 的 onStartCommand()方法。这个返回值告诉 Android，如果需要停止这个 Service 的话，需要重新启动它。应用通过其他返回值控制 Service 重启的行为。

代码清单 20-11：做饭聊天服务

```java
public class CookingChatService extends Service {
    private static final String TAG = "CookingChatService";

    private ChatConnection connection;

    private final IBinder mBinder = new CookingChatBinder();

    @Override
    public void onCreate() {
        connection = new ChatConnection();
        super.onCreate();
    }

    @Override
    public int onStartCommand(Intent intent, int flags, int startId) {
        connection.connect();
        // Service 被取消时应该重启
        return START_REDELIVER_INTENT;
    }

    @Override
    public IBinder onBind(Intent intent) {
        return mBinder;
    }

    public ChatConnection getConnection() {
        return connection;
    }

    @Override
    public void onDestroy() {
        Log.d(TAG, "Chat Service SHUTDOWN");
        super.onDestroy();
    }

    public class CookingChatBinder extends Binder {
        public CookingChatService getService() {
            return CookingChatService.this;
        }
    }
}
```

> 如何将应用绑定至 Service?

当数据很简单时，通过 Intent 和 Service 进行通信的过程可以很好地实现，但是有时候直接调用 Service 的方法会更方便。为此，应用需要绑定到 Service。

例如，如果一个 Service 维护了一个有很多方法的复杂连接对象，那么 Service 让应用通过绑定来直接访问对象，而不是使连接对象中每一个方法都有一个不同的 Intent，这样会简单得多。代码清单 20-12 展示了如何将 Activity 绑定至 Service，以及如何访问其连接对象及调用其方法。

代码清单 20-12：绑定 CookingChat Service

```java
public class CookingChatLauncher extends Activity {
    private static final String TAG = "CookingChatLauncher";

    private boolean bound;

    private CookingChatBinder binder;

    private EditText message;

    @Override
    protected void onCreate(Bundle savedInstanceState) {
        super.onCreate(savedInstanceState);
        setContentView(R.layout.chat_layout);
        findViewById(R.id.bt_send).setOnClickListener(
            new View.OnClickListener() {
                @Override
                public void onClick(View arg0) {
                    sendMessage();
                }
            });
        message = (EditText) findViewById(R.id.et_message);
    }

    private void sendMessage() {
        if (bound && binder != null) {
            final String messageToSend = message.getText().toString();
            binder.getService().getConnection().sendMessage(messageToSend);
            Toast.makeText(this, "Message sent: " + messageToSend,
                Toast.LENGTH_SHORT).show();
        }
    }

    // 注意：使用 onStart 和 onStop,
    // 这样应用就不会花太多时间重连,
```

```
    // 而且在应用终止时仍然可以释放资源
    @Override
    public void onStart() {
        if (!bound) {
            Log.d(TAG, "not bound, binding to the service");
            final Intent intent = new Intent(this, CookingChatService.class);
            bindService(intent, serviceConnection, Context.BIND_AUTO_CREATE);
        }
        super.onStart();
    }


    @Override
    public void onStop() {
        if (bound) {
            Log.d(TAG, "unbinding to service");
            unbindService(serviceConnection);
            bound = false;
        }
        super.onStop();
    }


    private ServiceConnection serviceConnection = new ServiceConnection() {
        @Override
        public void onServiceConnected(ComponentName className, IBinder service) {
            Log.d(TAG, "service connected");
            binder = (CookingChatBinder) service;
            bound = true;
        }


        @Override
        public void onServiceDisconnected(ComponentName arg0) {
            bound = false;
        }
    };
}
```

20.2 用户界面

Android 开发初学者可能会对布局(layout)的编排感到困惑，但是专家却会觉得很直观，因为专家会避免使用 Android IDE 提供的 UI 设计器，而是手工编辑布局文件。本节描述如何通过不同的布局机制创建图 20-2 所示的用户界面。本节还讨论了 Fragment，这是组织用户界面的必备工具。

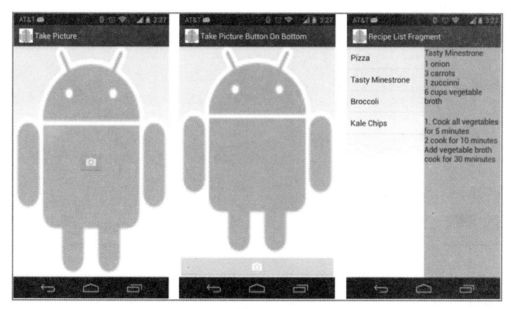

图　20-2

应用如何将一个 View 覆盖在另一个 View 之上？

应用通过 FrameLayout 将一个 View 放置在另一个 View 之上。FrameLayout 中的所有 View 都会填充自己的整个界限。因此，当应用将两个 View 放在一个 FrameLayout 中时，第一个会在底部，第二个会在顶部。

代码清单 20-13 展示了一个将照相机按钮放在 ImageView 之上的 FrameLayout。图 20-2 左侧的图展示了这个布局。除了设置 View 的顺序之外，还需要设置布局属性 layout_width 和 layout_height，这样才能让 ImageView 占满整个屏幕，而相机图标只显示为图像的真实大小。还需要通过 layout_gravity 设置位置，将相机图标放在 FrameLayout 的中央。

代码清单 20-13：将一个相机图标放在 ImageView 上面的相对布局

```xml
<?xml version="1.0" encoding="utf-8"?>
<FrameLayout xmlns:android="http://schemas.android.com/apk/res/android"
    android:layout_width="match_parent"
    android:layout_height="match_parent">

    <ImageView
        android:id="@+id/iv_picture"
        android:layout_width="match_parent"
        android:layout_height="match_parent"
        android:scaleType="fitXY"
        android:src="@drawable/android_robot"/>
```

```
<ImageButton
    android:id="@+id/bt_take_picture"
    android:layout_width="wrap_content"
    android:layout_height="wrap_content"
    android:layout_gravity="center"
    android:src="@drawable/device_access_camera"/>

</FrameLayout>
```

> 如何把按钮放在屏幕底部另外一个 View 下方，而另外那个 View 占据屏幕剩下的部分？

RelativeLayout 适合于依次排布的 View 的定位。和 FrameLayout 类似，所有的 View 都占据整个空间。RelativeLayout 有一个额外的特性，允许通过相对参数(例如，layout_below、layout_toRightOf 和 layout_align_parent_bottom)调整 View 的位置。

为了让按钮在屏幕底端，而另外一个 View 占据屏幕剩下的部分，必须设置几个属性。首先，通过设置 layout_alignParentBottom 属性将按钮锚定在屏幕底端。然后，通过 android:layout_above 将 ImageView 放在按钮上方。否则，ImageView 就会和 RelativeLayout 中其他所有 View 一样占据整个 View，从而挡住按钮。代码清单 20-14 展示了具体的实现。布局图见图 20-2 中间的图。

代码清单 20-14：将按钮安放在其他 View 下方的布局

```xml
<?xml version="1.0" encoding="utf-8"?>
<RelativeLayout xmlns:android="http://schemas.android.com/apk/res/android"
    android:layout_width="match_parent"
    android:layout_height="match_parent">

    <ImageView
        android:id="@+id/iv_picture"
        android:layout_width="match_parent"
        android:layout_height="match_parent"
        android:layout_above="@+id/bt_take_picture"
        android:scaleType="fitXY"
        android:src="@drawable/android_robot"/>

    <ImageButton
        android:id="@+id/bt_take_picture"
        android:layout_width="match_parent"
        android:layout_height="wrap_content"
        android:layout_alignParentBottom="true"
        android:src="@drawable/device_access_camera" />

</RelativeLayout>
```

> 应用如何在可用的空间内对组件布局进行分布？

　　有时候，应用需要将 View 分布在可用空间内。一种实现方法是利用 LinearLayout，指定 weightSum，然后对 LinearLayout 中的每一个视图设置 layout_weight 属性，将空间按比例分割。代码清单 20-15 展示了如何布局两个 Fragment，使得每一个占据 50%的有效空间。图 20-2 中右侧的图展示了这个布局的效果。

代码清单 20-15：将可用空间分割给两个视图使用的布局

```xml
<?xml version="1.0" encoding="utf-8"?>
<LinearLayout xmlns:android="http://schemas.android.com/apk/res/android"
    android:layout_width="match_parent"
    android:layout_height="match_parent"
    android:orientation="horizontal"
    android:weightSum="100" >

    <fragment
        android:id="@+id/frag_recipe_list"
        android:layout_width="0dip"
        android:layout_height="match_parent"
        android:layout_weight="50"
        class="com.wiley.acinginterview.recipe.frag.RecipeListFragment" />

    <fragment
        android:id="@+id/frag_recipe_detail"
        android:layout_width="0dip"
        android:layout_height="match_parent"
        android:layout_weight="50"
        class="com.wiley.acinginterview.recipe.frag.RecipeDetailFragment" />

</LinearLayout>
```

　　此外，应用可以将空间分配给单个的列或单个的行，其中每一个视图都根据其需求占据尽可能多的空间。例如，应用可以创建一个垂直的 LinearLayout，如代码清单 20-16 所示，其中包含多个 TextView，每一个 TextView 都根据自己要显示的文本占据尽可能多的空间。LinearLayout 指定方向为垂直，所以里面的 View 会占据整个列。图 20-2 右侧显示的食谱文本展示了食谱详细信息视图的效果。

代码清单 20-16：在一个列中垂直排列文本视图，其中每一个 TextView 都在之前一个的下方，而且都占据了尽可能多的空间以显示全部文本

```xml
<?xml version="1.0" encoding="utf-8"?>
<LinearLayout xmlns:android="http://schemas.android.com/apk/res/android"
    android:layout_width="match_parent"
```

```
    android:layout_height="match_parent"
    android:orientation="vertical"
    android:background="@android:color/darker_gray" >

    <TextView
        android:id="@+id/tv_recipe_id"
        android:layout_width="wrap_content"
        android:layout_height="wrap_content"
        android:textAppearance="?android:attr/textAppearanceMedium" />

    <TextView
        android:id="@+id/tv_ingredients"
        android:layout_width="wrap_content"
        android:layout_height="wrap_content"
        android:textAppearance="?android:attr/textAppearanceMedium" />

    <TextView
        android:id="@+id/tv_steps"
        android:layout_width="wrap_content"
        android:layout_height="wrap_content"
        android:textAppearance="?android:attr/textAppearanceMedium" />

</LinearLayout>
```

> **什么是 Fragment?**

Fragment 是用户界面的一部分,具有与 Activity 相似的生命周期。使用 Fragment 的好处包括:

- 减低 Activity 类的复杂性,因为每一个 Fragment 都可以管理自己的状态和生命周期。
- 让用户界面的重新配置变得简单。当应用需要在不同朝向采用不同布局或需要在用户界面中展示或隐藏某些部分时,这项特性非常有用。

> **如何在一个布局中包含一个 Fragment?**

为了使用 Fragment,应用需要使用一些对象。应用需要获得一个指向 Fragment 的引用,显示 Fragment(如果还没有显示的话),向 Fragment 传递数据以及从 Fragment 接收数据。为了演示这些概念,考虑一个有两个 Fragment 的应用:一个在屏幕左侧显示食谱列表,另一个在屏幕右侧显示食谱详细信息。当用户在列表中单击食谱时,在右侧详细信息 Fragment 中要显示食谱,因此这两个 Fragment 需要进行互动。图 20-2 右侧的图展示了这个显示效果。一个这样的应用需要多个组件才能实现。

首先，需要一个 Activity 创建包含这些 Fragment 的布局，并在这些 Fragment 之间传递数据，如代码清单 20-17 所示。

代码清单 20-17：管理 Fragment 的 Activity

```java
public class RecipeViewAsFragments extends FragmentActivity implements
        RecipeActions {
    private RecipeDetailFragment recipeDetail;

    private RecipeListFragment recipeList;

    @Override
    protected void onCreate(Bundle savedInstanceState) {
        super.onCreate(savedInstanceState);
        setContentView(R.layout.side_by_side);

        recipeDetail = (RecipeDetailFragment) getSupportFragmentManager()
                .findFragmentById(R.id.frag_recipe_detail);
        recipeList = (RecipeListFragment) getSupportFragmentManager()
                .findFragmentById(R.id.frag_recipe_list);
        hideRecipeDetail();
    }

    @Override
    public void showRecipe(String recipeId) {
        final FragmentTransaction ft = getSupportFragmentManager()
                .beginTransaction();
        ft.show(recipeDetail);
        ft.setCustomAnimations(android.R.anim.slide_in_left,
                android.R.anim.slide_out_right);
        ft.addToBackStack("show recipe");
        ft.commit();

        recipeDetail.loadRecipe(recipeId);
    }

    public void hideRecipeDetail() {
        final FragmentTransaction ft = getSupportFragmentManager()
                .beginTransaction();
        ft.hide(recipeDetail);
        ft.setCustomAnimations(android.R.anim.slide_in_left,
                android.R.anim.slide_out_right);
        ft.commit();
    }
}
```

然后，两个相似的 Fragment 分别提供了食谱列表和食谱详细信息功能的用户界面。代码清单 20-18 展示了 RecipeListFragment。这个 Fragment 在一个 ListView 中显示食谱，并且 onAttach()方法接受一个 RecipeActions 接口的对象。RecipeDetailFragment 的实现类似。

代码清单 20-18：显示食谱列表

```java
public class RecipeListFragment extends ListFragment {
    private RecipeActions recipeActions;

    @Override
    public void onActivityCreated(Bundle savedInstanceState) {
        super.onActivityCreated(savedInstanceState);
        setRecipes();
    }

    /**
     * 创建食谱列表
     */
    public void setRecipes() {
        final List<String> recipes = getRecipes();
        final ArrayAdapter<String> adapter = new ArrayAdapter<String>(
                getActivity(), android.R.layout.simple_list_item_1, recipes);
        setListAdapter(adapter);
        getListView().setOnItemClickListener(
                new AdapterView.OnItemClickListener() {
                    @Override
                    public void onItemClick(AdapterView<?> parent, View view,
                            int position, long id) {
                        final String recipeClicked = recipes.get(position);
                        recipeActions.showRecipe(recipeClicked);
                    }
                });
    }

    @Override
    public void onAttach(Activity activity) {
        super.onAttach(activity);
        recipeActions = (RecipeActions) activity;
    }

    private List<String> getRecipes() {
        final List<String> recipes = Arrays.asList("Pizza", "Tasty Minestrone",
                "Broccoli", "Kale Chips");
        return recipes;
    }
}
```

最后，这段代码还需要一个接口，以抽象出具体的 Activity，通过一个通用的接口使得 Fragment 和 Activity 之间能够通信。代码清单 20-19 展示了这个 RecipeActions 接口。

代码清单 20-19：Activity 的接口，用于 Fragment 之间的互相通信

```
publicinterfaceRecipeActions{
    publicvoid showRecipe(String recipeId);
}
```

代码清单 20-15 中的布局对这些 Fragment 进行组织。在这个例子中，布局是一个并排布局，RecipeListFragment 在一侧，RecipeDetailFragment 在另一侧。

> 应用如何操纵 Fragment？

应用有了对 Fragment 的引用之后，就可以通过 FragmentTransaction 对其进行动画、显示和隐藏操作。如果应用程序需要支持用户按返回键撤销事务的话，还可以选择将 FragmentTransaction 添加到后退栈(backstack)中。所有这些特性都可以用来减少操纵用户界面中各个子部分的代码量。代码清单 20-17 中的 showRecipe()方法使用了一个 Fragment-Transaction，并通过这个 FragmentTransaction 用滑入的动画效果显示新的 Fragment，并且将这个显示加入后退栈。如果用户敲击了返回按钮，应用程序会撤销这个事务。

> Activity 怎样向 Fragment 传递数据？

如果 Activity 的布局有多个 Fragment，那么 Activity 要负责在它们之间传递数据。由于 Activity 有 Fragment 的引用，所以可以直接调用其方法传递数据。

例如，在 RecipeViewAsFragments 中，当用户单击食谱列表中的一项食谱时，Recipe-ViewAsFragments 通过调用 loadRecipe()将新的食谱 ID 传递给显示食谱详细信息的 Fragment。

> Fragment 怎样向 Activity 传递数据？

Android 文档提出了一种允许 Fragment 向 Activity 传回数据的方法。首先，Activity 实现一个接口，然后在 onAttach()方法中，应用程序存储指向这个接口的引用以备后用。

例如，在 RecipeViewAsFragments 中，RecipeActions 接口定义了一些可以让 Fragment 用来协作的方法。如代码清单 20-18 所示，当用户单击一条食谱时，RecipeListFragment 通过 RecipeActions 接口让 RecipeViewAsFragments 调用 RecipeDetails。

20.3 持久化

Android 提供了几种不同的方式允许应用程序持久化不同类型的数据。应用程序可以针对不同的目的选用不同的机制，因此 Android 开发者必须知道有哪些可用的持久化方法以及如何正确地应用这些方法。

> 应用程序如何持久化名称/值对？

名称/值对是一种非常方便的存储机制，因此 Android 提供了一个特殊的称为 SharedPreferences 的系统，可以帮助应用程序存储和访问名称/值对。

应用程序通过 SharedPreferences API 保存和访问名称/值对。代码清单 20-20 展示了一个应用程序通过 SharedPreferences 写入一个值，然后读出刚才写入的值。

代码清单 20-20：通过 SharedPreferences 读写名称/值对

```
public class SharedPreferenceTester extends AndroidTestCase {
    public void testSaveName() {
        final String PREF_NAME = "name";
        final String PREF_NAME_DEFAULT = "none";
        final String PREF_NAME_SET = "Shooting Star";
        SharedPreferences preferences = getContext().getSharedPreferences(
                "Test", Context.MODE_PRIVATE);

        // 写入一个值
        Editor editor = preferences.edit();
        editor.putString(PREF_NAME, PREF_NAME_SET);
        editor.commit();

        // 读出一个值
        String pref = preferences.getString(PREF_NAME, PREF_NAME_DEFAULT);
        assertTrue("pref now set", pref.equals(PREF_NAME_SET));
    }
}
```

> 应用程序如何在数据库中持久化关系数据？

Android 操作系统包含一个 sqlite 数据库，因此这是持久化任何关系数据的默认方法。应用程序通过 SQLiteOpenHelper 辅助类访问 Android 中的数据库。代码清单 20-21 给出了一个例子，应用程序必须扩展 SQLiteOpenHelper。此代码清单展示了 SQLiteOpenHelper

提供了一些方便的方法可以用于创建和更新数据库。这个抽象类中的其他方法可以帮助应用程序执行各种数据库操作。

代码清单 20-21：还没有实现任何方法的数据库辅助类

```
public class DatabaseHelperBlank extends SQLiteOpenHelper {
    private static final String DATABASE_NAME = "WILEYDB";

    public DatabaseHelperBlank(Context context) {
        super(context, DATABASE_NAME, null, 1);
    }

    @Override
    public void onCreate(SQLiteDatabase db) {
    }

    @Override
    public void onUpgrade(SQLiteDatabase db, int oldVersion, int newVersion) {
    }
}
```

为了实现 SQLiteOpenHelper，应用程序必须首先能够创建数据库，创建数据库的代码如代码清单 20-22 所示。这里的 SQL 语句没有什么特别之处，唯一要注意的是其中有一个 BaseColumns._ID 字段。Android 开发者应该在所有数据库中使用这个字段，因为有一些 Android 类，例如 SQLiteCursor，需要这个字段。

代码清单 20-22：创建数据库

```
@Override
public void onCreate(SQLiteDatabase db) {
    final String createStatement = "CREATE TABLE " + TABLE_NAME + " ("
        + BaseColumns._ID + " INTEGER PRIMARY KEY AUTOINCREMENT,"
        + COLUMN_NAME + " TEXT, " + COLUMN_AGE + " INTEGER);";
    db.execSQL(createStatement);
}
```

除了创建数据库之外，Android 应用程序通过 SQLiteOpenHelper 中提供的其他方法来访问数据库。代码清单 20-23 展示了一个应用程序在数据库中查询年龄信息。这段代码通过 DatabaseHelper 单实例类获得一个 SQLiteDatabase 引用，然后通过 query()方法执行查询。这段代码通过 finally 语句确保能关闭游标。DatabaseHelper 包含了 DatabaseHelperBlank 中所有空方法的实现。

代码清单 20-23：一个数据库查询

```
public int queryForAge(String name, Context context) {
    int age = -1;
    final DatabaseHelper helper = DatabaseHelper.getInstance(context);
```

```
        final SQLiteDatabase db = helper.getReadableDatabase();
        final String[] columns = new String[] { COLUMN_NAME, COLUMN_AGE };
        final String selection = COLUMN_NAME + "=?";
        final String[] args = new String[] { name };

        Cursor cursor = db.query(TABLE_NAME, columns, selection, args, null,
                null, null);
        try {
            final boolean hasData = cursor.moveToFirst();
            if (hasData) {
                final int columnIndex = cursor.getColumnIndex(COLUMN_AGE);
                age = cursor.getInt(columnIndex);
            }
        } finally {
            cursor.close();
        }
        return age;
    }
```

> 应用如何在文件中保存数据？

Android 向应用程序展现了一个文件系统，应用程序可以通过标准的 java.io 库访问这个文件系统。然而，Android 将文件系统分割为一些用途不同的内部区域和外部区域。

> 内部文件存储和外部文件存储有什么区别？

内部文件存储和外部文件存储有一些区别，这些区别和可用性、可访问性以及用户卸载应用的行为相关：

- **可用性**——内部存储总是可用，而外部存储在用户移除或解除挂载 SD 卡之后就不可用了。
- **可访问性**——安装在内部存储的文件只能被对应的应用访问，而外部存储上的文件可以被任何应用读取。
- **卸载**——Android 会移除所有和被卸载应用相关的内部文件，对于外部文件，只会移除那些在特殊命名文件夹中的文件。

应用程序可以在 Context 的范围内通过 API 访问这些不同的区域。代码清单 20-24 展示了应用程序访问不同文件系统所用的代码。注意，这段代码还使用了一个方法检查外部文件是否可用。只要应用程序需要访问外部存储时都有必要这样操作。

代码清单 20-24：访问文件目录

```
public class FilesTest extends AndroidTestCase {
```

```
public void testFileStorage() {
    if (!isExternalStorageReadable()) {
        fail("External storage not readable");
    }

    // SD 卡的路径
    String root = Environment.getExternalStorageDirectory()
        .getAbsolutePath();
    // Android 在卸载时删除的外部文件的路径
    String externalFilesDir = getContext().getExternalFilesDir("myfiles")
        .getAbsolutePath();
    assertTrue(
        externalFilesDir,
        externalFilesDir
        .contains("Android/data/com.wiley.acinginterview/files/myfiles"));
    // 内部存储目录的路径
    String internalFilesDir = getContext().getFilesDir().getAbsolutePath();
    assertTrue(internalFilesDir,
            internalFilesDir
            .contains("/data/data/com.wiley.acinginterview/files"));
}

private boolean isExternalStorageReadable() {
    boolean readable = false;
    String state = Environment.getExternalStorageState();
    if (state.equals(Environment.MEDIA_MOUNTED)
            || (state.equals(Environment.MEDIA_MOUNTED_READ_ONLY))) {
        readable = true;
    }
    return readable;
}
}
```

> **应用程序何时应该使用内部文件存储，何时应该使用外部文件存储？**

应用程序应该限制对内部存储的使用，因为对于某些设备，内部存储和外部存储是分离的，而且容量有限。然而，内部存储适合于保存一些不能让其他应用程序访问的敏感数据。外部存储适合保存大文件。一般情况下，应用程序应该使用外部文件目录保存任何文件，除非用户需要操作这些文件。在这种情况下，应用程序可以在外部存储的根目录创建目录。把文件保存在这里可以让用户在不同的安装之间保留数据，这也是用户所希望的。

20.4　Android 硬件

Android 编程如此特别的特性之一是在 Android 上能够访问设备的硬件。应用程序需要访问硬件的情形包括：需要访问摄像头让用户拍照、感应设备的动作和位置、激活电话功能以及访问其他硬件等。

有很多种可以使用的硬件，每一种硬件都有自己独特的复杂之处和 API。然而，这些API 都有一些共同的模式。任何类型的硬件访问都要求做三件事情：理解有关硬件工作原理的细节，这样才可以在应用程序中正确使用硬件；通过正确的 API 访问硬件；正确处理资源和电池寿命。

本节只讨论一种 Android 硬件：位置服务(Location Service)。应用程序可以通过位置服务获得设备的当前位置，位置的值会有不同的准确度。位置服务是 Android 的一项重要特性，因此 Android 开发者需要理解其工作原理。此外，访问位置数据的方式和其他硬件访问的方式类似，因此它也是一个非常有代表性的例子。

> 应用程序如何在 Activity 中使用位置服务 API？

为了访问设备的位置，应用程序要注册从 Google Play 服务获得更新。完成之后，应用程序解除注册。当应用程序完成了对硬件资源的使用时，释放资源是硬件访问的通用做法，因为涉及的硬件会显著地消耗电量，因此需要显式地关闭。

使用位置服务 API 需要通过几个步骤来注册接收更新，然后接收这些更新，最后在应用程序不再需要位置服务时解除注册。

代码清单 20-25 展示了一个使用位置服务的例子。这是 Google 官方代码示例(http://developer.android.com/training/location/receive-location-updates.html)的一个简化版本。这个程序包含几个重要的部分：

- **提出对位置服务的需求**——在 onCreate()时，应用程序会创建一个 LocationRequest。这个请求描述了应用程序希望接受更新的频率以及需求的位置准确度。
- **连接**——在 onStart()时，Activity 连接 Google Play 服务。当位置服务准备好时，Android 会调用 onConnected()。
- **注册接收更新**——在 startPeriodicUpdates()中，应用程序注册一个 LocationListener。
- **接收位置更新**——位置服务将 Location 对象传给 onLocationChanged()。
- **释放资源**——当用户离开应用程序时，调用 onStop()，停止进一步更新并断开连接。这一步非常重要，因为没有这一步的话，设备会持续采集位置信息。

代码清单 20-25：位置的感知

```
public class LocationActivity extends Activity implements
        GooglePlayServicesClient.ConnectionCallbacks,
        GooglePlayServicesClient.OnConnectionFailedListener, LocationListener {
    private static final String TAG = "LocationActivity";

    // 请求连接 Location 服务
    private LocationRequest mLocationRequest;
```

```java
// 将位置客户的当前实例存储到此对象中
private LocationClient mLocationClient;

private TextView locationLog;

@Override
protected void onCreate(Bundle savedInstanceState) {
    super.onCreate(savedInstanceState);
    setContentView(R.layout.locations);

    locationLog = (TextView) findViewById(R.id.tv_location_log);
    createLocationRequest();
}

private void createLocationRequest() {
    mLocationRequest = LocationRequest.create();
    mLocationRequest.setInterval(5000);
    mLocationRequest.setPriority(LocationRequest.PRIORITY_HIGH_ACCURACY);
    mLocationRequest.setFastestInterval(1000);

    mLocationClient = new LocationClient(this, this, this);
}

// 控制 activity 可见时间内的连接和断开连接

@Override
public void onStop() {

    if (mLocationClient.isConnected()) {
        stopPeriodicUpdates();
    }
    mLocationClient.disconnect();

    super.onStop();
}

@Override
public void onStart() {
    mLocationClient.connect();
    super.onStart();
}

@Override
public void onConnected(Bundle bundle) {
    final int resultCode = GooglePlayServicesUtil
            .isGooglePlayServicesAvailable(this);
    // 如果 Google Play 服务可用
    if (ConnectionResult.SUCCESS == resultCode) {
        startPeriodicUpdates();
```

```
        } else {
            Log.e(TAG, "cannot connect to location services");
        }
    }

    private void startPeriodicUpdates() {
        mLocationClient.requestLocationUpdates(mLocationRequest, this);
    }

    public void stopPeriodicUpdates() {
        mLocationClient.removeLocationUpdates(this);
    }

    @Override
    public void onDisconnected() {
        Log.e(TAG, "disconnected");
    }

    @Override
    public void onConnectionFailed(ConnectionResult connectionResult) {
        Log.e(TAG, "failed to connect");
    }

    @Override
    public void onLocationChanged(Location loc) {
        Log.d(TAG, "LOCATION UPDATE");
        final String summary = loc.getLatitude() + ", " + loc.getLongitude()
                + " " + loc.getAccuracy();
        locationLog.setText(summary);
    }
}
```

> **什么因素会影响定位性能和电池使用？**

　　使用位置服务时，主要的难题在于获得指定精度和更新频率的同时保持电池寿命。应用程序还要考虑操作环境。比如说，在室内时基于 GPS 的定位会有问题，然而基于网络的定位仍然可以以低精度提供位置信息。因此，在使用位置服务时，应用程序应该考虑这些问题。

> **应用程序如何减少电池的使用？**

　　为了帮助应用程序在电池寿命和定位的精度和更新频率之间找到平衡，**LocationRequest**提供了一些应用程序可以使用的显式优先级：

- PRIORITY_HIGH_ACCURACY——适合在屏幕上跟踪用户位置的应用，这种应用要求频繁的高精度更新。
- PRIORITY_BALANCED_POWER_ACCURACY——适合需要在特定的时间间隔获得位置信息的应用程序，这种应用程序在必要时需要更频繁的位置更新。
- PRIORITY_LOW_POWER——适合不需要高精度定位的应用程序，例如只需要"城市"级的位置即可。
- PRIORITY_NO_POWER——适合对最新位置没有重要需求，但仍希望能接收到位置信息的应用程序。使用这个设置不会造成额外的电力使用，因为只有其他应用请求位置信息时才会接收到更新。

20.5　本章小结

本章讨论了 Android 开发中的一些重要内容。4 个主要的 Android 组件提供了显示用户界面、运行后台服务、接受广播 Intent 和存储共享数据这 4 项功能。这些组件通过 Intent 和 ContentResolver 通信。布局可能会有一定的难度，但是通过使用 FrameLayout、RelativeLayout 和 LinearLayout，应用程序可以创建 View 的多种布局。Fragment 帮助分离用户界面中的不同区域。应用程序可以将数据持久化为名称/值对、数据库和文件。最后，应用程序可以访问设备上的硬件。位置服务是一种 Android 硬件，在使用时要求最小化电池用量的同时达到可能的最佳精度。

总体而言，这一章包含了一些作为 Android 开发者应该熟悉的重要概念。这一章是对本书其他部分描述的技能的补充，因此把整本书结合起来，这本书讲解了一名成功的 Android 开发者所需要的完整技能。

最后这一章展示了技术领域，特别是 Java 语言本身在不断地变化：利用 Java 的创新越来越丰富，有些创新方式你可能根本想不到，因此特别需要让自己的技能和知识紧跟时代。

如果你只能从本书获得一项经验，那就是必须要让自己的技能紧跟前沿。经常接触一些新的库和框架甚至是 Java 中的新技术，因为你下一次应聘的工作可能会在你从没有使用过的平台上进行开发。

要经常练习编写代码。如果你当前的日常工作就是做 Java 开发，那么应该能得到足够的训练，但是还要努力获得当前领域之外的经验，经常使用一些新的库。你甚至可以在当前的职位中引入一些新的思想。

祝你在寻找 Java 开发者工作的征途上好运，希望这本书能祝你一臂之力，使你在技术面试中获得成功。

附录 **A**

Scala 简介

近年来，有很多新的具有与 Java 不同特性但运行在 JVM 上的语言出现。Groovy 就是这样一种语言。Groovy 是一种动态语言，常用于脚本、测试以及其他用 Java 会显得很啰嗦的地方。Jython 是运行在 JVM 上的 Python，Clojure 是 Lisp 的一种方言，编译为 Java 字节码。

Scala 是 JVM 上的一种函数式程序设计语言。本附录介绍 Scala，给出了一些如果曾经接触过这门语言的话那么可能会在面试中出现的问题。

Scala 引入了一些 Java 程序员不熟悉的新概念，例如，将函数当成值，以及允许编译器推导变量和函数返回值类型的简洁语言。

在 Scala 官方网站 http://www.scala-lang.org/download/可以下载 Scala，还可以通过插件的方式将 Scala 语言引入构建过程。如果使用的是 Maven，那么下面的插件会编译项目 src/main/scala 目录下的所有 Scala 源代码。

```
<plugin>
    <groupId>org.scala-tools</groupId>
    <artifactId>maven-scala-plugin</artifactId>
    <executions>
        <execution>
            <goals>
                <goal>compile</goal>
                <goal>testCompile</goal>
            </goals>
        </execution>
    </executions>
</plugin>
```

A.1 Scala 基础

Scala 的创建者 Martin Odersky 将 Scala 描述为一种"融合了面向对象和函数式编程概念"的编程语言。如果你是第一次接触 Scala，那么通常采用的"第一步"是使用面向对象技术"像写 Java 一样写 Scala"，然后随着理解的函数式元素越来越多和经验越来越丰富，再对自己编写 Scala 程序的方式进行改进。

Scala 源代码编译为 Java 类文件，因此任何合法的 Scala 应用程序都可以运行在一个 JVM 上。项目源代码仓库完全可以同时包含 Scala 和 Java 的源代码。

> 在 Scala 中是如何定义类的？

代码清单 A-1 展示了 Scala 的一些核心语言特性。

代码清单 A-1：Scala 类示例

```
class ScalaIntro {

  val value: String = "This is a String"
  var variable: Int = -100

  def stringLength(s: String): Int = s.length

  def writeOutput = {
    println(s"variable is set to: $variable")
    variable = 25
    println(s"variable is now set to: $variable")

    println(s"value is set to: $value")

    println(s"The length of the string $value is: " + stringLength(value))
  }
}
```

此代码清单展示了多种存储和操作数据的方法。关键字 val 的用途是保存一个值，这个值是不可变的，也就是不可修改的。var 关键字表示变量，也就是在设置了之后还可以变化。如果尝试修改 val 的值，编译器会阻止这种事情的发生。

函数是通过 def 关键字定义的。函数的参数列表通过括号围起来，参数之间用逗号隔开，每一个参数采用 name: Type 的格式。函数的返回值类型声明在函数的参数列表之后。如果函数没有参数，则可以完全省略括号。如果整个函数只有一行，那么函数的花括号也是可选的，例如 stringLength 函数。函数返回值的 return 关键字也是可选的：函数最后一个语句就是函数的返回值。

编译器很聪明，能判断出语句结尾在哪里，因此没有必要使用分号，除非在同一行要编写多个语句。

Scala 对相等性采用了更为直观的记号：==操作符会直接运行实例的 equals 方法，而不是像 Java 那样默认检查两个对象是否实际上是同一个引用。利用 eq 方法仍然可以检查引用的相等性。

就像类一样，Scala 也有一个 object 关键字，用于表示单实例类(singleton class)。这些类只有一个实例，而且这些类的方法可以看成是 Java 中的静态方法。如果要在命令行中运行 Java，需要定义一个静态方法 main。由于 Scala 编译之后得到的是 Java 类文件，因此对于 Scala 来说也是如此。代码清单 A-2 展示了如何定义可运行的代码。

代码清单 A-2：创建一个可运行的 Scala 单实例类

```scala
object HelloWorld {

  def main(args: Array[String]) = {
    println("Hello world!")
    println("The parameters passed were: " + args.mkString(","))
  }
}
```

函数或字段声明之外的所有代码都在对象构造时运行。Scala 还提供了一个辅助类 App，这个类提供了一个 main 方法。将这两个特性结合起来可以得到简洁且可运行的应用程序，如代码清单 A-3 所示。

代码清单 A-3：扩展 App 对象

```scala
object RunWithApp extends App {
  val pi = 3.14
  val radius = 200

  val area = pi * radius * radius

  println(s"The area of the circle is: $area")
}
```

就好像所有语句都在一个 main 方法中一样运行。

编译器可以推导类型

编译器可以推导出很多字段和函数的类型。注意在代码清单 A-3 中，val 都没有定义类型，但是 pi 被当成浮点数处理，而 radius 被当成整数处理。

在开发这些代码时，如果你决定修改字段的类型，例如将 Float 替换为 Int，那么没有类型声明需要修改，从而使开发和调试周期快得多。

> 什么是 case 类？

　　case 类是一种类定义，使用起来和普通 Scala 类一样，但是编译器会填充逻辑 equals 和 toString 方法，还会生成类字段不可变访问的方法。构造 case 类时不使用 new 关键字。代码清单 A-4 展示了一个简单的例子。

代码清单 A-4：使用 case 类

```scala
case class Person(name: String, age: Int, salary: Int)

object CaseClassExample extends App {
  val firstPerson = Person("Alice", 24, 3000)
  val secondPerson = Person("Bob", 25, 2500)
  val thirdPerson = Person("Charlie", 30, 1000)

  println(s"The first person is: $firstPerson")
  println("Second person and third person are equal: " + secondPerson == thirdPerson)
}
```

　　Person 类没有额外的方法和字段，但是在这里使用的方式和 Java 中领域对象的使用方法是一样的。case 类和普通类实际上是一样的，也有方法和字段，也可以重写自动生成的方法 equals 和 toString，甚至是传入构造函数参数的字段。

　　case 类有一个非常强大的特性：实例可以根据构造的字段进行分解，而且可以用在一种称为模式匹配的技术中。

> 什么是模式匹配？

　　模式匹配的工作方式类似于 Java 的 switch 语句，不过可匹配的类型并不局限于很小的范围。代码清单 A-5 展示了一个针对整数进行模式匹配的例子。

代码清单 A-5：模式匹配

```scala
def matchInteger(i: Int): String = {
  i match {
    case 1 => "The value passed was 1"
    case 2 => "The value passed was 2"
    case x if x < 0 => s"The value passed was negative: $x"
    case _ => "The value passed was greater than 2"
  }
}
```

　　match 关键字的用途是模式匹配，每一个可能的输出值都在一个 case 语句中。每一个

case 语句都可以是一个显式的值，例如代码清单 A-5 中的前两个 case。case 的值也可以参数化，例如负数的那个 case，这个 case 还结合使用了条件语句。默认的 case 使用下划线表示。下划线在 Scala 中表示被忽略的值。

　　case 类和模式匹配的结合可以实现非常强大的特性。代码清单 A-6 展示了如何分解一个 case 类来访问对象的值。

代码清单 A-6：通过 case 类进行模式匹配

```
case class NameAgePair(name: String, age: Int)

def matchNameAgePair(pair: NameAgePair): String = {
  pair match {
    case NameAgePair("Alan", 53) => "Alan is 53"
    case NameAgePair("Alan", _) => "Alan is not 53"
    case NameAgePair(name, 53) => s"Another person, $name, is 53"
    case NameAgePair(name, age) => s"This unexpected person, $name, is $age"
  }
}
```

和代码清单 A-5 类似，在 case 类中可以匹配显式的值，将值赋给变量使得 case 语句右侧可以访问到值，还可以完全忽略字段。

> 如何通过 Scala 解释器进行更快的开发？

在命令行不带任何参数地运行 scala 命令可以进入 Scala 解释器：

```
$ scala
Welcome to Scala version 2.10.2 (Java HotSpot(TM) 64-Bit Server VM, Java 1.7.0_17).
Type in expressions to have them evaluated.
Type :help for more information.
scala>
```

在控制台可以输入表示合法 Scala 语句的命令，解释器会对语句进行求值并将结果返回：

```
scala> val i = 100
i: Int = 100

scala> i < 200
res0: Boolean = true

scala> i + 34
res1: Int = 134
```

如果需要提交一大块代码进行求值，可以使用:paste 命令，在这种模式下可以输入语句，直到按 Ctrl-D 组合键才会开始求值：

```
scala> :paste
// 进入 paste 模式(按 ctrl-D 完成)

case class Car(model: String, mileage: Int)

val c = Car("Sedan", 10000)
val d = Car("SUV", 120000)

c == d
<CTRL-D>
// 退出 paste 模式,现在开始解释

defined class Car
c: Car = Car(Sedan,10000)
d: Car = Car(SUV,120000)
res2: Boolean = false
```

Scala 解释器可以当成草稿纸使用,可以在这里设计一些原型,可以理解语言的一些特性,甚至通过运行一些短小的代码片段,我们可以理解一些特定的问题域。

A.2　将函数当成值

> Scala 是怎样表示函数的?

函数可以当成一个值来处理。也就是说,函数可以赋值给一个 val 或 var,甚至可以从另外一个函数返回。代码清单 A-7 展示了函数定义的语法以及如何将函数当成值使用。

代码清单 A-7:将函数当成值

```
object FunctionValue extends App {

  val square: (Int => Int) = x => x * x
  val threeSquared = square(3)
  val threeSquared = square(3)

  def printNumber(string: String): (Int => String) =
                    number => string + " " + number.toString

  val numberPrinter = printNumber("The value passed to the function is:")
  println(numberPrinter(-100))
}
```

square 字段中保存的值的类型为 Int=>Int。也就是说,这个函数接受一个 Int 类型的参数,然后返回一个 Int 类型的值。我们可以把 square 当成一个普通函数使用,可以传入值。

square 字段的主体是一个函数，因此有一个参数 x，函数体定义在=>符号后面。

printNumber 函数接受一个 String 作为参数，并返回一个函数，这个返回函数是一个接受 Int 作为参数并返回 String 的函数。从 printNumber 返回的这个函数利用传入的 String 参数创建一个利用了这个 String 的函数。

> 什么是高阶函数？

高阶函数(high-order function)是一种接受其他函数作为参数的函数。代码清单 A-8 展示了一个例子。

代码清单 A-8：高阶函数的使用

```scala
case class BankAccount(accountId: String, balance: Double)

object HigherOrder extends App {

  def alterAccount(account: BankAccount, alteration: (Double =>
        Double)):BankAccount = {
   val newBalance = alteration(account.balance)
   BankAccount(account.accountId, newBalance)
  }

  def applyMinimalInterest(amount: Double) = amount * 1.01
  def applyBonusInterest(amount: Double) = amount * 1.09

  val accountOne = BankAccount("12345", 100.00)
  println(alterAccount(accountOne, applyMinimalInterest))

  val accountTwo = BankAccount("55555", 2000000.00)
  println(alterAccount(accountTwo, applyBonusInterest))
}
```

alterAccount 函数提供了一种一般性的修改 BankAccount 账户余额的方法，这个函数并没有制定具体的做法。applyMinimalInterest 和 applyBonusInterest 这两个函数的类型都为 Double => Double，因此可以用于 alterAccount 函数。

如果需要通过不同的方法修改 BankAccount 的账户余额，我们完全不需要修改 alterAccount 函数的代码。

Scala 有很多核心库都通过高阶函数操作数据结构中的数据。代码清单 A-9 展示了两个对 Scala 的 List 对象的操作：一个是修改列表中的每一个值，另一个是过滤列表。

代码清单 A-9：Scala 的 List 类型的高阶函数

```scala
object ListManipulations extends App {
```

```
val list = List(-3, -2, -1, 0, 1, 2, 3, 4, 5)

def absolute(value: Int): Int = {
  value match {
    case x if x < 0 => -value
    case _ => value
  }
}

def isPositive(value: Int): Boolean = {
  value >= 0
}

println(list.map(absolute))
println(list.filter(isPositive))
}
```

运行这个应用程序可以得到以下输出:

```
List(3, 2, 1, 0, 1, 2, 3, 4, 5)
List(0, 1, 2, 3, 4, 5)
```

List 类型的 map 方法将传入的函数应用于列表中的每一个值,并且将每一个新值放入一个列表返回。filter 方法将传入的函数应用于列表中的每一个值,如果判定返回 true,则将这个值放入要返回的新列表。

方法和函数

有时候,"方法"和"函数"这两个词会交换使用,但是这两个词有一个非常显著的区别。

函数是一条语句或一组语句,通过函数名调用时会运行这些语句。函数不依赖任何外部因素或状态。函数与某个具体对象的实例没有任何关联。

方法是和类的一个实例关联的一条或一组语句。通过同样的参数运行一个方法,但是针对的是不同的对象,那么产生的结果可能也不同。

在本附录中,到目前为止大部分例子都是函数,但是代码清单 A-9 中的 map 和 filter 是方法,因为它们返回的结果取决于 List 实例中保存的值。

在 Java 中,静态方法就是函数。

A.3 不可变性

为什么在 Scala 中不可变性(immutability)如此重要?

开发者被 Scala 吸引是因为 Scala 能开发高可扩展的系统。构建可扩展系统的一个法宝就是使用不可变数据。不可变对象可以随意在不同的执行线程中共享，完全不需要提供任何同步机制或锁，因为这些值不会变。

不可变性是 Scala 的核心概念。你已经看到了 case 类是不可变的，Scala 库提供的核心数据结构也是不可变的。代码清单 A-9 展示了如何创建一个列表，这个代码清单中展示的 map 和 filter 方法返回的都是新的 List 对象。老的列表的值没有变化，任何其他引用了老的列表的代码都不会看到这个列表因为 map、filter 或其他方法改变了值。

Scala 中的列表是链表——即每一个值都指向列表中的下一个值。在列表前端追加一个值不会改变列表中的其他值，因此是一个非常高效的操作。代码清单 A-10 展示了在列表前端追加值的语法。

代码清单 A-10：在列表前端追加值

```scala
object Lists extends App {

  val listOne = List(1, 2, 3, 4, 5)
  val listTwo = 0 :: listOne
  val listThree = -2 :: -1 :: listTwo

  println(listOne)
  println(listTwo)
  println(listThree)
}
```

:: 操作符称为 cons 操作符，表示在列表实例前端追加一个值。图 A-1 展示了列表在内存中的表示形式。

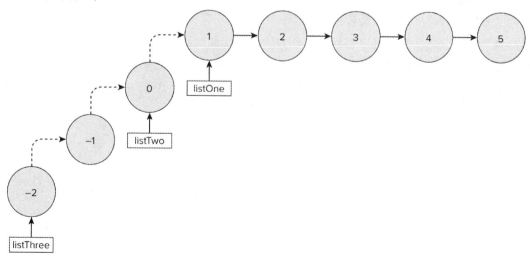

图 A-1

当遍历一个不可变的递归数据结构——例如 List 对象——时，使用递归函数是很自然的事情。代码清单 A-11 展示了如何实现自己的 find 方法，即在 Scala 列表中搜索某个给定值的方法。要注意，x :: xs 可以用于模式匹配，即将一个列表分解为列表的头 x，和剩下的其他部分 xs。Nil 表示一个空列表。

代码清单 A-11：在列表中找一个值

```
@tailrec
def find(value: Int, list: List[Int]): Boolean = {
  list match {
    case Nil => false
    case x :: _ if x == value => true
    case _ :: xs => find(value, xs)
  }
}
```

case 语句是按顺序执行的。基础 case 最先求值。如果传入的列表是一个空列表，那么值不在列表中。否则，如果列表头部的元素和要查找的值匹配，函数返回 true。最后，将头元素从列表中移除，并递归地调用 find，直到找到了要找的值或者列表扫描停止。

什么是尾递归？

上面这个函数标注了 @tailrec。这个注记告诉编译器这是一个尾递归(tail-recursive)函数。

如果一个函数的最后一个操作是递归调用，那么这个函数就是尾递归函数。这个方法不会依赖递归调用的结果进行其他计算。尾递归函数的奇妙之处在于编译器可以将这个方法重写为迭代的形式，类似于带有可变状态的 while 循环。迭代的好处是深递归也不需要太多的栈帧，如果栈帧太深会导致 StackOverflowError 异常。

任何尾递归的函数都可以替换为迭代式的版本，通过可变变量来控制状态。递归的方法往往更简短且更容易理解，因此让编译器管理方法的状态是更安全的做法。

如果编译器不能将函数转变为尾递归调用，那么会抛出一个错误。

A.4 小结

本附录对 Scala 及其相关特性做了一个走马观花式的介绍。如果你从未接触过 Scala，希望这部分内容能带领你进入 Scala 语言的世界。

这里介绍的一些关键概念，例如把函数当成值以及不可变性，并不是 Scala 特有的，而是函数式编程语言的基本概念。如果你了解其他的函数式语言，会发现有些语言在变量赋值之后根本不允许再修改。

Scala 生态系统正在大步前进，每周都有新的特性加入和新的工具出来。

Scala 生态圈中有很多工具和框架。SBT(Simple Build Tool)是一个构建和部署 Scala 应用程序的工具。它 Maven 和 Ant 之类的工具相距甚远，但是了解了 Maven 和 Ant 之后必定能帮助你理解 SBT 的工作原理，特别是对依赖管理的理解。第 13 章介绍的 Web 应用框架 Play 可以很好地和 Scala 源代码结合在一起。第 11 章介绍的 Akka 也能很方便地通过 Scala 使用。Play 和 Akka 本身都是 Scala 应用程序。通过 Slick 可以查询数据库，查询应答可以像 Scala 集合一样操作。

很多公司正在从 Java 迁移到 Scala，大部分公司都希望招收喜欢学习和使用 Scala 的有经验的 Java 开发者。如果你愿意的话，可以花一些时间学习和理解 Scala 的工作方式，这是你和其他应聘者的一个区分点。在网络上可以找到很多学习 Scala 的在线资源，Martin Odersky 自己还开办了一门免费在线的函数式编程课程。

如果你不能说服目前的雇主同意你用 Scala 开发产品代码，那么获得相关经验的很好办法是用 Scala 写测试。有很多不错的测试框架可以使用，大部分框架都可以集成在现代的构建工具和持续集成环境中。Specs2 和 ScalaTest 是两个常用的测试框架。

Scala 是众多使用 JVM 的语言中比较流行的现代语言。很多人坚信尽管未来的开发会离开 Java，但是仍然会充分利用 JVM 及其相关工具。你自己一定要紧密关注雇主们寻求的语言，并且尽量让自己的技能紧跟趋势，这样才能增加自己的竞争力。